KB164116

The Computing Technology Industry Association

CompTIA A$^+$

배 동 규 저

CompTIA A$^+$ 취득에 지침이 되는 활용서!!

■ IT 분야의 유일한 하드웨어 관련 국제자격증 A$^+$

■ 컴퓨터 하드웨어와 소프트웨어 진단과 문제해결 제시

■ 기본 시스템 및 네트워킹 전반에 대한 이해력 도모

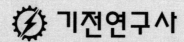 기전연구사

CompTIA를 알게 된 지 벌써 10여년이 넘었다. 미국에서 처음 컴퓨터에 관련된 직업을 찾을 때 그들이 무슨 컴퓨터 관련 자격증이 있냐고 물었었다. 마치 운전할 줄 알아도 운전면허증이 없으면 곤란하다는 인상이었다. 그 때 Cisco의 CCNA니 Microsoft의 MCSE니 하는 수많은 자격증에 대해서도 구체적으로 알게 되었고 그 필요성을 실감했었다. 그 중에서도 일반적으로 많이 필요로 하는 자격증이 CompTIA의 A+ 자격증이었고, 따라서 CompTIA에 대해서 자세히 알아보았다. CompTIA는 세계적인 비영리 단체인 미국 컴퓨터공업협회에서 컴퓨터 기술의 표준과 그 역량을 정량화하고 신기술을 습득하게 하기 위해서 표준을 제시하는 시험을 주관하는 회사이다. CompTIA에서 주관하는 시험으로 전 세계에서, 그리고 IT 분야에서 어느 한 회사의 제품에 종속되지 않고 인정받는 시험이다. 미국은 물론, 일본과 유럽 등에서도 매우 인정받고 있는 자격증이다. 그 중에서도 하드웨어 분야의 유일한 자격증이 A+이다. CompTIA는 시험 출제를 하지 않는다. 시험은 MS, SUN, HP 등 여러 회사가 공동으로 출제하며 감수도 Oracle, IBM, Fujitsu, Xerox 등 여러 회사가 실시하므로 시험에 대한 긍지가 매우 크다.

A+에 대한 'PC 관리와 유지'를 쓴 지 5년이 흘렀다. 그리고 이제 'CompTIA A+'라는 이름으로 이 책을 쓴다. 지금 Windows 8이 나온다고 하지만, 현재 A+시험은 Windows XP와 Windows 2000을 중심으로 Windows 2003이 조금 언급되며 두 과목을 따야 한다. 한 과목만 패스했을 경우에는 일정기간 이내에 다른 과목을 마저 따야 한다. 지금은 필수 220-601과 220-602, 3, 4 중에서 한 과목을 볼 수도 있고, 그 다음 버전인 220-701과 702(두 과목으로 축소됐다)를 볼 수도 있다. 이 책은 701과 702를 염두에 두고 쓴 최신 책이다. 시험을 보고자 하는 사람들은 시험센터에 미리 응시를 알려 날짜를 받은 후에 컴퓨터로 시험을 치르면 되는데 두 과목 모두 객관식이다. 국제자격시험은 원래 영어로 보는데 A+는 한국어로도 볼 수 있고, 중앙하이테크 아카데미 등과 같은 곳에서 응시하면 된다.

이제 무슨 일을 하든지 간에 회사에서는 출근하면 컴퓨터를 켜는 것으로부터 하루 일과가 시작되고 있는 실정이다. 이 A+자격증은 일상적인 Windows의 부팅부터, 파티션, 포맷, 데이터 백업, 데이터 복구, 장치 드라이버 이해와 연결, 문제 해결 등 컴퓨터에 관련된 여러 가지를 실제적으로 해결하는데 필요한 모든 지식을 담고 있다. 회사에서 컴퓨터가 부팅이 안 되어 업무를 못 보고 있다든지, 애써 작업한 파일이 날라 가비렸다든지, 비이러스에 감염되었다든지, 새로운 하드 디스크를 추가하거나 기존의 하드 디스크의 내용 그대로를 좀 더 큰 하드 디스크로 옮긴다든지 등의 일을 할 수 있다. 또한 IT 전문가로써 긍지와 자부심을 느끼며 자영업이나 회사에 소속되었을 때 고객을 상대하는 법이나 유해한 환경을 고려한 컴퓨터 부품의 관리, 처리방법까지도 상세하게 이해할 수 있다. 국내에서보다 해외에 나가면 CompTIA A+ 자격증의 위력을 훨씬 더 느낄 수 있다.

국내에도 여러 종류의 기술 자격증이 있지만, 세계 어디서나 인정받고 해외 유학이나 취업, 이민 시 100% 효과를 거둘 수 있는 자격증이 바로 이 CompTIA 자격증이기도 하다. 국내의 유사한 자격증과는 수준이 훨씬 높다. 단순히 컴퓨터를 수리하는 것 외에도 무선 네트워크, 보안, 해킹 등이 들어있어 범위 또한 광범위해져서, 단순히 PC 관리에 그치는 것이 아니라 네트워크 보안 책임자나 시스템 관리자 등으로 일할 수도 있다. 국내 여러 기업체에서도 이제 CompTIA의 자격증을 딴 기술자들을 매우 선호하고 있다. 공개적으로 밝힐 수는 없지만 몇몇 대기업에서는 수년에 걸쳐 이 CompTIA 자격증 과정을 교육하고 있고 또 여러 회사가 고려중에 있다. 정부기관에서도 CompTIA의 기술을 표준으로 해서 새로운 자격증을 만들고 있는데, 그 대표적 예가 RFID+이다. CompTIA는 A+, RFID+ 이외에도 Linux+, Security+, Network+, CTT+, Convergence+ 등 10여개의 자격증을 관리하고 있다. 나중에 이민이나 유학을 갔을 때나 국내에서 회사에 취직했을 때, A+ 자격증은 정말 좋은 +α가 되고도 남으며, 회사나 학교 등과 계약해서 정기적으로 컴퓨터나 네트워크를 관리하는 일, PC 정비나 수리 등 자영업을 하기에도 좋은 직종이라고 말할 수 있다.

이 A+를 이해하고 나면 바로 Network+나 Security+의 자격증을 공부할 수 있다. 이후로 회사 등에서 특정한 형태의 시스템을 만나게 되면 거기에 맞는 자격증을 공부하면 될 것이다. 시스템 분야에 있다면 라우터에 관한 Cisco관련 자격증, 운영체제를 보아서 UNIX에는 SUN, Windows라면 MCSE, 또 데이터베이스에 따라서 Oracle이나 SQL 등을 공부하는 것이 순서이다. 개인적으로 CompTIA 자격증을 많이 따기 바란다. 다른 국제 자격증도 정말 많이 있지만 그것들의 수요는 정말 작다. 모르겠는가? 회사에 컴퓨터는 수백 대지만 시스템 관리자는 한두 명이면 족하다. 어느 길이 더 빠르겠는가? 나중에 전문분야로 들어서면 된다. CompTIA의 Security+와 RFID+, 그리고 Network+를 추천한다.

아무쪼록 열심히 학습해서 자격증을 취득하는 좋은 결과가 있기를 기대한다. 또한 취업이나 해외 유학, 이민 등에서도 말이다. 기술을 배우면 반드시 시행착오를 겪더라도 실습하는 자세가 중요하다. 실수를 두려워 말고 많은 컴퓨터를 고쳐보자. 하드웨어든 소프트웨어든, 데스크 탑이든 노트북이든지 말이다. 이런 실습이 완성을 가져다준다는 것을 잊지 말아야 한다.

여러분의 발전을 기원하며…. IT 강국을 꿈꾸며….

2011. 06

배 동 규 씀

CONTENTS

제1장 시스템 구성요소

제2장 포터블 시스템의 구성요소

The Computing Technology Industry Association

CompTIA A+

제7장 OS 설치와 구성, 문제해결

제8장 프린터와 스캐너

제9장 네트워킹

제10장 네트워크 보안

시스템 구성요소

01
Chapter

시스템 구성요소

이장에서는 컴퓨터의 기본개념을 소개하고, 일반적인 부품의 구별 및 교환 등에 대해서 알아보며 간단히 그 기능을 살펴본다.

사용자(user)가 어느 일을 하기 위해 컴퓨터를 켜면, 컴퓨터 내부에서는 사용자가 시킨 일을 수행하기 위해 어떤 일을 하는지부터 알아보자. 이는 크게 4단계로 구분할 수 있는데 1단계는 ROM BIOS가 시작 프로그램을 시작해서 하드웨어를 찾는 POST(Power On Self Test)과정이며, 2단계에서는 ROM BIOS가 부트 장치에서 MBR(Master Boot Record)를 찾아 OS(Operating Systems)를 실행한다. 3단계는 OS가 시스템을 구성하여 자신을 메모리(RAM)에 로드(load)하는 과정이며, 마지막 4단계는 사용자가 응용 프로그램(Applications)을 실행하게 해주는 과정이다.

예를 들어 마우스를 움직여 어떤 행동을 한다면, 우선 마우스는 자신의 IRQ를 CPU에게 보내(각 장치들은 IRQ로써 CPU에게 자신을 알린다) 다른 기기와의 충돌 여부를 알아본 다음, 나중 사용을 위해 시스템 BIOS나 장치드라이버(device driver)를 RAM의 I/O 주소테이블(Input/Output address table)에 기록 해둔다. CPU는 이 마우스의 IRQ를 보고 해당 장치를 확인한 후 장치의 작동을 위해 장치드라이버의 위치를 RAM의 I/O 주소테이블에서 확인한다. CPU 명령에 의해 마우스 드라이버는 입력 데이터를 읽어 OS에게 보내면, 최종적으로 OS는 응용 프로그램에게 데이터를 전달한다. 그러므로 머신내의 하드웨어나 소프트웨어의 위치가 메모리의 I/O 주소테이블에 있어야 한다.

가. 시스템 모듈(System Module)

여기서는 소위 현장에서의 부품교환(Field Replaceable Modules)과 각 부품이 컴퓨터 시스템 내에서 하는 역활에 대해 알아보는데 이런 지식은 컴퓨터에서 발생하는 문제들을 발견하고 해결하는데 중요한 밑바탕이 된다. 모듈이라 함은 성능을 향상시키기 위해서 기존 부품과 유사한 기능을 가지는 새로운 부품으로 기존 것을 제거한 후 대체할 수 있는 성질을 말한다.

1. 시스템 보드(Motherboard)

각각의 내부와 외부의 구성요소(components)는 시스템보드에 부착되는데 마더보드, 메인보드, 플래너(planar)보드라고도 불리며 화이버글래스(fiberglass)로 만들어져 있고, 그 안에 '버스(bus)'라고 불리는 작은 전자 회로선이 각 부품 사이를 신호로 통신하게 해준다. 또 CPU 클럭과 버스클럭이 있는데 클럭시그널(clock signal)이라는 메트로놈과 같은 내장 시그널이다. CPU 클럭은 '얼마나 빨리 CPU가 작동 되는가'를 나타내며, 버스 클럭은 '얼마나 빠르게 버스가 정보를 실어 나를 수 있는가'를 나타낸다. 또 DMA(Direct Memory Access) 채널은 하나의 장치가 다른 장치와 CPU의 간섭 없이 직접 통신하게 해주는 '버스 마스터링(bus mastering)'을 채택해서 쓰는 것을 말한다.

초기 IBM AT 프로세서는 8-bits 어드레스 버스(데이터 접근속도)와 16-bits 데이터 버스(데이터 전송속도)로 설계되었으나, 후에 AT 버스라는 16-bits ISA(Industry Standard Architecture) 버스가 나왔다. ISA는 버스 마스터링과 터보(Turbo) 모듈을 채택했으므로 ISA 확장 카드는 16-bits 데이터 버스와 어드레스 버스를 가질 수 있었다. 이에 IBM은 PS/2 시스템을 만들었는데 16-bits와 32-bits를 지원하는 고밀도 ISA인 MCA(Micro Channel Architecture)였다. 점점 고성능이 요구되는 그래픽을 위해 CPU와 동일한 클럭 스피드를 갖는 버스를 만들게 되었는데 로컬버스(local bus)라고 불리는 VESA(Video Electronics Standards Association)였다. VESA 로컬버스는 VL-Bus라고도 하는데 ISA 버스의 확장 형태로 ISA와 호환(backward compatibility)된다. ISA 카드 슬롯에 또 하나가 붙어있는 셈으로 카드 중에서 가장 길다.

CPU와 RAM 사이의 통신은 시그널의 통로인 FSB(FrontSide bus)를 통해 일어나는데, FSB를 이루는 클럭 시그널은 AGP, PCIe 슬롯들과 같이 다른 장치들과 통신해서 로컬버스를 이루게 한다. BSB(BackSide Bus)는 CPU와 L2, L3 캐시 사이의 시그널 통로로 동일한 클럭 시그널을 사용한다.

이들을 간단히 정리한 표가 다음이다.

bus type

Bus Type	Bus Width	Max. Speed(MHz)	구성법
8-bit	8	4.77	jumper/DIP
ISA	8	8 (turbo 10)	jumper/DIP
MCA	16/32	10	software
EISA	32	8	software
VL-Bus	32	processor speed	jumper/DIP
PCI	64	processor speed	software(PnP)
PCMCIA	16	33	software

VL-bus, AGP, PCIe 등이 로컬버스이다.

2. 프로세서(Processor)

대부분의 컴퓨터 요소들은 한두 가지의 정해진 일을 하도록 구성되어 있는데, 이들은 프로세서 (Processor, Central Processing Unit 즉 CPU)라고 불리는 부품에 의해 조직되어 행동하게 된다. 컴퓨터의 '뇌'에 해당되는 CPU는 사용자의 요구를 받아들여 컴퓨터 내에서 그 일을 해야 하는 부품(하드웨어나 소프트웨어)이 이해할 수 있는 신호로 변형시켜, 해당 부품이 사용자의 목적을 이루게 한다.

CPU는 수리와 논리 계산도 한다. 과거 386 컴퓨터까지는 이 수리, 논리 계산만을 전담하는 코-프로세서(co-processor 혹은 math processor, floating point, ALU(Arithmetic Logical Unit)라고 불림)라는 별도의 부품이 있었으나, 486 DX2 이후에는 마더보드에 내장됐다.

1. CPU의 기능

전문적으로 말하면 CPU는 사용자의 명령을 컴퓨터가 이해하도록 해석해주는 컴파일러(compiler)와 같은 기능을 한다고 할 수 있다. 여기에는 CPU의 제조에 따라 Intel 계열(Intel), Sparc 계열(Sun Microsystems), Alpha나 MIP계열(DEC에서 Compaq, 다시 HP로), RS 6000계열(IBM) 등이 있으며, 70~150개 정도의 RISC방식(주로 Intel계열)이나 CISC방식(주로 AMD계열)으로 된 명령어 셋(instruction-set)을 지니고 있다. CPU는 사용자의 명령을 받으면 우선 메모리의 I/O 주소테이블에서 사용자가 원하는 하드웨어와 소프트웨어를 찾아내어 명령을 전달한다.

가스식과 수냉식 방열기

CPU를 좀 더 알아보자. 우선 CPU는 냉각기(heat sink와 cooling fan)를 가지고 있다. CPU는 열을 많이 발생시키며 과열의 CPU는 오작동을 일으키기 쉬우므로, CPU를 냉각시키는 것은 중요한 일이다. 펜티엄II의 SEC 패키지는 완전히 플라스틱 카트리지로 막혀진 형태의 냉각 팬을 기본으로 사용했으나, 펜티엄III의 SEC2 패키지는 코어 부분이 개방된 형태로 방열기와 냉각 팬을 동시에 사용할 수 있었다. 방열기는 공기와 접하는 면적을 많게 해 CPU의 온도를 식히는 방식이며, 냉각 팬은 강제적으로 외부의 공기를 유입시켜 냉각시키는 방식이다. 최근에는 펌프를 사용하는 물 냉각, 프레온을 이용한 가스 냉각방식 등도 사용되고 있다. 또 CPU와 방열판(heat sink)사이에는 더말컴파운드(thermal compound)를 발라 주어야 CPU와 방열판 사이에 열전도가 잘 되어서 방열이 쉽게 된다. 머신이 수시로 재부팅된다면 CPU의 과열을 우선 의심해 보아야 한다.

두 번째로 캐시(cache)를 알아야 한다. 메모리의 속도가 아무리 빠르다 하더라도 CPU의 클럭 속도를 따를 수 없기 때문에, CPU는 명령을 처리한 후에 메모리로 그 결과를 보내고 다시 새로운 데이터가 메모리로부터 전송되어 오는 동안 아무 일도 할 수 없게 된다. 그래서 CPU는 자체적으로 캐시라는 빠른 속도의 메모리를 두고 있다. 캐시는 1차 캐시, 2차 캐시가 있으며, AMD의 K7은 3차 캐시까지 사용한다. 일반 메모리인 DRAM보다 SRAM을 캐시메모리로 사용한다. 1차 캐시는 L1 캐시, 내부 캐시라고도 하며 CPU 내부에 위치하고 있다. 1차 캐시에는 최근에 CPU가 사용한 데이터나 명령어가 저장되어 있어, CPU는 새로운 데이터를 필요로 할 때 우선 1차 캐시를 살펴본다. 1차 캐시는 프로세서의 클럭과 같은 속도로 동작하며, 데이터와 명령어를 저장하는 공간이 각각 마련되어 있다. 펜티엄III의 1차 캐시는 32KB이다. 2차 캐시는 마더보드에 붙어있으며 512KB (1MB가 잠시 쓰이기도 했었다)를 주로 사용한다. 캐시가 CPU와 패키지형태로 있을 경우엔 이를 L2 캐시라고하며 보드에 있는 캐시를 L3 캐시라고 한다. CPU가 1차 캐시에서 데이터를 찾을 수 없으면 2차 캐시에서 필요한 데이터를 찾게 되며, 2차 캐시에서도 필요한 데이터를 찾지 못하면 비로소 메인 메모리(RAM)에 접근한다. 펜티엄III의 2차 캐시는 CPU 클럭의 반으로 동작하며, 512KB를 지원했었다.

이들을 아래 표로 정리했다.

CPU type	L1 용량(KB)	L2 용량(KB)	L2 위치
Pentium I	16	128~512	mainboard
Pentium PRO	16	256	CPU core
Pentium MMX	32	128~512	mainboard
Pentium II	32	512	CPU cartridge
Celeron(초기)	32	–	–
Celeron-A	32	128	CPU cartridge
Cleleron	32	128	CPU core
Pentium III	32	512	CPU cartridge
Pentium IV	8	256	CPU core

세 번째로는 ALU와 CU를 알아야 한다. CPU는 크게 산술논리장치 ALU(Arithmetic Logic Unit)와 제어장치 CU(Control Unit)로 구성되는데, ALU는 덧셈, 곱셈 등과 같은 산술연산을 처리하며, CU는 CPU에서 실행되는 연산에 대한 조정역할을 맡는다. 캐시나 메모리를 통해 읽어 들인 데이터는 레지스터(Register)라는 CPU내의 저장 공간에 적재된 후 처리된다. 결국 CPU 내부에는 L1 캐시, 레지스터리, 명령어 셋, ALU와 CU 등이 있다.

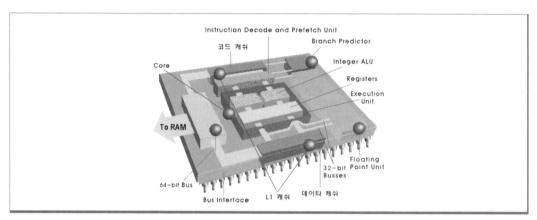

CPU 내부

또 CPU에는 다음과 같은 기법들도 들어있다.

1) 하이퍼쓰레딩(Hyperthreading) – 이는 인텔의 HTT(Hyper-Threading Technology)를 이용한 SMT(Simultaneous MultiThreading) 형태로 멀티쓰레딩을 해주는 기술인데 최신 CPU의 슈퍼스칼라(superscalar) 구조를 가지고 있다. 별개의 데이터를 병렬로 처리하게 해서 여러 명령을 함께 수행하게 한 기법으로 두 개의 프로세스가 있는 것처럼 보이게 하여 SMP(Symmetric MultiProcessing)라고 한다. HTT를 지원하기 위해 대부분 CPU는 SMP를 채택하고 있다.

2) 멀티코어(Multicore) – 이는 같은 패키지에 여러 개의 완전히 분리된 프로세서를 붙여 넣은 기법으로 OS와 응용 프로그램은 별도의 소켓에 여러 프로세서가 있는 것으로 알게 된다. HTT처럼 SMP를 지원해야하며 Dual-Core, Squad-Core등이 있다. 하지만 이것은 Intel의 Core 2와 다르다. Core 2는 프로세서가 두 개 있는 것이 아니라 단일 실리콘에 하나(Solo) 혹은 두 개(Duo), Duo 두 개로 네 개(Quad)의 프로세싱 코어가 있다는 뜻인데, 64-bits의 이 Core 2는 차세대 Pentium 4 패밀리에 적용되고 있다. AMD의 Phenom 시리즈는 Triple Core를 쓴다.

3) 쓰로틀링(Throttling) – CPU가 한가할 때 주파수 줄여주는 기법이다. 이로써 발생 열을 줄일 수 있다. 3GHz의 CPU가 2GHz로 작동하고 있다면 이 기능 때문이다.

4) 멀티코드(Multicode) – CPU가 다른 일을 처리할 때 적은 용량으로도 처리하게 해주는 MMX(MultiMedia Extensions) 마이크로 코드로 FPU(Floating-Point Unit)가 CPU의 수리연산 코프로세서(co-processor)

인 것처럼, 이를 멀티미디어 코프로세서라고 보면 된다. 최근의 머신은 모두 이 MMX 기법을 채택하고 있다.

5) 클럭주파수(Clock Frequency) - CPU가 동작하기 위해서는 전원이 공급되어야 하므로 여기에 따른 주파수가 있게 마련이다. 주파수는 0과 1의 pulse wave이다. 명령이나 자료를 CPU가 처리하기 위해서 보통 1개의 주파수에 1개의 명령을 처리할 수 있다고 본다. 1MHz는 1초에 1백만 개를, 500MHz는 1초에 5억 개의 명령을 처리한다는 것이다.

6) 클럭더블링(Clock Doubling) - 마더보드의 버스 클럭이나 마더보드 자체의 설계를 수정하지 않고도 CPU의 속도를 향상시키는 기술로 CPU 내부의 클럭을 외부, 즉 마더 보드의 클럭보다 두 배 혹은 세 배로 증가시켜 동작하게 하는 것을 말한다. 보통 1.5~5배이다.

7) 오버클러킹(Over Clocking) - CPU의 클럭을 높여서 CPU의 속도를 빠르게 한 것으로 머신 속도 또한 빨라진다. 보통 CPU는 안정성을 위해 제조사에서 어느 정도 여유를 가지고 클럭을 만드는데, 이런 특성을 이용한 것을 말한다. 일반적으로 바로 위 단계로의 오버 클러킹(over clocking)이 가능하다. 예를 들어 400MHz의 CPU를 조절하여 450MHz로 사용할 수 있게 해준다는 식이다.

8) 파이프라이닝(Pipe Lining) - 기존의 CPU에서는 동시에 여러 개의 명령을 처리해야 할 때 하나의 명령이 다 처리될 때까지 다른 명령들은 대기하고 있어야만 했다. 그러나 이 파이프라인(pipe line)은 하나의 명령이 처리되고 있을 때 다른 명령들을 대기시키는 것이 아니라 동시에 시행시킨다. 여러 개의 파이프라인이 있을 때의 처리방식을 병렬처리라고 한다. 이로써 CPU는 더욱 빠른 처리를 할 수가 있다.

9) 슈퍼스칼라(Super Scalar) - 파이프라인과 병렬처리의 장점을 모은 것으로 이 기능이 없다면 하나의 파이프라인에 명령이 집중되거나 여러 곳에 흩어져 CPU의 성능이 떨어질 수가 있다.

10) 분기예측(Branch Prediction) - 프로그래머 중에 'go to'와 같은 분기 명령이 발생하는 경우 분기가 있을 곳을 추측하여 직접 실행되는 곳으로 이동하지 않고 메모리에서 그곳에 있을 것이라고 미리 예측하여 처리한 뒤 다른 명령들을 연속적으로 처리하는 기술을 말한다. 파이프라인에서 연속적으로 명령을 실행하게 하는 기술이다.

11) 동적실행(Dynamic Execution) - 분기예측과 추측실행이 모아져 메모리에 있는 프로그램을 임의로 재 배치시켜 최적화 한 후에 실행하는 것을 말한다.

12) SIMD(Single Instruction Multiple Data) - 하나의 명령으로 다중의 데이터를 같은 함수 내에서 처리하게 하는 것을 말한다.

64-bits CPU는 CPU 내부 레지스터가 64-bits이며, 64-bits의 OS를 실행시키며, 외부 시스템 버스도 64-bits가 된다는 뜻이다.

2. CPU의 물리적 모양

CPU는 보통 두 세가지 모양으로 나오는데, Intel 80286, 80386, 80486, 그리고 Pentium I은 PGA(Pin Grid Array)형태의 소켓(Socket) 타입으로 사각형에 몇 줄의 핀을 가지고 있는데 마더보드에 ZIF(Zero Insertion Force)로 장착될 수 있다. 다른 또 한 가지는 좀 최근에 보였던 SEC(Single-Edge Connection)형태로 슬롯(Slot)형 카드 모양이다. 이는 마더보드에 직립 형태로 장착할 수 있는데 Pentium II와 초기 Pentium III 그리고 AMD Athlon이 사용했다. 최근의 Intel Itanium는 PAC(Pin Array Cartridge)를 사용했는데 VLIF(Very Low Insertion Force)하게 장착된다. 하지만 공간적 이유와 방열때문에 Pentium IV이후로는 주로 소켓을 다시 사용하고 있다.

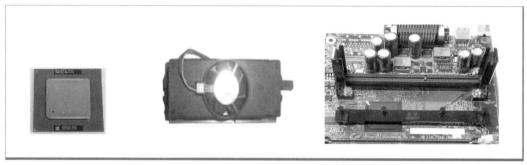

소켓 형   슬롯 형

또 리거시한 보드는 소켓 A(or 소켓 462)를 사용했었고 최근 보드는 소켓 T(or 소켓 LGA 775)를 사용한다. LGA(Land Grid Array)는 저렴한 보드에서 채택해서 쓰는 형태이지만 고급 보드에서 쓰는 PGA(Pin Grid Array)보다 최신기술이다. PGA 토대의 CPU를 ZIF(Zero Insertion Force) 소켓이라고 한다.

소켓 A(or 462) ZIF   소켓 T(or 775) LGA   DIP 칩

소켓 423은 Pentium Ⅳ 초기에서 쓰였으나 소켓 478로 대체되어져 Pentium Ⅳ와 Celeron에서 쓰였다. 소켓 462(소켓 A)는 AMD의 Duron, Sempron, K7에서 주로 쓰이며, 소켓 745는 AMD XP+3200와 Athlon에서 쓰인다.

1981년 이전의 CPU는 DIP(Dual In-line Package) 칩 형태였다. Pentium Ⅱ이후부터 선보인 SECC(Single Edge Contact Cartridge) 패키지는 기존의 소켓 방식이 아닌 슬롯이라는 인터페이스를 사용했는데, Pentium Ⅱ, Ⅲ의 경우는 슬롯1, 서버용 프로세서인 Xion은 슬롯2 규격을 사용했다. AMD를 비롯한 호환 칩 제조사는 전통적으로 소켓 타입의 CPU를 생산하고 있으나 AMD의 K7 인터페이스는 SECC 패키지에 슬롯A라는 인터페이스를 사용했다. Intel의 경우 Pentium Ⅱ부터는 SECC 패키지 안에 L2 캐시를 포함하여 더욱 속도를 빠르게 했고, K6 역시 CPU 내에 L2 캐시를 포함했었다.

3. 전원 공급기(Power Supply)

보통 전원공급 장치는 주로 컴퓨터 본체 뒤에 붙어 있는데, 두 가지의 주요한 기능을 한다. 하나는 벽에서 나오는 110볼트나 220볼트의 전압을 컴퓨터가 필요로 하는 12V, 5V, 그리고 1.2~3.3V로 바꿔주는 변압기능과, 벽에서 나오는 AC(교류)를 컴퓨터가 필요로 하는 DC(직류)로 바꿔주는 정류작용을 한다. 컴퓨터 내부에서 발생하는 열을 처리하기 위하여 전원공급 장치는 팬(fan)을 가지고 있다. 110~120V(220~240V)범위의 전압에 최신의 머신들은 450~500W를 사용한다.

보통 공급되는 전류는 전원공급 장치에서 나오는 케이블의 색깔로 구별하는데, 노랑은 +12V, 파랑은 -12V, 빨강은 +5V, 흰색은 -5V 그리고 검정은 접지(ground)를 나타낸다. 이 전원 공급 장치에서 나오는 파워 케이블 어댑터로 컴퓨터 내부의 각 장치(HDD, CD-ROM, FDD, 보드 등)에 전원을 공급한다.

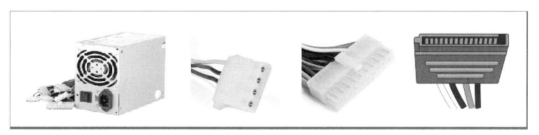

전원 공급기   각종 전원 선(Berg, Block, STAT)

FDD에는 +5V 빨강과 +12V 노랑, 두 개의 검정을 끼며 Berg 커넥터라 부른다. 보드에는 AT는 12-pin P8-P9을 검정-검정으로 끼우고, 최신 ATX는 20-pin 블록 커넥터를 쓰며 ATXV12를 보조로 낀다. 또한 EPS12V는 CPU 전원 연결선이다. 24-pin 블록 커넥터도 있지만 20-pin 커넥터

에 호환된다.

HDD나 CD-ROM에는 Molex 커넥터라 불리는 것을 끼며 SATA는 15-pin 커넥터로 낀다.

컴퓨터에 화재가 났을 때는 Class C 소화기(혹은 Class ABC)를 사용해야 하는데 소화기 규격은 다음과 같다.

> Class A : 목재, 천, 고무, 종이, 플라스틱류에서의 화재
> Class B : 가솔린, 기름, 페인트, 천연이나 프로판 가스, 불꽃 튀는 액체, 가스, 그리스(greases)류에서의 화재
> Class C : Class A와 B의 것들과 전기제품, 전기선과 불이 날 수 있는 전기에너지 물체에서의 화재
> Class D : 황산, 마그네슘, 칼륨 등의 연소 재료에서의 화재

4. 메모리(RAM, Memory)

메모리는 컴퓨터에서 가장 중요한 요소 중 하나로 여러 종류가 있다. 보통 '메모리'하면 이 RAM(Random Access Memory)을 말하는 것이다. RAM은 주로 두 가지 기능을 하는데, 하나는 사용자의 명령을 받은 CPU에게 컴퓨터 내에 있는 하드웨어와 소프트웨어의 위치 정보를 I/O 주소테이블에 저장하고 있다가 알려주는 기능이다. 하지만 RAM은 전원이 있을 때만 정보를 유지하고 있으므로 만일 새로운 소프트웨어나 하드웨어를 장착했을 때 머신은 이를 인식하지 못한다. 기존의 I/O 주소테이블에 새 모듈을 추가로 기록할 수 없기 때문에 머신은 새로이 부팅을 필요로 하며, 새로 부팅될 때 머신 내의 소프트웨어와 하드웨어를 모두 다시 스캔하여 자신의 I/O 주소 테이블에 특정 주소로 기록한다.

또 다른 한 가지 기능은 실행하고자 하는 응용 프로그램이 있다면 이를 자신의 메모리에 로딩(loading)해서 실행해주는 일이다. 우리가 컴퓨터에서 하는 게임이나 워드작업은 실제로 CD-ROM이나 하드 디스크에서 해당 프로그램을 실행하는 것이 아니라, RAM에 로드된 상태에서 실행하는 것이다. 그러므로 워드작업 중에 파워가 끊어지게 되면, 작업하던 것이 없어져 버리고 만다. 프로그램이 RAM에서 실행되는 이유는 RAM에서의 처리 속도가 하드디스크나 ROM보다 빠르기 때문이다. 실제로 컴퓨터가 느리다고 생각되면 일차적으로 RAM을 증설하는 것이 가장 좋은 방법이다. *CPU-RAM-Motherboard*의 모듈이 제대로 맞아주어야 최적의 성능이 된다.

1. 램(RAM)의 종류

예전의 RAM은 주로 두 종류의 빠르기를 지원했는데 100MHz와 133MHz의 클럭 스피드였다. 만약 133 스피드의 64MB RAM을 128MB로 업그레이드하려면, 같은 133 스피드의 64MB RAM을

끼워야 한다. 만일 100MHz의 64MB라면 서로 맞질 않아 128MB가 아니라 둘 중에 하나인 64MB로만 인식하게 되거나 시스템이 불안정하게 된다. 이는 POST화면에서 에러 교정으로 표시되는데, 2 or 3으로 맞추어 주어야 한다.

DRAM   RDRAM

1) RAM과 ROM

이 RAM에 있는 정보는 컴퓨터가 작동되고 있는 한 끊임없이 이용되어지지만 컴퓨터의 전원이 끊기면 RAM에 있던 모든 정보는 다 없어지고 마는데 이런 성질을 휘발성(volatile)이라고 한다. 하지만 ROM(Read Only Memory)은 비휘발성(non-volatile)이므로 전원이 없어도 저장된 정보를 모두 지니고 있다. 보통 컴퓨터에서의 ROM이라 함은 마더보드, 프린터, 각종 인터페이스 카드 등에 들어있는 ROM 칩, ROM BIOS(Basic Input/Output System)를 말한다.

2) 주 기억장치와 보조 기억장치

주 기억장치는 RAM을 말하는데 휘발성이다. 보조 기억장치는 하드 디스크, 플로피 디스크, CD-ROM, ZIP 드라이버, 테이프 드라이버 등을 말하며 비휘발성이다. 머신상의 모든 작업은 RAM에서 이루어지는데 전원이 없어지면 하던 작업은 사라지게 되므로 보조 기억장치에 계속적으로 작업 중인 데이터를 저장을 해 두어야 데이터가 안전하다.

2. 캐시(Cache)

또 다른 메모리가 캐시 메모리이다. 캐시 메모리는 RAM보다도 훨씬 빠르다. 이는 CPU에 위치(L1)하고 있거나 CPU 근처의 마더보드에 있다(L2). 이 캐시 메모리는 CPU가 다음으로 무슨 일을 하려는지 예상했다가 미리 하드 디스크나 RAM으로부터 정보를 빼내어 놔두는 기능을 한다. 이들은 RAM과는 다르게 용량이 불과 516KB~1MB정도에 불과하며 SRAM을 주로 사용한다. 캐시라는 용어는 페이징(paging)과 같은 개념이며 쉐도잉(shadowing) 기법도 같은 맥락이다.

캐시 메모리에 주로 쓰이는 SRAM

3. 롬(ROM)

ROM도 중요한 기능을 하지만 거의 업그레이드되거나 변하지 않는다. 저장매체가 DVD나 블루레이(Blue-ray)로 바뀌었을 뿐이다. RAM과는 다르게 ROM은 CPU로부터 정보가 읽혀지는 기능만 한다. 컴퓨터에 전원이 없어도 저장된 정보는 지워지지 않는데 이를 비휘발성이라고 했다. ROM은 칩(chip) 형태로 각종 인터페이스 카드(네트워크, 사운드, 그래픽 카드 등)에도 있으며 마더보드에도 있다. ROM상에 있는 이 지워지지 않는 정보는 'hard-wired'나 'hard-coded'되어있다고 하며, 소프트웨어와 하드웨어의 혼합 성격을 가지고 있으므로 펌웨어(firmware)라고도 부른다. 대표적인 펌웨어가 ROM BIOS와 CMOS이다. 하지만 P-ROM, EP-ROM이나 EEP-ROM의 형태로 고정된 ROM의 정보를 갱신할 수 있다. 하드 디스크나 마더보드의 ROM정보를 제조사별로 E-Z BIOS라는 프로그램을 통해서 다운받은 후에 설치하면 ROM도 업그레이드가 가능하다.

ROM BIOS	ROM 칩	DIP(SIP) 칩

5. 저장장치

보통 RAM을 주 기억장치라고 하며, CD-ROM이나 하드 디스크, 플로피 디스크 등을 보조 기억장치라고 했다. 보조 기억장치인 이런 저장장치들은 컴퓨터의 전원이 없어도 정보나 데이터를 유지한다. 여기에 ZIP 드라이브, 재즈(JAZ), 테이프 드라이브 등도 포함된다.

1. 플로피 드라이브

 3.5인치의 플로피 드라이브는 2D(double density)에서 720KB, HD(high density)에서 1.44MB, XD(extra density)에서는 2.88MB정도의 데이터를 저장하거나 읽을 수 있다. 요즘은 예전에 쓰였던 360MB~1.2MB의 정보를 가질 수 있었던 5.25인치 디스켓은 거의 사용하지 않는다. 내부에 플라스틱으로 자기화(magnetic charged)된 디스크를 가지고 있고 양면에 데이터가 저장될 수 있다. 드라이브의 읽기/쓰기 헤더(read/write header)가 노출된 디스크의 표면을 앞뒤로 움직이며 데이터를 읽거나 써 준다. 컴퓨터 내부에 들어있는 100MB나 250MB의 ZIP 드라이버가 Pentium II시절에 플로피 드라이브 대신 인기를 끌다가 사라졌고 (물론 IOMEGA사는 계속 신제품을 만들고 있다) 최근 머신에선 플로피나 ZIP 드라이브를 찾아볼 수 없다. 하드 디스크를 고정식 저장소라고 하며, 플로피 디스켓이나 기타 장치를 이동식 저장소라고도 한다.

플로피 드라이브와 플로피 디스켓

2. 하드 드라이브

 하드 드라이브도 플로피 드라이브와 비슷한 방법으로 작동하는데, 고정식 드라이브라고 하며, 1~4개의 원형 디스크(각 면을 플래터(platter)라 부름)가 묶여있는데 이 들은 서로 닿지 않게 위치하고 있다. 중심에는 스핀들(spindle)이 있어 이들 디스크들(이 묶음을 스택(stack)이라 한다)을 묶어주며, 각 디스크는 읽기/쓰기 헤드가 암(arm)에 붙어서 해당 데이터를 찾아 읽고 쓴다. 디스크 양면에 데이터가 쓰여 질 수 있고, 각 디스크는 데이터를 저장하기 위해서 트랙(track)과 섹터(sector)로 분할되어 있다. BIOS는 63섹터만을 인식하므로 더 큰 용량을 위해서는 변환이 있어야 한다. 하드의 용량은 섹터(sector)와 읽기/쓰기 헤드(head), 그리고 실린더(cylinder) 수가 있어야 계산할 수 있다. 실린더는 하나의 플래터 표면에서 발견되는 트랙의 수를 말하는데, 모든 쓰기 가능한 플래터 표면에는 같은 수로 되어 있다. 그러므로 실린더 수는 트랙수와 헤드 수를 알게 해준다. 헤드=플래터×2, 실린더×헤드=트랙×섹터=총섹터/2=저장 가능한 용량(KB)이며 1024로 나누면 MB, GB가 된다.

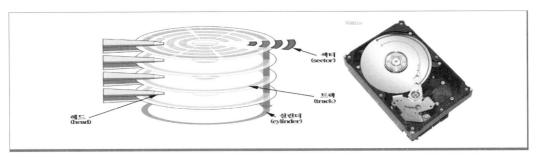

하드디스크 내부

트랙과 섹터로 되어있는 파일 시스템은 섹터를 묶어 데이터를 저장할 수 있는 클러스터(cluster)를 이루는데 512B~32KB의 크기를 가지지만 64KB(128섹터 크기)까지 늘릴 수 있고 2TB까지 인식할 수 있다. RAID를 사용한다면 2TB를 넘길 수 있다. Windows XP는 256TB까지 가능하다. 트랙과 섹터는 FORMAT 명령 후에 만들어진다. 하드 디스크는 최근에 보급용 PC로도 80~180G정도의 용량을 가지고 있다. 보통 새로 하드 디스크를 사면 FDISK 명령으로 파티션(partition:논리적 분할)을 해주고 난 다음, FORMAT 명령으로 트랙, 섹터 등을 만들어 데이터 저장 준비를 시킨다(이는 Windows 9x와 2000에서의 얘기이며 최신의 Windows XP/Vista 등부터는 FDISK가 DiskPart라는 유틸리티로 바뀌어 설치과정에 파티션과 포맷이 들어있다).

가장 초기의 하드 디스크로는 Seagate사의 ST-506 5MB의 MFM 인코딩과 IBM의 ST-412 10MB RLL 인코딩이 있었다. 이후에 이 ST-506이 ESDI로 발전되고, IBM의 AT 머신을 위한 SCSI를 거쳐서, 540MB를 지원하는 IDE 시스템으로 진행해왔다. 그러다가 1996년 LBA(Large Block Addressing)가 8GB까지 지원했으며 1998년 Disk Drivers를 위해 IRQ 13h가 BIOS로 확장되면서 Enhanced BIOS Services가 소개되어 137GB까지 지원할 수 있게 되었다.

데이터 전송케이블도 초기 ST-506 시스템의 20-, 34-줄에서 SCSI의 50-줄, 그리고 요즘에 주로 쓰는 (E)IDE의 40-줄 리본 케이블(ribbon cable)로 변해왔다. SCSI는 Centronics 50이나 DB-25 수컷 핀으로 컴퓨터와 통신한다. 주의할 것은 예전 ST-506이나 ESDI에서는 가능했던 로우레벨 포맷을 IDE나 SCSI에서는 절대로 해서는 안 된다는 것이다. 꼭 필요한 경우에는 제조사에서 해당 프로그램을 다운받은 후 실행하기도 하지만 주의해야 한다.

HDD는 자기(magnetic)로 데이터가 저장되는 장치인데, 이 자기는 헤드가 움직이면서 데이터에 액세스할 때 손상되기 쉽다. 이를 위해서 헤드가 움직이지 않고 데이터에 액세스하게 하는 방법인 SSD(Solid State Drives)가 연구되었지만, 비싸고 읽는데 한계가 있어 널리 쓰이지 않고 있다.

3. CD-ROM

 CD-ROM(Compact Disk-Read Only Memory)는 매우 작은 올록볼록(이를 pits and lands라고 부름)을 가진 원형 디스크를 이용하며 읽기/쓰기 헤드 대신에 레이저를 이용해서 쓰여진 데이터를 헤드액츄에이터(head actuator)가 읽어준다. CD-ROM은 보통 700MB 정도의 정보를 지닐 수 있으나 최근 것은 900MB까지도 가능하다. CD-ROM은 150Kbps가 기본속도라서 더 빠른 속도는 ×32, ×52 등으로 표시한다. CD-RW까지 나와 있다. 최근의 DVD는 CD-ROM보다 훨씬 큰 용량을 제공하는데 4.7GB가 보통이지만 양면저장으로 9.4GB까지 가능하다. 하지만 DL(Double Layer) 기법으로 17GB까지도 가능해졌다. DVD-ROM은 600Kbps이며 ×16까지 있고 DVD-RW까지 나와 있다. CD-ROM과 DVD는 적색(red)레이저를 사용했지만 새로운 BD(Blue-ray Disk)는 자색(violet)레이저를 사용하며 CD-ROM의 780nm와 DVD-ROM의 650nm보다 짧은 파장인 450nm를 사용해서 25GB까지 저장이 가능한데 4.5Mbps속도이다. 블루레이 디스크 연합에는 Sony, Panasonic, Pioneer, Hitachi, Phillips, 삼성, LG 등이 회원이며, 또 다른 최신의 HD (High Density) DVD는 적색과 자색 레이저를 모두 사용하며 15GB의 용량이 가능하다. HD DVD 연합에는 Toshiba, NEC, RCA, HP, ACER 등이 회원으로 되어있다.

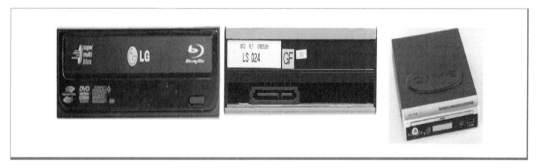

Blue-Ray (후면은 SATA 방식이다)   HD-DVD

4. 다른 저장매체

 하드 디스크, CD-ROM 이외의 저장장치로는 테이프 백업장치, 솔리드스테이트(solid-state) 메모리, 외장 HDD, 외상 SATA인 eSATA 등이 있고, 플래시 메모리(flash memory)로는 SD (Secure Digital) 카드와 USB thumb 메모리, 메모리 스틱 등이 있다.

 SD 카드는 예전의 MMC(MultiMedia Card)기술을 이용한 것인데 지금은 miniSD도 있어 디지털 카메라, 휴대폰 등에서 널리 쓰이고 있다.

| 외장 HDD | SD 카드 | USB thumb |

이동식 디스크 : 플로피 드라이브, Tape 드라이브, ZIP 드라이브 등
고정식 드라이브 : 하드 드라이브, CD-ROM 등
자기(magnetic) 드라이브 : 플로피 드라이브, 하드 드라이브 등
광학(optic) 드라이브 : CD-ROM, DVD, Blue-ray 등

6. 모니터(Monitor)

모니터는 사용자의 작업결과를 화면상에 보여주는 역할을 하는 부품인데, 대부분의 데스크톱 환경에서는 CRT(Cathode Ray Tube) 모니터를 쓰지만 몇 년 전부터는 모니터를 얇게 한 TFT (Thin Film Technology)가 유행했으며, 가스를 이용한 플라스마(Plasma) 모니터 등이 사용되고 있다. 전통적으로 계산기, 팜 파일럿(Palm Pilot) 등에서는 LCD(Liquid Crystal Display) 모니터가 쓰이고 있다. 지금은 TV와 모니터가 합쳐지면서 데스크톱도 LCD를 모니터로 많이 쓴다.

1. 용어

모니터는 스크린 뒤에서 전자총(electric gun)을 이용해 전자를 쏘면, 이것이 모니터 화상에 도트(dot)형태로 나타나게 된다. 모니터상의 이 도트를 픽셀(pixel)이라고 하며, 이 도트의 크기와 숫자를 해상도(resolution)라고 부른다. '가로수×세로수'로 표시하는데, 1024×768 해상도라면 786,432(1024×768) 픽셀이며, 24-bits 팔레트라면 2의 24승(2^{24})으로 16,777,216 픽셀이 된다. 1024×768에 24-bits 컬러라면, 각 픽셀이 24-bits를 원한다는 것이므로 18,874,368bits (786,432×24bits=2,359,296byte÷1024÷1024)로 2.35MB의 메모리를 사용한다. 이 해상도가 크면 클수록, 더 많은 픽셀이 소요되고 결과적으로 더 나은 화질을 볼 수 있다. 28 도트피치(dot pitch: 근접한 도트사이의 수직상 거리로 보통 0.28~0.32mm이다)라면 도트 사이가 0.28밀리미터 떨어져 있다는 뜻이다. 리프레쉬율(refresh rate)은 1초에 수직화면을 몇 번 스캔하는가의 비율이다. 디가우스(Degauss)는 모니터 화면의 자기장을 줄이는 것을 말한다.

초기의 모니터는 리거시한 디지털인 TTL(Transistor-Transistor Logic)과 VGA(Video Graphics Array)가 주종이었다. 이들은 아날로그 CRT(Cathode Ray Tube) 모니터나 LCD(Liquid Crystal Display), 프로젝션용 DLP(Digital Light Processing)를 이용하기도 했는데, LCD는 포터블 컴퓨터에서 주로 사용된다. 요즘엔 이중모니터(Dual View)도 많이 사용한다. 디지털 LCD 형태가 DVI로 아날로그 모듈을 사용하지 않는다.

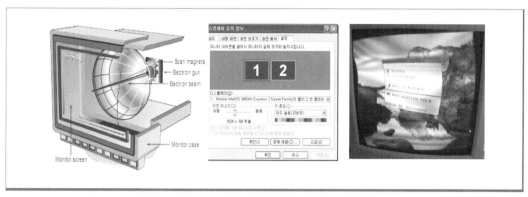

CRT 모니터 내부   이중모니터 설정   디가우스 화면

2. 역사

아주 초기에는 모노크롬(Monochrome)이 DOS 등에서 사용되었다. 이를 MDA(Monochrome Display Adapter)라고 부르는데 텍스트만 보여주었고 720×350이었다. HGC(Hercules Graphics Card)는 720×350로 텍스트와 그래픽을 보여주었다. 그 뒤 CGA(Color Graphics Adapter)가 640×200으로 16색을 보였고, EGA(Enhanced Graphics Adapter)는 720×350을 텍스트 모드에서, 640×350을 그래픽 모드에서 64색으로 보여주었다. MDA, HGC, EGA는 모니터에서 출력되기 전에 미리 모듈화 되어져야 했었지만 VGA(Video Graphics Array)는 모니터가 케이블로부터 신호를 받음으로써 디지털 출력보단 아날로그를 사용한 최초의 모니터로 256색을 보일 수 있었고 16-bits high color라고 불렀다. 텍스트 모드에서 720×400을, 그래픽 모드에서 640×480을 보여주었다. VGA가 기본모니터 설정이다. SVGA(Super VGA)는 1280×1024로 32-bits true color까지 표시할 수 있었다. XGA(Extended Graphics Array)도 있었는데 MCA(Micro Channel Architecture)에서만 쓰였다. UXGA(Ultra XGA), QXGA, WXGA(1280×1024) 등도 있다.

EGA, CGA등은 DB 9 커넥터였으며 VGA, SVGA 등은 DB-15 커넥터이다.

CRT와 TFT 모니터   AGP 카드

3. 기타

A : 아날로그 전용
D : 디지털 전용
I : 아날로그와 디지털 겸용

DVI 커넥터   HDMI 커넥터 7-pin mini-DIN   S-video

모든 모니터는 비디오 카드로부터 신호를 받는데, 이 비디오 카드와 모니터는 사양이 같아야 한다. 즉, EGA 모니터는 EGA 비디오 카드를 써야한다는 뜻이다. 최근에는 ISA나 PCI 슬롯용 카드보다 자체적으로 4MB 이상의 메모리를 내장하고 있는 AGP(Accelerated Graphic Port)가 비디오 카드로 많이 쓰이고 있는데, 비디오 카드에 자체 메모리를 가지고 있기 때문에 시스템 메모리(RAM)를 사용하지 않아서 그래픽을 주로 사용하는 게임이나 CAD 작업 등에서 머신이 훨씬 안정적일 수 있다. 요즘에는 DVI나 TV-out등을 장착한 카드도 많이 쓰인다.

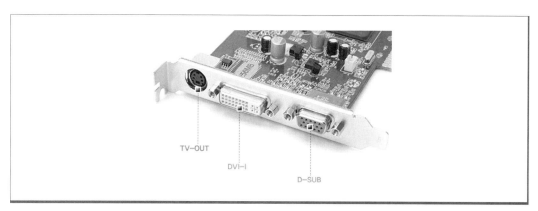

여러 포트가 내장된 그래픽카드

    DVI(Digital Visual Interface)는 디지털 비디오 기법으로 몇 가지 종류가 있다.

    HDMI(High Definition Multimedia Interface)는 HD DVD나 BD를 위해 쓰이는데 전용케이블로부터 신호를 받는다. DVI보다 진보된 기술이며 모션과 음성이 동시에 프레임에 들어간다. 연결선에 따라서 50m, 100m까지도 길이가 확장될 수 있다.

> 필요한 비디오 RAM 계산 : 1024×768로 24비트 디스플레이라면, 1 pixel당 3 Byte가 필요(24비트÷8 bit)하므로, 1024×768×3=2.4MB 이것보다 조금 큰 4MB정도의 비디오 RAM이면 적절하다.
> 버스로 보면, ISA 〉 MCA, EISA 〉 VL-bus 〉 PCI 〉 AGP, USB, FireWire 〉 PCIe이며,
> 모니터로 보면, MDA 〉 CGA 〉 EGA 〉 VGA 〉 SVGA 〉 XGA 순이다.

7. 모뎀(Modem)

    모뎀은 컴퓨터끼리 통신을 할 수 있게 해 주는 도구로 현존하는 전화선이나 TV 케이블을 통해서 조정이 이루어진다. 내장형 모뎀과 외장형 모뎀 두 종류가 있는데, 내장형은 머신내부의 확장슬롯에 카드식으로 끼워 사용하며 외장형은 외장장치를 컴퓨터의 포트를 이용해 케이블로 연결해사용한다.

1. 아날로그 모뎀(Analog Modem)

    컴퓨터는 디지털(0과 1)만을 이해하고 회선은 아날로그(사인파와 같은 wave 파형)만 보낼 수 있으므로 데이터를 보내는 컴퓨터의 모뎀은 컴퓨터의 디지털 신호를 회선에 맞는 아날로그 신호로바꾸어-이를 Modulation이라 한다- 전화선을 통해서 전송하고, 반대로 이를 수신하는 컴퓨터의

모뎀은 전화선을 통해 전달된 아날로그 신호를 다시 그 컴퓨터가 이해할 수 있도록 디지털 신호로 바꾸는-이를 Demodulation이라 한다- 역할을 해야 한다. 이 Modulation과 Demodulation을 합쳐 Modem이라고 한 것이다.

컴퓨터끼리 통신을 하려면 전송 쪽에서 모뎀을 통해 상대에게 전화를 걸어야 하는 전화연결 (Dial-Up) 과정을 거쳐야 하며, 받는 쪽에서 이를 받아들이면 서로 전송속도, 부호화, 다른 조건 등을 협상하는 '핸드쉐이크(handshake)'과정을 거친다. 예전에는 기존 전화선으로 보낼 수 있는 최대속도는 56K로 제한(Shannon의 법칙)되어 있었기 때문에, ISDN이나 ADSL, VDSL등을 이용해서 기존 전화선으로도 높은 속도로 통신하게 했다. 하지만 업로드와 다운로드 할 때 전송속도가 다르다. ADSL은 1Mbps 정도까지 가능하며 VDSL은 10Mbps, 그리고 케이블은 500Kbps 정도가 일반적이다.

아날로그 모뎀과 ADSL 모뎀

2. 케이블 모뎀(Cable Modem)

케이블 모뎀은 일반 TV에서 사용하는 동축 케이블(coaxial cable)을 쓰는데, 사실 케이블 모뎀은 모뎀이 아니라 일종의 어댑터라고 봐야 한다. 전화연결과 협상(Dial-Up and handshake)을 하지 않으며 Modulation이나 Demodulation 과정도 없다. 물리적으로 케이블선만 연결되어 있으면 언제나 통신이 가능하다. 회선에 사용자가 많으면 속도가 떨어질 수 있으나 유선 TV와 함께 사용할 수 있어서 유리하다. ADSL보다 조금 속도가 느리지만 56K 모뎀보다 빠르다.

외장 케이블 모뎀과 외장 ADSL 모뎀

8. 주변장치(Peripherals)

일반적으로 주변장치는 별로 중요하지 않은 외적 구성요소를 말하는데 그 구별이 모호할 때가 있다. 예를 들어 모니터는 컴퓨터 외적 요소지만 주요부품에 들어 주변장치에 속하지 않는다. 그러나 키보드는 컴퓨터 외적 요소이며 주요부품에 들지만 주변장치로 본다.

주변장치는 입력장치(input devices)와 출력장치(output devices)로 나누는데, 입력장치는 마우스, 마이크, 디지털 카메라, 조이스틱, 스캐너 등이며 데이터나 정보를 입력시킬 수 있는 장치를 말한다. 출력장치는 모니터, 프린터, 스피커 등으로 결과물을 보거나 들을 수 있는 장치들을 말한다. 모뎀은 입출력 장치에 해당된다고 볼 수 있다.

1. 키보드(Keyboard)

84-, 101-, 105-키 등 몇 가지 키보드가 있는데, Microsoft Windows나 인터넷 접속 등을 위해서 몇 키가 더 추가되는 추세이며, 심지어는 마우스나 터치패드(touch pad) 등이 장착이 된 키보드도 있고 최근에는 인체공학(Ergonomic)을 염두에 둔 키보드가 잇달아 출시되고 있기도 하다. 본체와의 연결은 초기 IBM PC나 XT/AT 키보드에서는 DIN-5 커넥터였고 이후에 Mini DIN-6 커넥터(PS/2라고 더 많이 불림)가 많이 쓰이다가 지금은 USB나 무선(wireless)을 많이 사용하는 추세이다. 특히 키보드는 RSI(Risk of Repetitive Strain Injuries)를 많이 갖게 하는 장치로써 손목관절이나 어깨에 무리가 가는 증세가 있을 수 있다. 눈의 거리는 17″ 모니터에서는 18~24 인치 거리에서 모니터 중앙에 수평으로 시선이 가는 것이 좋다.

일반 키보드와 무선 키보드 & 마우스   리거시한 DIN-5 AT 키보드

2. 마우스(Mouse)

Opto-mechanical type, 광학 마우스, DB-9 암컷 마우스, 그리고 리거시한 DIN-6의 버스 마우스 등이 있으나, 요즘에는 키보드처럼 Mini DIN-5(PS/2) 마우스를 주로 쓰며, USB나 무선 쪽으로 가는 추세이다. 마우스는 휠 마우스(wheel mouse)를 주로 쓴다. 이와 유사한 지시장치

(pointing device)로 트랙 볼(track ball), 드로잉 태블릿(drawing tablets), 터치스크린(touch screen), 포인팅스틱(pointing stick) 등이 있다.

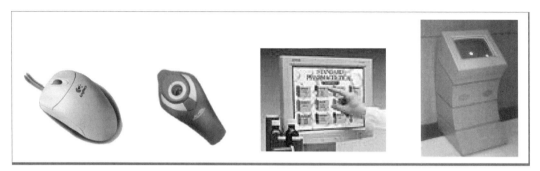

일반 휠 마우스   트랙 볼   터치 모니터와 Kiosk

9. 펌웨어(Firmware)

펌웨어라는 것은 ROM 칩(하드웨어)에 내장된 지시어(소프트웨어)를 가진 것을 말하는데 CMOS, ROM BIOS 등이 이에 해당된다. 즉, 하드웨어와 소프트웨어의 혼합형을 일컫는 말이다. 내장 지시어는 항상 이용 가능하며 하드웨어이므로 컴퓨터 부팅 때마다 프로그래밍 될 필요가 없다. 시간, 패스워드, 스크린 컬러와 컴퓨터의 리소스(IRQ, I/O 주소, DMA 등)가 이에 해당된다. 만일 이런 펌웨어가 없다면 매번 컴퓨터를 켤 때마다 이 모든 것들을 다시 일일이 설정해 주어야 할 것이다.

1. 바이오스(BIOS)

BIOS(Basic Input/Output System)는 CPU에게 어느 장치가 어디에 있고 어떻게 그들과 통신할 수 있는지를 알려주는 역할을 한다. 사용자가 어느 작업을 요청하면 이를 CPU가 구성하고 변환해서 조합하면, BIOS가 그 정보를 해당 장치가 이해할 수 있게 전달시켜주는데 이때 RAM의 정보도 이용하게 된다. 마더보드용으로는 Award, AMI, Phoenix 등에서 BIOS를 주로 만들며, 각 확장카드는 자체적인 BIOS를 지니고 있다. 쉽게 말하면 BIOS는 CPU와 장치가 통신하게 하는 역할을 하는 것으로 주로 ROM 칩에 들어있다. BIOS는 비 PnP(Plug and Play) 장치가 IRQ 등을 먼저 사용하게 해서 PnP 장치가 이들 IRQ를 사용하지 못하게 한다.

리거시한 머신에서는 BIOS에 내장된(hard-coded) 프로그램으로 들어있어 진정한 읽기전용 BIOS인 Mask ROM이었기 때문에 내용변경이 불가능했다. 따라서 새로운 장치가 추가되면 마더보드의 BIOS가 이를 알아채지 못하기 때문에 마더보드의 ROM 칩을 교체해야만 했었다. 하지만 지금은 소프트웨어적으로 교체 할 수 있는 Flash BIOS가 나왔다. P-ROM(Programmable ROM)

은 ROM writer라는 장비로 BIOS 내용을 프로그래밍해서 넣을 수 있는데 추후 변경은 불가하다. 또 자외선으로 입력된 자료를 추가, 삭제할 수 있는 EP-ROM(Erasable Programmable ROM)이나, 전기신호로 입력된 자료를 변경할 수 있는 EEP-ROM(Electrically Erasable Programmable ROM)도 있어서 BIOS의 내용을 변경시킬 수 있다. 플래시 ROM은 블록단위로 데이터를 쓰고 지울 수 있는 ROM으로써 RAM의 특성을 가지고 있어서 디지털 카메라, MP3 플레이어 등에서 사용되고 있다.

2. CMOS

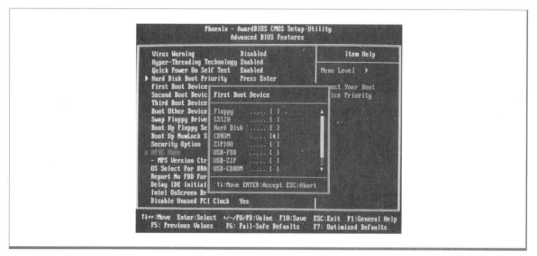

CMOS 설정화면 중 일부

또 다른 펌웨어인 CMOS(Complementary Metal-Oxide Semiconductor)는 시간, 키보드 세팅, 부팅 순서(boot sequence) 등의 정보를 가지고 있는 칩인데, 컴퓨터의 장치들과 통신할 수 있도록 BIOS가 이용하는 I/O 주소와 IRQ(Interrupt ReQuest)의 정보도 가지고 있다. 보통 부팅 시 Del-, Ctrl+S-, F2-키 등으로 BIOS 셋업 화면에 들어갈 수 있다. 이 CMOS는 머신의 기본적인 정보를 늘 유지해야 하므로 별도의 CMOS용 배터리를 가지고 있어서 머신의 전원과는 무관하게 정보가 유지된다. BIOS와 CMOS가 자주 혼동되어 쓰이는데, BIOS는 이런 '정보의 모임'을 말하며, CMOS는 이런 '정보를 저장하는데 쓰이는 칩'이다. BIOS정보가 들어있는 곳이 CMOS이다. 이런 저장 공간을 ESCD(Extended System Configuration Data)라고 하는데 Windows 환경에서 컴퓨터 BIOS와 운영체제에게 PnP 장치들과의 통신을 위한 정보를 제공하는 데이터이다.

CMOS는 머신의 기본적인 설정을 하게 해주는 곳으로, 예를 들어 마더보드에 내장된 사운드가 고장 났다면, 새로운 사운드 카드를 ISA나 PCI 슬롯에 장착하고 CMOS 화면에 들어가 내장된 사운드를 'disabled'시켜주고 설치한 새것을 'enabled'로 정해주면 된다.

3. 부트 프로세스(Boot Process)

컴퓨터가 시동(booting or start-up)되면 BIOS가 소위 POST(Power On Self Test)를 한다고 했다. 이 POST 기간에 BIOS는 컴퓨터의 각 하드웨어 요소를 확인하고 기능을 점검하는데, 먼저 CPU를 점검하고 다음에 RAM을 보며 시스템의 중요 요소인 플로피 드라이브, 하드 드라이브, 키보드, 모니터 등을 그 다음으로 본다. 이어서 덜 중요한 요소인 CD-ROM, 사운드 카드 등을 보며 후 CMOS에서 IRQ와 I/O 주소 등의 리소스를 읽어 들여 각 장치에게 분배하고 비로써 운영체제를 찾아 컴퓨터의 제어권을 넘겨준다. 이로써 CMOS는 더 이상 사용되지 않지만, BIOS는 컴퓨터 사용 내내 CPU와 각 구성 요소 사이를 계속해서 중재해주는 기능을 감당하게 된다.

나. 부품의 첨가, 제거

대부분의 하드웨어 문제는 불량이거나 오작동하는 부품을 양질의 정상 작동되는 부품으로 바꿈으로써 고칠 수 있다. 여기서는 현장에서 컴퓨터의 구성부품을 바꾸거나 설치하는 것을 알아보자. 항상 이런 작업을 할 때에는 먼저 컴퓨터의 전원을 내리고, ESD(ElectroStatic Discharge) 조치를 따라야 한다. 이 ESD의 예외라면 핫 스와핑(hot-swapping) 장치인 USB나 IEEE 1394(FireWire), PC Card를 다룰 때이며, 전원공급 장치나 모니터를 다룰 때는 절대로 ESD를 해선 안 된다! 컴퓨터의 전원을 끈 다음에 케이스를 부드럽게 벗겨야 하며 -여기에는 각 케이스에 따라서 많은 탈착 방법이 있을 수 있는데, 뒤에서 나사를 풀거나, 옆의 큰 나사를 돌리거나, 앞면을 벗겨내는 등의 방법 등이 있을 수 있다- 이때 전원 스위치는 벽에 꽂아둔 채로 작업해도 된다. 이 전원 케이블이 접지(ground) 효과가 있다고 보는 것이다. 하지만 절대로 컴퓨터 머신의 전원은 내려져 있어야 한다.

1. 데스크톱 시스템의 구성요소

데스크톱 컴퓨터의 요소들인 CPU, RAM, 각종 인터페이스 카드 등은 컴퓨터 마더보드에 별로 힘들이지 않고 잘 장착될 수 있지만 하드 디스크나 플로피 디스크, CD-ROM, 키보드 등은 별도의 구성이 필요할 수도 있다. 이들은 IRQs, DMAs, I/O 주소 등의 시스템 리소스를 필요로 하므로 서로 충돌이 있을 수 있기 때문이다. 하지만 최신의 머신은 이들을 거의 자동으로 처리해준다. 먼저 케이블을 연결하고, 점퍼세팅을 해준 뒤 머신에 부착하면 된다.

1. 마더보드

대부분의 컴퓨터 구성요소들은 물리적으로 마더보드에 장착되기 때문에 마더보드를 교체할 때에는 시간이 많이 들게 된다. 그리고 이 마더보드는 본체 케이스에 닿지 않게 스탠드오프(stand-off)를 사용하거나 비 절연나사를 써야하며, 각종 점퍼(jumper) 세팅이나 BIOS 세팅을 사전에 미리 노트에 적어 두는 것이 좋다. 특히 각종 시그널 케이블은 혼동되므로 마더보드에 따라온 지침서 (documentations)를 잘 참조해야 한다. 각종 장치는 부드럽게 정확하게 잘 들어맞게 장착해 주어야 하며 마더보드 바닥엔 작은 버스(bus)가 많기 때문에 긁히지 않게 특히 주의해야 한다. 요즘엔 마더보드 자체에 사운드, 모뎀, 그래픽, 네트워크 등이 내장형으로 되어 있어 별도로 카드를 끼울 일이 없기도 하다. 또 이들은 PnP로 저절로 시스템 리소스를 공급받고 이들의 디바이스 드라이버도 CD-ROM 패키지 형태에 일괄되게 들어있거나 OS가 가지고 있기 때문에 설치가 매우 편리하다.

마더보드에는 서로 다른 장치들이 상호 연결되어 있는 데 이들을 엉키지 않게 조절하는 칩셋 (chipset)이 있다. 이 칩셋은 프로세서와 주변 장치들의 인터페이스를 수행해주는 칩이나 회로의 모임을 말한다. SiS 칩셋은 하나의 칩셋을 사용하고 Intel계열은 두 개의 칩을 사용 하는데, 사우스브리지(south bridge)와 노스브리지(north bridge)이다. 노스브리지는 CPU, RAM, AGP 등의 고속이면서 대량의 데이터를 전송하는 부품들을 연결하며, 사우스브리지는 키보드, 마우스 등의 PS/2, 시리얼 포트, 프린터 등의 저속 장치를 연결한다. 저속의 장치와 연결하는 사우스브리지는 데이터를 처리해서 노스브리지에 보내주면 노스브리지는 결과를 CPU에게 보내주고 결과를 받아 다시 사우스브리지에게 보낸다. 노스브리지는 사우스브리지와 다른 부품의 원활한 통신을 위해 보드에 내장되어있다.

각종 시그널 케이블

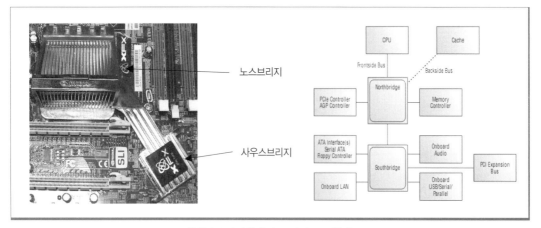

사우스브리지와 노스브리지, 그 원리

2. 저장장치

대부분의 저장장치는 표준화되어 있으며 컴퓨터에 의해서 자동으로 인식된다. 간혹 리거시(legacy)한 i286이나 i386기종에서 쓰였던 주로 500MB 이하의 저용량인 하드디스크는 하드 드라이버 컨트롤러 카드나 플로피 드라이버 컨트롤러 카드를 별도로 슬롯에 끼운 뒤 사용했었는데, 자동으로 용량이 인식되지 않기도 한다. 이럴 때에는 CMOS 화면에 헤드, 섹터, 실린더의 숫자를 디스크에서 일일이 확인해서 적어줘야만 한다.

1. 하드 드라이브(Hard Drive)

전원공급 장치와 리본케이블을 하드 드라이브의 뒤에서 조심스럽게 빼는데, 앞뒤로(front to back)하지 말고 옆으로(side to side) 조금씩 흔들어 뺄 것이며, 거꾸로(upside down)로 설치할 수 없도록 가이드 키(key)가 있다. 리본 케이블의 붉은색 줄(or 파란 줄)이 핀 1에 맞춰져야 하는데, 이 핀 1을 보통 드라이버의 전원공급기 쪽으로 향하게 하면 된다. 하나의 (E)IDE 커넥터에 연결해서 쓰는 40줄 리본케이블에는 보통 두 개의 장치를 달수 있는 커넥터가 있는데, 보통 Primary 하드 드라이브는 리본케이블의 끝 커넥터에 달게 되어있고, 리본케이블의 중간 커넥터에는 Secondary 하드 드라이버나 CD-ROM을 달면 된다. 이때 점퍼 세팅으로 각 장치에 마스터(Master)나 슬레이브(Slave) 설정을 해주어야 한다.

하드 드라이브의 용량을 구하려면, 헤드, 섹터, 실린더를 보아야 하는데, 헤드 수가 홀수이면 처음 헤더는 데이터용으로 쓰이지 않고 있다는 것이다. 만일 헤드 수가 7이면 실제로는 4개의 디스크(양면에 기록하므로)로 8개 헤드인 것이다. 각각의 디스크 면을 플래터라고 했다. OS는 데이터를 각 섹터 당 512 Bytes를 쓴다. 예를 보자, type 12, tracks 855, heads 7, sectors/track 17인 디스크라면, 855 tracks×17 sectors/track×512 Bytes/sector=7,441,920 Bytes가 각 헤더에 쓰인다. 7 헤더이므로, 7 heads ×7,441,920 Bytes=52,093,440 Bytes고, 이를 Kilo Byte로 만들려면, 52,093,440/1,024=50,872.5 Kilo Bytes. 또 Mega Byte로 만들려면, 50,872.5/1,024=49.68 Mega Bytes가 된다.

　디스크 캐시(or 하드웨어 캐시)는 RAM에 일시적으로 데이터를 저장하는 것을 말하며, 소프트웨어 캐시는 하드 디스크에 저장되는 캐시 프로그램으로 TSR(Terminate and Stay Resident: 사용자가 어떤 키보드를 누르면 빠르게 액세스할 수 있도록, 실행이 종료되었어도 컴퓨터 메모리에 그대로 남아있는 프로그램이다. TSR 프로그램은 DOS와 같이 멀티태스킹(Multi-Tasking) 운영체계가 아닌 곳에서 사용된다. TSR 프로그램에는 대체로 계산기, 시계 및 메모장 등과 같은 것들이 있다. DOS에서 다른 프로그램이 실행되고 있을 때, 미리 설정해놓은 키를 누르면 TSR 프로그램이 나타나게 된다)과 같은 것이 이에 해당되며, 시스템 RAM의 Extended or Expanded 메모리에 들어있다. 하드웨어 캐시는 컨트롤러 회로 판에 직접 들어가 있는 캐시 프로그램이다. 하드 드라이브 캐시를 이용하는 것으로 '스마트 드라이브(SMARTDrive)'가 있다.

　가상 메모리(virtual memory)라는 것은 일시적으로 RAM 메모리의 내용을 스와핑(swapping or paging)해서 하드 디스크를 일시적으로 메모리처럼 사용하는 것을 말한다. 이 하드 드라이브의 가상 메모리에 저장된 파일을 스왑파일(swap file)이라고 하며 그 영역을 램 드라이브(RAM drive)라고 하는데 이렇게 함으로써 실제 RAM보다 더 많은 메모리를 컴퓨터가 이용하게 해준다. 또 CPU가 RAM에서 데이터를 계속해서 읽어오는 것을 페이징(paging)이라고 하며 액세스시간을 줄이기 위해서 ROM BIOS를 RAM에 복사해오는 것을 쉐도우(shadow)라고 하는데 Windows XP/2000에서는 PAGEFILE.SYS가 된다. CPU가 메모리에 없는 데이터를 요구하면 "page fault"라는 에러 메시지가 나온 다음, 가상 메모리매니저가 이 요구된 데이터를 스왑파일에서 찾아 RAM에 올려놓아 CPU가 이용하게 한다. 어떤 경우에서는 CPU가 RAM과 스왑파일 두 곳에서 동시에 데이터를 찾기도 하는데 이런 것을 쓰레싱(thrashing)이라고 한다. 이 작업이 제대로 이뤄지지 않으면 화면이 멈추는 결과가 되기도 한다. Windows XP나 Windows 2000은 자동으로 가상 메모리를 설정해준다. 만일 대용량의 그래픽을 처리하는 작업을 한다면 머신의 처리속도가 느려질 수 있다. 이럴 때에는 C: 드라이버에 있는 스왑파일을 D: 드라이버로 옮겨놓고 작업하면 C: 드라이버의 부하가 줄어늘어 처리속도가 빨리질 수 있다.

　하드 디스크에는 읽기/쓰기 헤더가 목적지 섹터에 자리하는데 걸리는 식크타임(seek time)이 있고, 헤드전환타임(head switching time)과 회전지연타임(rotation latency time)을 합친 래턴시타임(latency time)이 있다. 그러므로 고속의 하드 디스크는 낮은 래턴시 값으로 표시된다. 시크타임과 래턴시타임을 합쳐서 데이터 액세스타임(access time)이라고 한다.

2. 플로피 드라이브(Floppy Drive)

이 플로피 드라이브도 하드 드라이브와 마찬가지로 제거되고 설치가 될 수 있는데, 보통 34 줄 리본 케이블을 이용하며 케이블의 꼬여(twisted)있는 곳 바로 다음에 플로피 드라이브를 연결한다. 이때도 붉은 줄이 있는 쪽이 핀 1과 일치 되어져야 하며, 자동으로 드라이브 명은 A:가 된다. 케이블의 중간 커넥터에는 제 2의 플로피 드라이버나 다른 장치(주로 테이프 드라이버)가 연결 될 수 있는데, 자동으로 드라이브 명은 B:가 된다. 만일 케이블이 잘못 연결되면 전면의 플로피 LCD 판넬에 늘 불이 들어와 있는 것을 볼 수 있다.

3. CD-ROM 드라이브

이 CD-ROM 드라이브들도 하드 드라이브나 플로피 드라이브와 마찬가지로 장착되고 제거될 수 있는데, CD-ROM 드라이브 뒤와 마더보드나 사운드 카드의 사운드 출력 포트에 사운드케이블이 연결되어 있어야 CD-ROM으로 소리를 들을 수 있다. 만일 컴퓨터가 CD-ROM 드라이브를 인식하지 못한다면, 해당 디바이스 드라이버나 점퍼세팅을 확인해주어야 한다.

4. SATA와 PATA

이젠 리거시한 (E)IDE와 SCSI 대신 최신의 보드에는 PATA(Parallel ATA)와 SATA(Serial ATA)가 들어있는 것을 볼 수 있는데 ATA(Advanced Technology Attachment)는 IDE(Integrated Drive Electronics)를 일컫는 표준용어이다. ATA는 IBM PC/AT에서 빌려온 이름이며 드라이브 컨트롤러가 하드 드라이브에 들어가 있는 기술로 기존에 별도의 컨트롤러 카드를 사용해야만 했었던 ESDI(Enhanced Small Device Interface)보다 진보된 개념이다. ATA-1~8까지 있고 ATA-2가 EIDE(Enhanced IDE)이다. ATA-3은 ATAPI(ATA Packet Interface)로 하드 드라이브 이외의 드라이브(주로 CD-ROM지만 테이프 드라이버나 ZIP 드라이버)를 지원하기 위해 사용되었다. 또 ATA-3에서 부팅 시 하드 드라이브의 문제를 확인하게 해주는 기능을 가진 SMART (Self-Monitoring And Reporting Technology)를 소개했다. ATA-4부터 UDMA(UltraDMA)가 사용되었고 ATA-5는 UDMA/66으로 66Mbps전달속도이며 ATA-6는 UDMA/100으로 100Mbps를 전달하는데 ATA-5/6은 40줄이다. ATA-7은 UDMA/133으로 133~150Mbps를 전송하고, ATA-8도 UDMA/133으로 150Mbps SATA와 500Mbps를 전송하는 차세대 SATA로 되어 있다. 오리지널 ATA는 논리드라이브가 512MB까지만 인식했으나 지금의 EDIE(ATA-2이상)는 8GB까지 가능하고 ATA-6는 128PB(PetaByte(2^{50}))까지 가능하다. 만일 보드의 PATA가 검정색이면 기존 IDE(ATA) 40-줄에 호환되는 것이며 파란색이면 ATA-5이거나 UDMA(UltraDMA)기술을 지원하는 것으로 80-줄인데 나머지 40-줄은 접지용이다.

40-pin PATA 헤더는 드라이브와 보드에 병렬로 데이터를 전달한다. 7-pin의 SATA는 나중에 나온 기술로 데이터를 시리얼로 보내 데이터시그널과 동기화(synchronization)할 필요가 없기 때문에 전송속도기 더욱 빠르다. SATA 헤더는 PATA헤더와 다르다.

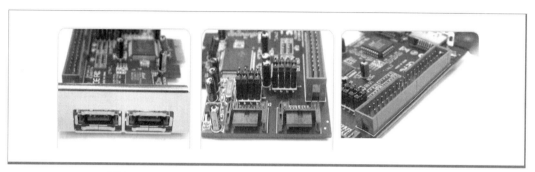

| 외부 eSATA | 내부 SATA | Ultra ATA(PATA) |

5) 기타 저장 장치들

하드 드라이브나 플로피 드라이브, CD-ROM 이외의 몇 가지 저장장치를 보자.

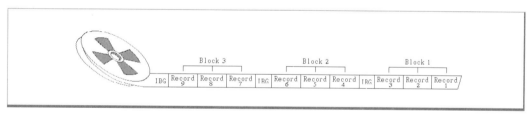

자기(Magnetic) 드라이버

테이프(Tape) 드라이버   ZIP 드라이버

3. 전원 공급기(Power Supply)

예전의 ATX에는 보통 Pentium I과 일부 Pentium II급까지도 전원 공급기에서 나온 전선 중에서 P8, P9의 번호가 매겨져 있는 전원코드를 마더보드에 black-to-black(or black together) 방

식으로 끼워줘야 했었다. 하지만 최근의 마더보드에는 P8, P9의 구별이 없는 20-pin 블록커넥터를 사용해서 낀다. PCIe ATX는 24-pin을 사용하는데 20-pin과 호환된다. 가장 최신 보드용으로 40-pin 블록커넥터도 있는데 20-pin은 접지용이다. 최신 전원공급 장치에는 SATA용 전원선이 붙어 나온다. 주의 할 것은 전원 공급기에 문제가 있다고 해서 수리해선 절대 안 되며, 전원 공급기를 만질 때 ESD를 착용해서도 안 된다! 보드에 전원을 안정시키기 위해 ATX12V P4를 보드에 보조로 공급해주기도 한다.

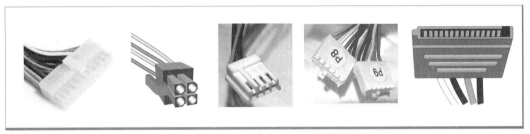

블록 커넥터   보조 ATX12V P4   FDD 커넥터   리거시한 P8-P9   SATA 커넥터

4. 프로세서(CPU)

CPU를 설치할 때는 마더보드에서 지원해주는 속도와 타입이 맞아야함을 잊지 말아야 한다. 보통 보드는 한 가지 CPU 모델만 지원하지만, CPU속도는 두세 가지 일 수 있다(over-clocking). 형태는 보통 두 가지 이다. 또 CPU는 커넥터에 따라 부르는 방식이 다른데, Intel CPU를 보면 아래 표와 같다.

CPU의 종류

CPU type	Bits	Bus	Type	Description
8080, 8088	8	8-bit	XT	DOS
80286	16	ISA	AT	first Graphics, Windows 3.x
80386	16/32	MCA(PS/2)	ATX	first Graphics, Windows 95,
	32	EISA	ATX	first co-processor shown
80486	32	VL-Bus	ATX	DX(built-in co-processor), SX(no co-processor), turbo mode, Windows 98
	32	PCI		
Pentium	32/64	PCI	ATX	Windows XP와 이후

1) PGA/ZIF : 옛날 프로세서로 Intel 486과 Pentium I의 기종이며 사각형 소켓에 맞는 형태이다. 소켓 레버를 이용해서 낀다.

2) SEC/Slot I : 신형 프로세서로 Pentium II, III기종에서 보이며 로킹 탭(locking tab)을 카드식으로 끼우면 된다.

소켓과 슬롯을 정리해두었다.

CPU design

Connector Name	CPU	Descriptions
Socket 7	Pentium I/MMX, K6, Athlon	사각형
Socket 8	Pentium PRO, Duron, K7	Socket 7보다 조금 큰 사각형
Slot 1	Celeron, Pentium II/III, Xion	직사각형 카드식
Slot 2	Pentium IV	사각형

5. 메모리(Memory)

초기의 메모리는 DIP(Dual Inline Packages)형태로 마더보드에 바로 붙어 있었다. 이후에 열과 디자인 문제로 메모리는 1~4~16MB정도의 용량으로 커졌으며 메모리 슬롯에 45도 각도로 기울여 끼거나 빼야 했었다. 하지만 32MB이상 커진 용량의 RAM은 크기도 커져 수직으로 바로 끼워 쓸 수 있게 했다. RAM은 자동적으로 시스템 시작 시 그 크기가 감지되며 별도의 구성을 요하지 않는다. 끼워서 사용만 하면 되는데 여러 개를 끼울 때에는 SDR의 100과 133MHz, 혹은 DDR의 2100, 2700, 3200 등의 클럭 스피드를 서로 맞추어 사용해야 한다.

1) SIMM : Single Inline Memory Module은 30-pin과 72-pin커넥터이며, 80386, 80486과 Pentium I 슬롯에서 보인다. 45도 기울여 끼거나 뺄 수 있다. DIP 칩이 한 줄로 배열되어 있는 리거시형이다. 과거 32-bits지원의 DRAM에서 주로 쓰였다.

2) DIMM : Dual Inline Memory Module은 SIMM보다 나중 디자인이며 Pentium I/II/III에서 보이는데 168-pin커넥터이며, DIP 칩이 가운데를 중심으로 양쪽으로 나뉘어 배열되어 있다. 64-bits를 지원하므로 한 개의 DIMM에는 두 개의 SIMM이 있어야 메모리뱅크가 된다. PC100 SDRAM은 8ns 125MHz이며, 12ns은 83MHz, 10ns은 100MHz이다. 또 PC 133은 133MHz이고, PC800은 800MHz, PC66은 66MHz이다.

메모리칩이 한 면, 또는 양면에 있기 때문에 SIMM, DIMM이 아니며, 마더보드 메모리 한 면에 배치된 칩의 위치로 말하는 것이다. 메모리 칩은 한 면, 또는 양면에 있을 수 있어 용량의 차이를 보일 뿐이다. 메모리 모듈을 계산할 때 패리티 비트(parity bit)의 여부에 주의한다.

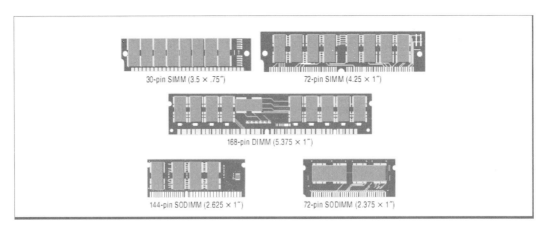

여러 RAM의 크기 비교

SIMM에서 30-pin은 8-bits처리, 70-pin은 32-bits처리이며, SODIMM은 72-pin이 32-bits, 144-, 200-pin이 64-bits처리이고, DIMM에서 168-, 184-pin은 64-bits처리이며, RIMM은 184-pin으로 16-bits를 처리한다.

요즘 많이 사용되는 DDR(Double Data Rate)을 조금 알아보자. 이는 클럭시그널의 고저에서 각각 데이터를 전송할 수 있게 해서 두 배의 데이터 전송 능력을 가능하게 함으로써 시그널 한번에 한번만 전송하게 하는 SDR(Single Data Rate)방식의 메모리에 비해 성능이 두 배로 향상된 것이다. DDR을 SDR 메모리와 비교해보면 우선 핀 수에서 차이가 나는 것을 알 수 있다. 168-pin의 SDR 메모리에 비해 DDR 메모리는 184-pin의 구조를 하고 있다. 하지만 DDR의 문제는 '비호환성'이다. SDR 메모리를 장착할 수 있는 DIMM 소켓에 DDR 메모리를 장착할 수 없다. 이런 외형적인 차이는 메모리의 노치(notch)에서 쉽게 구별할 수 있다.

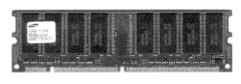

184-pin PC2100 DDR 메모리. 노치가 하나   일반적인 168-pin PC133 메모리. 노치가 두 개

이런 외형적인 차이뿐만 아니라 SDR과 DDR 메모리는 서로 다른 동작전압을 가지고 있다. 3.3V의 동작전압을 가지는 SDR 메모리에 비해 DDR 메모리는 2.5V의 동작전압을 가짐으로써 적은 발열로 인해 데이터의 안정적인 전송에도 유리하다.

PC 시장 경향에 있어서 절대적인 힘을 발휘했던 Intel은 Pentium III 이후 자사의 Pentium IV 프로세서의 메모리 파트너로 Rambus사의 RDRAM을 채택했다. 기존의 하드웨어 제조업체들이 'Pentium IV+Rambus RDRAM'조합을 따르기를 기대했지만, Intel의 이런 기대는 현실에서는 다르게 진행되었는데, 하드웨어 제조업계 관점에서는 급격한 솔루션 변화에 따른 새로운 설비투자에 대한 두려움과 기존설비 투자회수에 대한 미련도 작용했다. 이런 개발 및 제조업체들의 두려움과 경계를 일시에 해소시켜줄 해결사로 등장한 구원자가 바로 DDR 메모리였다. 많은 칩셋 및 메모리 개발 및 제조업체 즉, VIA, Micron, ALi, AMD, Transmeta, Infineon, ATI, Nvidia, 삼성전자, 현대전자 들은 공식적으로 DDR 메모리 지원을 천명하고 나섰다. 기존 SDR 메모리 공정설비에 특별한 설비투자 없이 바로 DDR 메모리를 생산할 수 있기 때문이었다. 물론 그런 이유 중에는 Intel의 영원한 맞수인 AMD가 DDR을 지원했기 때문도 있었다. Rambus RDRAM과 DDR 메모리의 대결 구조는 Pentium IV에서 Intel의 새로운 칩셋이 DDR 메모리 지원이 가능한 보드설계 쪽으로 무게가 실리게 했다. 하지만 Intel이 Rambus RDRAM을 포기한 것은 절대 아니다.

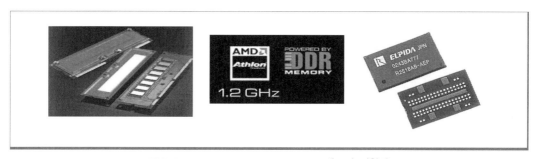

RDRAM   DDR 메모리 지원의 AMD CPU

6. 입력장치

키보드나 마우스 같은 입력장치는 컴퓨터 뒷면의 포트에 단지 끼우기만 하면 사용할 수 있다. 키보드는 DIN-6나 Mini DIN-5 커넥터이며, 마우스는 9-pin 시리얼(COM)포트에 맞추거나 Mini DIN-5 마우스 포트에 낄 수 있다. 서로 맞기는 하지만 Mini DIN-5 키보드와 Mini DIN-5 마우스는 서로 바꿔 끼면 작동되지 않는다. 오래된 기종으로 버스 마우스라는 것이 있었는데, 버스 마우스 카드를 SCSI나 리거시한 드라이브 컨트롤러 카드처럼 슬롯에 끼운 후 케이블을 연결해서 사용했었다.

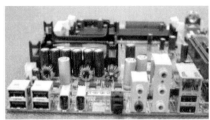 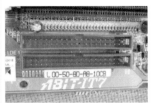

마더보드에 내장된 포트들   (E)IDE 커넥터(IDE1과 IDE2로 표시되어 있다)

바코드 리더(barcode reader)도 입력장치인데 시리얼(RS-232로 불림)과 USB 형태가 일반적이다. 레이저나 빛으로 읽으며 2차원의 바코드도 읽을 수 있는 LED를 주로 사용하지만 IR, RF, Bluetooth, Wi-Fi 등 무선도 사용된다. 스캐너도 입력장치에 속하며 웹캠(webcam)이나 FireWire(IEEE 1394로 불림), MIDI(Musical Instrument Digital Interface) 등도 마이크나 오디오 장치를 통해 메시지, 음악 파일 등의 데이터를 남길 수 있어

KVM

서 입력장치이다. MIDI는 DIN 5-pin을 사용한다. 생체(Biometric) 입력장치인 지문, 망막, 음성, 안면인식 등도 데이터를 남길 수 있다. 터치스크린(touchscreen)은 스크린에 붙어있는 키보드로 이해하면 되는데, PDA, PIN이나 서명을 받는 기기 등에서 사용된다. 이들은 만지는 터치를 신호로 바꾸어 전달하는 시스템을 가지고 있다. KVM 스위치(Keyboard, Video, Mouse Switch)는 여러 시스템이 같은 키보드, 모니터 그리고 마우스에 붙어있게 한 형태로 입력장치에 속한다.

7. 점퍼와 DIP스위치

이들은 하드웨어의 다양한 옵션을 설정하기 위해서 보드와 해당 장치에서 주로 사용된다.

점퍼와 DIP 스위치

8. 어댑터 카드

어댑터 카드(adapter card, expansion card)는 단지 회로판인데 보드의 버스 타입과 맞아야 사용할 수 있다. PCI 사운드 카드를 ISA 슬롯에 끼울 수 없다.

1. 그래픽

정보를 보이기 위한 디스플레이 카드로 AGP와 PCIe를 많이 사용한다. 요즘엔 TV-out, DVI, S-Video 등을 탑재한 모델도 많이 있다. 참고로 AGP ×1은 66MHz, ×2는 133MHz, ×4는 266MHz, 그리고 ×8은 544MHz로 2.1Gbps을 전달한다. ISA는 16Mbps, PCI는 132Mbps, 그리고 PCIe는 1250Mbps의 전송속도이다. PCIe 비디오카드는 SLI(Scalable Link Interface: 두 개 이상의 그래픽카드를 연동해서 더 높은 성능을 내는 nVIDIA기술) 호환이다.

2. 사운드

사운드 카드에는 게임이나 MIDI 포트를 가진 DA-15 핀이 함께 들어있는 경우가 많다. 사운드 카드에는 RCA 잭이 들어있으며, S/PDIF(Sony/Philips Digital Interface)와 TOSLink가 디지털 오디오를 선도하고 있다.

3. I/O(Input/Output) 카드

예전에 쓰였던 I/O 카드에는 두 개의 시리얼포트, 하나의 병렬포트, 두 개의 IDE(PATA)포트 그리고 하나의 플로피 컨트롤러가 있었다. 만일 SCSI 시스템에 IDE 장치를 연결하고자 한다면 이런 카드를 사용해야 한다.

4. 통신

예전에는 전화선(PSTN(Public Switched Telephone Network))을 이용해서 두 기기를 연결했었는데, 지금은 NIC(Network Interface Card)를 사용해서 연결할 수 있다. 이는 데이터를 병렬로 전송하는데, PCI, PCIe, ISA 등에 끼거나 USB, 무선으로도 연결할 수 있다. 케이블로는 RJ-45, UTP등이 쓰인다. NIC를 두 개 쓸 때도 있는데(multi-homed라고 부름), 두 번째 것은 분산처리(load balancing), 보안(security), 재난극복(fault-tolerance)용으로 쓸 수 있다.

또 전화선을 이용한 모뎀으로 전화연결(dial-up) 네트워킹을 할 수 있다.

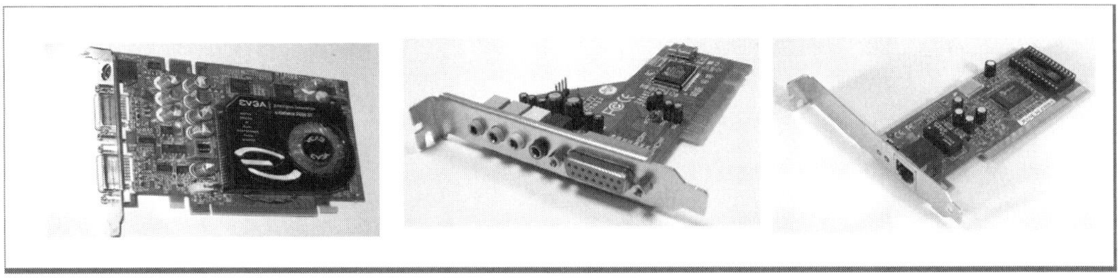

그래픽 카드 사운드 카드 네트워크 카드

9. 시스템 리소스(System Resources)

시스템 리소스라고 함은 보통 IRQ, DMA 채널, I/O 주소를 일컫는다. 이들을 간단히 정리하면 다음과 같다.

1) 시스템 메모리(system memory) – 우리가 흔히 말하는 512MB니 1GB니 하고 말하는 물리적인 메모리를 말한다. CPU에 붙어있는 핀 하나를 IO_MEM이라고 부르는데 CPU가 메모리의 어느 블록을 참조하는지 그 핀이 정해준다.

2) 메모리 주소(memory address) – 컴퓨터 구성요소가 작업을 할 때 시스템 메모리의 블록을 사용해서 실제 작업 때까지 데이터를 이곳에 저장해 두는데 작업 시 CPU로 하여금 메모리의 특정지역에 액세스하게끔 위치를 알게 해주는 임시 저장장소의 주소이다.

3) IRQ(Interrupt ReQuest) – 해당 장치가 신호를 보내서 CPU의 주의를 끄는 장치 간 구별된 숫자이다.

4) DMA(Direct Memory Address) – 디스크나 확장카드가 CPU를 통하지 않고 기기끼리 메모리와 직접 통신하게 하는 것으로 메모리에 특수한 저장공간(이를 버퍼(buffer)라고 한다)을 만들어 (CPU나) 확장카드로부터 DMA 채널을 통해 데이터를 직접 받아들이는 것을 말한다. 하지만 지금은 플로피나 키보드, 사운드카드 등에 제한적으로 사용된다.

5) I/O 주소(Input/Output Address) – CPU가 장치에 신호를 보낼 수 있도록 구별하여 장치에 할당된 메모리상의 위치로, 구성요소가 시스템과 통신하게 하는 메모리의 특정영역이다. CPU는 IO_MEM으로 I/O 주소에 있는 부품을 구별한다. 메모리 주소는 장치 자신에 의해 사용되는 정보를 저장하는데 쓰이는 공간(0x00000000~0xfffffff 식)이며, I/O 주소는 시스템에 의해 사용되는 정보나 CPU로부터의 지시를 저장하는데 쓰이는 공간(1F0-1F8 식)이다. 모든 I/O 주소는 메모리의 처음 640KB 아래에 놓인다.

1. Hexadecimal(16진수) 주소

장치의 I/O 주소를 보면 숫자와 알파벳이 섞여있음을 알 수 있는데 1부터 16의 10진수를 0,1,2,3,4,5,6,7,8,9,A,B,C,D,E,F로 표시한다. 보통 컴퓨터는 2진수(binary number)로 되어 있으므로 3D9A와 같은 16진수는 3, D(=13), 9, A(=10)이므로 이진수로는 3이 11, 13은 1101, 9는 1001, 10은 1010이 되어서 11110110011010이 된다. 이렇게 긴 11110110011010의 이진수를 3D9A란 16진수로 바꿔서 간단히 표현한 것이다. 그리고 컴퓨터는 4 bits씩 표시하므로 3D9A는 16자리(4×4)가 된다. 1은 0001로 표시되어지고, 또 최초에 0은 생략할 수 있으므로 위의 11110110011010은 총 12자리므로 0011110110011010으로 16자리가 되어 져야 한다. 이는 IP 주소, MAC 주소와 IPX 주소체계에 모두 적용된다.

Decimal	exadecimal	Binary
0	0	0000
1	1	0001
2	2	0010
3	3	0011
4	4	0100
5	5	0101
6	6	0110
7	7	0111
8	8	1000
9	9	1001
10	A	1010
11	B	1011
12	C	1100
13	D	1101
14	E	1110
15	F	1111

2. 표준 IRQ 세팅

아래 표는 알아두는 것이 좋다. IRQ2=IRQ9임을 기억해야 하는데 IRQ2는 IRQ9와 캐스케이드(cascade), 즉 IRQ9가 IRQ2에 리다이렉트(redirect)한다. 초기의 컴퓨터는 8개의 장치(IRQ0~7)를 가졌지만 장치의 사용 증가로 인해 최근의 머신에는 15개의 장치를(IRQ8~15) 가질 필요가 있었다. IRQ 숫자가 작을수록 CPU에 의해 처리되는 것이 빠르다. 시스템 타임이 IRQ0으로 우선순위가 가장 높다. 인터럽트 컨트롤러가 IRQ9 다음의 8개장치를 IRQ2에 리다이렉트 해놓아 IRQ9 이후의 8개장치가 IRQ3~8보다 빠르게 처리되는 효과가 있게 했다. 결과적으로 처리 순서는 차례로 1부터 18이 아니라, 0→1→2(=9)→10→11→12→13→14→15→3→4→5→6→7이 된다. 다음의 표는 IRQ와 그 장치들, 그리고 I/O 주소를 정리해 놓은 것이다. IRQ0이 최상의 우선순위(priority)이다. 자주 혼동하는 것으로 SCSI는 7개의 장치에 8개의 ID가 있음(혹은 15개의 장치에 16개의 ID)을 기억해야 한다.

이와 유사한 것들을 정리해보자.

SCSI는 7개나 15개의 장치(ID는 8개나 16개); USB는 127개의 장치; IEEE1394(FireWire)는 63개의 장치; (E)IED는 4개의 장치를 가질 수 있다.
IEEE1394는 Firewire, IEEE1284는 parallel port, RS-232는 serial(COM) port이다.

IRQ	Device		I/O address
0	System timer	System timer	040–05F
1	Keyboard	Keyboard	060
2	Cascade, Redirect to IRQ 9	Available	0A0
3	Serial ports(COM2 and COM4)	COM2 & COM4	2F8 / 3E8
4	Serial ports(COM1 and COM3)	COM1 & COM3	3F8 / 2E8
5	Parallel port(LPT2)	Hard disk controller	1F0–1F8
6	Floppy drive controller	Floppy disk controller	3F0–3F7
7	Parallel port(LPT1)	LPT1	278–27F
8	Real-time clock		070–07F
9	Redirected from IRQ 2 or USB		
10	Available		
11	Available or SCSI		
12	PS/2 mouse		
13	Math co-processor		0F8–0FF
14	Hard disk controller		
15	Second hard disk controller, if any		

일반 IDE 커넥터에 SCSI 장치를 사용하려면 SCSI 컨트롤러 카드를 PCI 슬롯에 끼워 리본 케이블로 연결해서 사용하면 된다. 보통은 서버에서 자동으로 SCSI ID를 지정해준다.

3. 플로피 드라이브와 하드 드라이브

플로피 드라이브 컨트롤러는 IRQ6, I/O 주소 3F0–3F7과 DMA 채널 2, 하드드라이브 컨트롤러는 IRQ14, I/O 주소 1F0–1F8로 주로 쓰이는데, 만일 두 번째 하드드라이브 컨트롤러가 있다면 IRQ15, I/O 주소 170–178, DMA 채널 3이 된다. 하지만 최신의 드라이브는 UDMA(Ultra DMA) 방법으로 RAM에 직접 연결된다. 노트북에서 주로 쓰이는 UDMA는 HDD에 의해 쓰이는 프로토콜이며 이 DMA와 기능적으로 관련은 없다. IRQ와 마찬가지로 DMA, 메모리 주소 등 정보는 '시작→설정→제어판→시스템→장치 관리자→[보기]탭'에서 '리소스(종류별)'을 클릭하면 볼 수 있다. 드라이브의 MDA 설정은 BIOS에서 옵션으로 하거나 PIO(Programmed Input/Output) 세팅으로 할 수 있다. 대부분 머신은 ACPI(Advanced Configuration and Power Interface)가 자동으로 이런 리소스들을 설정해준다.

다음은 8-bits에서 사용되었던 DMA 채널이다.

DMA 채널

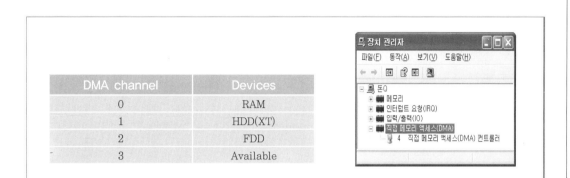

DMA channel	Devices
0	RAM
1	HDD(XT)
2	FDD
3	Available

5. USB 포트

Intel이 제안한 Universal Serial Bus(USB)는 비교적 최근에 만들어진 것으로 거의 미래 표준으로 사용될 전망이다. 보통은 컴퓨터 뒷면에 2개의 포트로 나와 있으나 최근 머신에는 앞면이나 옆면에 2~4개씩 포트가 더 나와 있다. 127개의 장치를 연결해서 쓸 수가 있으며 12Mbps의 전송 속도를 가진다.

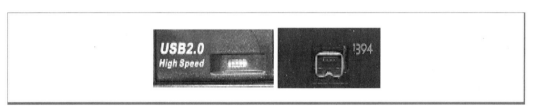

USB 포트와 FireWire 포트

USB는 USB-호환성을 가져야 하는데 PnP일 뿐만 아니라 핫스와핑(hot swapping: 머신이 켜져 있는 상태에서도 장치를 장착/탈착해도 되는 것)한데, IRQ9, I/O 주소 1020-103F를 보통 가진다. 최근의 디지털 카메라, 스캐너, 프린터, 마우스 등의 거의 모든 장치가 주로 이 USB를 이용하며, LAN 연결에도 쓰인다. 현재는 Apple사에서 만든 IEEE 1394가 더 빠르지만 USB2가 이 속도를 바짝 쫓고 있다.

속도는 IEEE1394(FireWire) 〉 USB 〉 IEEE1284(parallel) 〉 RS-232(COM/serial) 순이다.

6. 적외선 포트

적외선(Infrared) 무선 컴퓨터장치는 물리적인 직접연결보다 적외선 광을 이용하여 서로 통신하게 해주는데, 주로 이동용 컴퓨터, PDA, 무선장치(광 마우스나 키보드 등) 등에서 사용된다. 블루투스(Bluetooth)나 IrDA's(Infrared Data Association's) 데이터전송 표준을 따른다. 어떤 두 개의 무선장치든 표준만 같다면 서로 통신이 가능하지만, Windows OS에서는 블루투스를 지원하지 않는다. IrDA 적외선 장치들은 4Mbps의 속도를 지원하며, 연결에는 컴퓨터나 프린터 등의 point-to-point 방식과 네트워크의 multi-point 방식이 있다. 이 적외선 장치의 단점이라면, 거리가 1미터 이내여야 하며 직접적으로 향하고(line-of-sight; face-to-face)있어야만 하므로 양 장치 사이에 아무 장애물도 없어야 한다. Bluetooth는 720Kbps로 9m이내의 거리이어야 한다. Windows OS는 PnP의 IrDA를 지원한다. IrDA로 인식된 데이터는 Windows OS의 '내 서류가방' 폴더로 이동된다.

다. 포트, 케이블, 커넥터

컴퓨터를 다루는 데에는 디스크, 마우스, 스캐너, 프린터 등의 내부, 외부 장치들을 설치하고 교체하는 것들도 포함되어 있다.

1. 케이블 타입

케이블은 구성요소(components)를 서로 물리적으로 연결하거나 신호를 보낼 때 쓰인다. 직렬쌍선(straight-pair) 케이블은 플라스틱 절연덮개(insulate sheath)에 의해 둘러싸인 하나 또는 그 이상의 전선줄로 구성되어 있으며, 꼬임쌍선(twisted-pair) 케이블은 전체적으로 두 개나 그 이상의 전선줄로 꼬여있는 형태로 역시 플라스틱 절연덮개에 의해 둘러 싸여 있다. 동축 케이블(coaxial cable)은 하나의 구리 동선이 절연 플라스틱으로 둘러 싸여있는 형태이다.

케이블에는 장치들이 신호를 전달할 때 생길 수 있는 EMI(Electro Magnetic Interference)를 막아주는 차단피복(interference shield)이 둘러싸여 있는 여부에 의해 구별되기도 하는데, 이 EMI는 잡음(noise)으로 볼 수 있다. 이 차단피복 케이블에는 별도의 선이나 마이라(Mylar)로 덮여있어 EMI를 최대한 줄일 수 있게 설계되어 있고 직렬쌍선이나 꼬임쌍선 케이블은 피복(shielded)이거나 비 피복(unshielded) 형태이다. 동축 케이블은 피복이 있다. 광섬유(fiber-optic) 케이블은 유리섬유로 되어 있고, 빛을 전달매체로 사용하며, EMI의 영향을 받지 않는다.

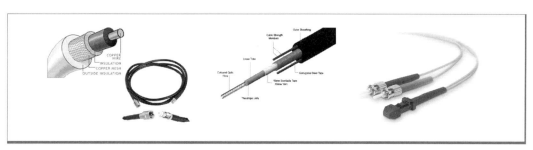

동축 케이블 　　　　　　　　　 광 케이블

 ESD는 정전기로 부품에, EMI는 잡음으로 데이터에 피해를 준다.

2. 케이블 연결

대부분의 컴퓨터 케이블은 양방향(bi-directional)성이다. 케이블을 통해 양방향으로 신호가 이동할 수 있다는 말이며, 단방향(uni-directional)성은 모니터와 컴퓨터, 키보드와 컴퓨터의 관계처럼 신호가 한 방향으로만 전달되게 되어 있다.

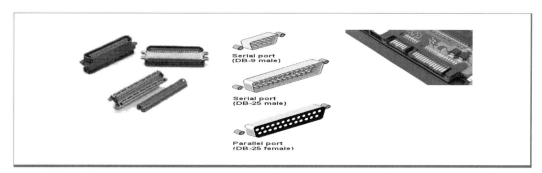

각종 리본 케이블 커넥터와 SATA 커넥터

3. 핀과 커넥터

많은 종류의 커넥터와 포트가 있으며 이들을 다른 형태를 연결시킬 수 있는 어댑터나 변환 젠더(gender) 또한 종류가 다양하다. 각각의 포트는 정해진 케이블이나 포트를 사용해야 한다. 커넥터(connector)란 보통 케이블의 끝단을 말하며, 포트(port)는 장치에 이들을 부착시킬 수 있는 곳을 말한다. 암컷(female)과 수컷(male)의 포트나 커넥터를 쌍으로 쓰는데, 리거시한 모니터와 컴퓨터, 스캐너와 프린터, ZIP 드라이브와 컴퓨터가 모두 수컷이거나 암컷인 케이블이 쓰이는 경우도 있다.

커넥터는 주로 모양이 D자로 되어 있는데, 예를 들어 DB-9에서 D는 D-shell로 커넥터의 모습을 얘기하는 것이고, 9란 9개의 핀을 가지고 있다는 뜻이다. 최근에는 블루투스나 RF 기술을 이용한 무선 키보드나 마우스를 사용하기도 한다.

1. DB-9, DB-25와 DB-15

D-9은 9핀으로 4개와 5개 2줄로 되어 있으며 암컷을 컴퓨터가 가지고 있으며 시리얼 마우스나 COM 포트용으로 주로 쓰인다. DB-25는 25핀으로 13개와 12개의 2줄로 되어있고, 보통 하나의 암컷을 컴퓨터가 가지고 있으며 병렬(parallel) 통신으로 프린터나 스캐너, 외장형 ZIP 드라이브에 쓰인다. DB-15는 암컷이 컴퓨터에 붙어 있으며, 7개와 8개 2줄로 되어 있고 게임 조이스틱 등에 이용된다. 또 3줄로 되어있는 것은 VGA나 SVGA 모니터용으로 쓰인다.

2. PS/2(Mini DIN-6)

DIN 커넥터는 Deutsche Industri Norm의 독일표준에서 형태를 가져왔고 대부분 작은 원형이거나 반원형으로 되어있는데, 꽂을 때 방향성을 확실하게 해주려는 의도이다. 이전의 키보드는 DIN-5이었으나 지금은 키보드와 마우스용으로 Mini DIN-6(PS/2: Personal System/2)이 주로 쓰인다. 마우스는 초록색, 키보드는 보라색, 프린터는 자주색, 조이스틱은 노란색, 그리고 모니터는 파란색이다.

이것들을 간단히 정리하면 다음 표와 같다.

각종 커넥터와 핀 정리 표

Application	Connector on PC	Maximum Length
Null Modem, RS-232 external box	DB-9 female	25 feet
Joystick	DB-15 female	25 feet
Parallel Printer	DB-25 female	10 feet
External SCSI cable	-50 male	10 feet
VGA extension cable Monitor	DB-15 male	3 feet
Scanner or External ZIP drive	DB-25 male	10 feet
Serial Mouse, Keyboard, Modem	DB-9 male	10 feet
Legacy Keyboard	DIN-5 male	3 feet
Keyboard and Mouse(PS/2)	Mini DIN-6 male	3 feet

3. RJ-11과 RJ-45

RJ(Registered Jack) 커넥터는 사각형모양이며, 잠금기(locking clip)가 있으며, 속에 2~4 꼬임줄이 있다. RJ-11은 보통 전화선에 쓰이는 것으로 속에 2줄이 있고, RJ-45는 RJ-11보다 크고 Ethernet용 꼬임쌍선(twisted pair)케이블에 쓰이며 속에 4줄 or 8줄이 있고 네트워크용이다. 연결 테스트용 루프백(Loopback) 플러그는 pin 1-3와 pin 2-6를 연결시켜 만든 것인데 병렬 프린터와 RS-232 시리얼도 점검해준다.

RJ-45 케이블은 CAT(CATalog)-시리즈로 표시된다. CAT1은 음성, CAT2는 음성과 4Mbps, CAT3은 10Mbps에 16m, CAT4는 16Mbps에 Token Ring용으로, CAT5는 100Mbps에 100m, CAT5e는 1000Mbps며, CAT6는 1000Mbps로 Gigabit Ethernet용으로 쓰인다.

STP 케이블

4. BNC

BNC의 기원은 Broadband Network Connector라는 설과 Bayonet Neill-Concelman, British Naval Connector, … 등이라는 얘기가 있다. BNC는 동축 케이블과 BNC 포트를 연결하는데 쓰이는데, 컴퓨터의 네트워크용(Thinnet, Thicknet)으로 쓰이며, 일반 위성 텔레비전의 케이블로도 쓰인다. 이런 동축 케이블은 RG(ReGistered)-시리즈로 표시된다. 끝단은 종단장치(terminator)로 막혀있어야 한다. RG58은 thinnet(혹은 cheapernet, 10Base2)로 185m, 30node이고, RG59는 VCR용으로 1.2~1.8m며, RG11은 thicknet(10Base5)로 500m, 100node로 사용된다.

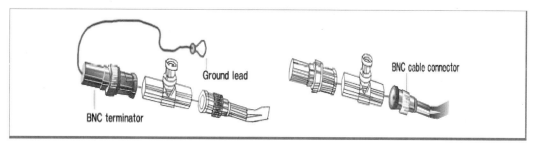

BNC 케이블과 커넥터, 터미네이터

5. IEEE-1394

IEEE(Institute of Electrical and Electronics Engineers)에서 IEEE-1394라는 표준에 'FireWire'를 정의했다. Apple 컴퓨터사에서 고속의 멀티미디어, 그래픽을 지원하기 위해 고안한 것으로, 외장형 장치에게 매우 빠른 속도를 지원한다. USB처럼 많이 쓰이며 차세대 표준경쟁이 되고 있다. DB-15의 모니터 커넥터보다 크기는 작으나, 두 개의 소켓을 지니고 있다. 각 소켓은 원형에 4~6줄이 있으며 63개의 장치를 장착할 수가 있고 시리얼 버스이다.

앞으로는 지금의 병렬, 시리얼, PS/2 등의 포트 대신에 IEEE 1394나 USB, 이 두 가지나 이들 중 한 가지로 표준화가 진행될 예정이다. 현재 나오는 제품들을 봐서는 USB가 절대적 우위에 있는 것 같다.

Intel에서 USB를 제안했고, Apple에서 FireWire를 제안했다.
현재로써는 FireWire가 USB보다 속도가 빠르다. USB1이 12Mbps; FireWire(IEEE1394) 4000이 400Mbps; USB2.0이 480Mbps; FireWire(IEEE1394b) 8000이 800Mbps의 속도이다.

6. USB

느린 것(USB1.0)과 빠른 것(USB2.0) 두 개의 USB 타입이 있으며, USB 케이블 역시 두 가지 종류가 있으므로 이들에 맞춰서 적절한 타입의 커넥터를 써야한다. USB2는 IEEE 1394와 속도 경쟁을 하고 있다. 현재 USB3.0도 나와 있는데 이론적으로는 5Gbps 전송이다.

USB 1과2

USB 2.0과 3.0케이블, USB 허브

프린터에 연결하는 LPT용 Centronics는 36-pin이며 SCSI에 연결하는 Centronics는 50-pin이다. 또 SATA는 7-pin이며 PATA는 40-pin이다. S-Video는 mini-DIN 4-pin이며 Macintosh 머신의 시리얼 포트는 mini-DIN 8-pin이다.

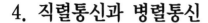

4. 직렬통신과 병렬통신

직렬(Serial)과 병렬(Parallel) 통신은 속도와 전송모드, 신호 컨트롤의 방법 면에서 다르다. 대부분의 컴퓨터 통신은 이 중 하나로 이루어진다.

1. 직렬 통신

직렬(Serial) 통신은 one bit at a time (in series)로 통신을 하는데, 이는 RS-232(Recommended Standard 232)에 의해 규정되어 있다. 이런 이유로 시리얼 포트는 RS-232 포트라고 하며, 주로 수컷 형이다. 이 시리얼 통신은 동기(synchronous)식으로 데이터가 연속적인 흐름으로 이어진다. 비동기(asynchronous)식이란 데이터가 불규칙한(burst하다고 한다) 형태로 흐르는 것을 말한다. 동기식 흐름에서는 데이터의 흐름이 멈추지 않으나, 비 동기식 흐름에선 데이터 흐름이 간헐적이어서, 시작비트와 마침비트(start bit와 stop bit)에 의해 데이터 흐름이 조절되며 회선잡음(line noise) 중에도 실제 데이터를 추출하는데 유용하게 쓰인다. 그래서 대부분의 시리얼 포트의 마우스나 모뎀은 이 비 동기방식을 쓰고 있다. 속도는 느리지만 안전한 전달방법이며 주로 컴퓨터 외부에서의 연결 방식이다. USB, FireWire 등이 모두 이 시리얼 통신에 속하고 자체 통신을 하는 루프백(loopback) 테스트(*ping 127.0.0.1*)도 여기에 포함된다.

2. 병렬 통신

병렬(Parallel) 통신은 more than one bit at a time(in parallel; 8 bits at a time)으로 데이터가 여러 줄의 병렬형태로 이동한다. (E)IDE 리본 케이블, 마더보드 내의 버스 등에서처럼 여러 줄로 데이터가 동시에 이동된다. 그래서 데이터의 전송속도가 빠르다. 대부분 컴퓨터 내부에서의 통신방법이며, 대용량의 패킷(packets: data의 일종)은 이 병렬전송을 이용한다. 일부 외장형 장치들, 예를 들어 프린터나 스캐너 등도 이런 병렬전송 방식을 쓰고 있으며, 8-, 16-, 32-bits 등은 이런 장치들이 한 번에 전송할 수 있는 데이터 비트 수를 말하는 것이다.

병렬장치들은 동기방식을 사용하는데 이를 위해 장치들 간에는 협상(handshakes) 과정을 겪어야 한다. 이 협상 때 장치 간의 전송속도와 규칙들이 정해진다. 이들 병렬통신은 보통 암컷 포트를 지니고 있다. 속도는 빠르지만 데이터 손실의 위험이 있을 수도 있다. 외장형으로는 프린터나 ZIP 드라이버 연결 등에 주로 쓰인다.

정리하자면 다음과 같다.

Serial : 비동기식. 컴퓨터 외부 장치, 느리지만 정확한 전달, 수컷 포트를 주로 사용.
Parallel : 동기식, 컴퓨터 내부 장치, 빠르지만 데이터 손실 우려, 암컷 포트를 주로 사용.

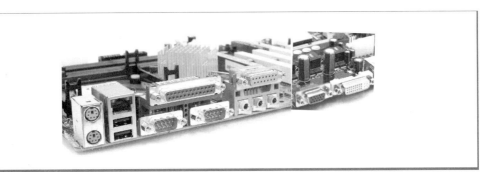

포터블 시스템의
구성요소

02 포터블 시스템의 구성요소

Chapter

대부분 포터블 시스템(Portable System)은 제품별 특성(이를 proprietary하다고 한다)이 강하므로 다른 부품들과 혼용해서 쓰기에 적합하지 않다. 고치기도 어렵고 비용도 많이 든다. 하지만 요즘엔 이동용 장치들을 많이 가지고 있으므로 간단하게 수리할 수 있는 것이든 회사의 서비스를 받아야 하는 것이든 이들의 기본적인 원리를 이해하는 것이 중요하다.

가. 개요

이동용 시스템은 보통 20파운드 이내의 가볍고 2~3인치 잡지정도의 두께를 가지고 있다. 포터블(Portables)과 데스크톱(Desktops)은 그 물리적인 구성이 다르다. 포터블 컴퓨터는 all-in-one layout을 가지고 있어 키보드, 마우스 및 모니터 요소가 컴퓨터 본체(chassis)에 다 들어있다. 그 다음에 나온 것이 랩톱(laptop)이며 이 랩톱보다 적은 것을 노트북(notebook)이라고 흔히 부른다. 이어서 PDA(Personal Digital Assistant)가 나왔고 팜(Palm)씨리즈로 HP의 iPAQ, RIM 그리고 HPC(Handheld PC)라고 불리는 BlackBerry가 연이어 나왔다. 이들을 지원해주는 OS가 Windows CE(원래는 Windows Mobile이 정식명칭)이다. 휴대폰도 이 Windows CE에서 돌아간다. 이런 기기들을 통칭해서 포터블이라고 부르는 것도 크게 무리는 아니다. 포터블의 사용은 일반 컴퓨터와 별반 다르지는 않지만 proprietary가 강해서 수리에 어려움이 있다. 가장 큰 차이는 발열과 전력 소비 시스템일 것이다.

PDA(Personal Digital Assistants)는 랩톱보다도 더 작은 컴퓨터를 말하며 손에 맞는 크기여서 팜탑(Palmtop)이나 핸드헬드(Handheld)라고 불리기도 한다. 너무 작아서 일반 데스크톱이나 노트북처럼 많은 기능을 가지질 못한다. PDA의 기능 중 하나는 e-mail이나 메모, 약속, 주소록, 전화번호 등의 오거나이징(organizing) 기능이며 팩스와 프린터에 연결해서 쓸 수도 있다.

1. 구조

랩톱의 가장 큰 문제는 적은 공간에 모든 것들이 다 들어가 있기 때문에 열이다. 가격도 데스크톱에 비해서 비싸고 CPU나 RAM의 교환도 쉽지 않고 해당 모델의 제품만 써야하는 단점이 있다. 케이스는 보통 ABS 플라스틱을 사용해서 견고하고 가볍게 했다. 요즘엔 알루미늄이나 티타늄도 나온다.

1. 배터리(Battery)

이 배터리는 거의 '한 기종에 한 가지 타입'으로만 정해져 있으므로, 포터블용 AC 어댑터끼리라도 호환이 어렵다. 니켈카드뮴(NiCd), 리듐이온(Li-Ion), 니켈메탈 하이브리드(NiMH)를 주로 사용한다. NiCd는 성능이 떨어지며 전기밀도가 Li-Ion의 40%정도로 가장 수명이 짧으며 충전기를 30번에 한번 꼴로 완전방전 시켜두는 것이 좋다. NiMH는 NiCd보다 전기밀도가 50%정도이며 300번에 한번 꼴로 완전방전 시켜두는 것이 좋다. Li-Ion은 500번에 한번 꼴로 완전방전 시켜두는 것이 좋으며, 가장 수명이 길다. 새로운 제품으로는 리듐폴리머(Li-poly)가 있는데 특정 프로에 적합하게 고안된 배터리이다. 알카라인(Alkaline)등은 디지털카메라 등에서 쓰인다. AC 어댑터는 교류(AC)를 직류(DC)로 바꿔주는 기능을 하며 배터리를 재충전 해주는 기능도 겸하고 있다. 충전기는 그 잔량이 모니터링되며, AC어댑터를 뺏을 때 파워가 나가면 충전기가 제 기능을 못하고 있다는 증거이다. 또 대부분의 이동용 컴퓨터에는 DC 컨트롤러가 있는데 모니터와 전력사용의 통제를 위해 사용된다.

2. 하드 드라이브와 CD-ROM 등

각 기계마다 물리적 크기와 인터페이스가 다르므로 역시 업그레이드나 수리 시 해당 모델의 제품만을 써야하는데, 대부분 UDMA(Ultra Direct Memory Access)이거나 2.5인치 EIDE(PATA)가 사용된다.

머신의 부피를 줄이고자 외장형 HDD나 FDD, CD-ROM 등을 많이 이용한다.

데스크톱과 랩톱에서의 HDD와 CD-ROM 외장형 FDD

3. 키보드와 마우스

작고 내장된 키보드로 포인팅 스틱(pointing stick)이나 터치 패드(touch pad)와 같은 지시장치를 가지고 있으며, 역시 proprietary가 강해서 교환이나 수리가 힘들다. 태블릿(tablet) PC는 터치스크린 방식이다. 이런 터치스크린(touch screen) 형식으로 백화점이나 은행, 지리안내에서 자주 보게 되는 키오스크(Kiosk)도 있다. 또 디지타이저(digitizer) 원리의 스타일러스(stylus)가 PDA나 HPC에서 입력장치로 주로 사용된다.

4. 보드, CPU, RAM 등

랩톱에서 사용하는 마더보드를 프로세서보드(혹은 daughter board)라고 부르며 비디오 입력은 비디오 컨트롤러라고 부르는데, 데스크톱의 비디오 확장카드 방식과 유사하게 작동된다. 보드에 비디오, 오디오, 네트워킹이 모두 들어있다.

또한 랩톱 CPU는 마더보드에 직접 들어가 있거나 LGA(Land Grid Array)로 장착되어 있는데 Micro-FCBGA(Flip Chip Ball Grid Array)로 핀 대신 볼을 사용한다. 그래서 내장된 경우에는 CPU 업그레이드가 불가하고, 끼우는 식이라면 업그레이드가 가능하다. 또 CPU의 열로 인해서 머신의 속도가 자주 느려지고 이로 인해 부품의 손상도 잦기도 하다. 포터블용 CPU의 히트싱크는 데스크톱에서의 구조와 다르다. 가장 흔한 Intel의 노트북용 CPU는 Pentium M인데 Mobile Intel Express 칩셋(Mobile Intel 915GML)을 사용하며 Intel/PRO 무선 네트워크커넥션을 사용한다.

랩톱용 RAM은 SODIMM이나 MicroDIMM을 사용한다. SODIMM은 72-pin 32-bits거나 144-pin 64-bits인 SDRAM이나 200-pin DDR2와 204-pin DDR3이다. DDR2/3로는 4GB까지 가능하다. MicroDIMM은 최신의 머신에서 가장 많이 사용되는데 SODIMM보다 작으며 노치가 없다. 172-pin 64-bits DDR이나 214-pin DDR2를 사용한다.

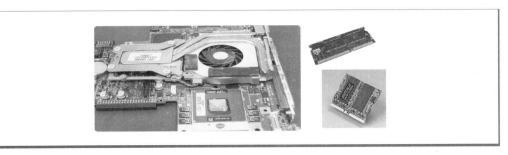

노트북용 마더보드와 144-pin SODIMM 172-pin MicroDIMM

5. 모니터

일반 데스크톱에서의 CRT 모니터 대신 TFT를 주로 사용한다. 팜 파일럿, 핸드헬드, PDA, 계산기, 휴대폰 등에서 사용되는 모니터를 LCD(Liquid Crystal Display)라고 한다.

각종 TFT 화면들

6. 포트 등

모뎀, LAN 등을 사용하기 위한 인터페이스 카드로 PC Card(혹은 PCMCIA(Personal Computer Memory Card International Association) 카드)를 쓴다. 68-pin 커넥터인데 BIOS가 장치를 인식하게 해주는 소켓서비스(socket service)와 응용 프로그램이 장치를 인식하게 해주는 카드서비스 (card service) 소프트웨어로 구성되어 있다. 하지만 요즘은 외장형 플래시메모리(flash memory), 외장형 하드 디스크 등이 USB 인터페이스로 쉽게 인식된다. PCMCIA1.0은 1990년대 ISA와 부합되게 16-bits로 설계되었다가 지금은 PCMCIA5.0으로 32-bits에 8~33MHz로 작동되게 했다. 또 이 PC Card는 DMA를 사용했었지만 버전 5.0에서는 사라졌다. Type I는 3.3mm로 메모리용, Type II는 5mm로 모뎀, LAN, 사운드, SCSI 컨트롤러와 기타장치용, 그리고 Type III는 10.5mm로 HDD용이다. 최근 머신에는 Type II 두 개나 Type III 하나만 있다.

또 PCMCIA 카드에 의해 생겨난 ExpressCard는 기존 카드버스보다 2.5배 빠르며 USB2.0과 PCIe를 지원하기 위해서 만들어 졌는데 2.5Gbps 전달능력을 가지고 있다. 2003년에 Express Card1.0이 있었고 2006년에 2.0이 나왔는데 USB3.0과 PCIe2.0을 지원한다. 길이가 다른 ExpressCard/34와 ExpressCard/54도 있다. AGP용으로는 DDR SDRAM인 SGRAM(Synchronous Graphics RAM)을 사용한다.

Mini PCI와 Mini PCIe도 쓰이는데, Mini PCI는 100~124-pin으로 DMA를 지원하며 Type I/II/III가 있으며 오디오, 모뎀, 네트워그와 SCSI, ATA, SATA 컨트롤러용으로 쓰인다. Mini PCIe는 52-pin으로 USB2.0과 PCIe×1을 지원한다.

기타 마우스/키보드 포트와 모뎀, 적외선, 휴대폰 연결, 블루투스, 이더넷, 무선 인터넷 등 통신 포트가 있다. 물론 USB와 FireWire도 있고, S-Video, AVI 포트도 있다.

노트북 PC와 NIC   SRAM PC 카드

2. 도킹 스테이션(Docking Station)

노트북 등의 작은 키보드, 트랙 볼이나 터치 패드, 모니터의 불편함을 줄여 데스크톱의 시스템처럼 사용하기 위한 도킹 스테이션(Docking Station)을 쓰기도 한다. 이동용 컴퓨터의 키보드나 마우스, 프린터, 모니터 등의 외장형 장치를 일반 데스크톱 컴퓨터처럼 사무실에서 사용한다면, 그것들을 일일이 껴줘야 하는 불편을 겪게 된다. 이런 불편을 덜기 위해서 일반 데스크톱의 키보드를 위해 주로 사용되다가 모니터, 키보드, 프린터 등을 모두 모아놓은 포트로 발전되어 노트북 사용 시 불편하지 않게 한 포트 리플리케이터(port replicator)의 기능을 하게 한 것이 도킹스테이션이다.

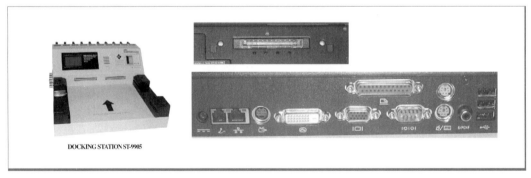

도킹스테이션과 도킹포트, 각종 외부장치 연결포트 들

3. 전원관리

대부분의 노트북 BIOS는 ACPI(Advanced Configuration and Power Interface)를 지원하므로 스스로 전원을 적절히 관리해준다. 이는 APM(Advanced Power Management)를 대체한 것인데

MS에서는 Windows Vista가 이 기법을 사용한다. ACPI는 OS가 전원을 관리하게 하는데 예전에는 BIOS가 관리했었다.

나. 문제 해결

랩톱의 문제해결은 어려울 수 있다. 데스크톱과 달리 여러 곳을 이동하므로 많은 환경에 노출되기 때문이기도 하고, 너무 proprietary한 경향이 강하기도 해서이다. 보통은 전원공급, 모니터, 입력장치 그리고 무선 네트워크 쪽에서 문제가 일어난다.

전원은 전원 잔량을 잘 검사해보고 항상 DC 어댑터를 가지고 수시로 충전해두는 습성을 갖는다. 랩톱은 주로 T-10 토르크(Torx) 드라이버를 사용해서 머신을 열고 조립한다.

랩톱의 모니터는 LCD 스크린인데 본체와 접히는 부분이 가장 취약하다. 모니터 이상 유무 점검은 일반 모니터 끼우는 곳에 다른 모니터를 연결한 뒤 기능키(Fn)를 조합해서 화면이 뜨는지 본다. 기능키와 F4나 F8이 토글(toggle) 키이다. 키보드도 살펴보아서 잘 토글되는지 봐둬야 한다. 아날로그 VGA와 디지털 DVI, 그리고 S-Video/Composite video 포트도 함께 가지고 있으므로 여러 가지에서 테스트해 볼 수 있다.

그래픽을 많이 쓰는 작업을 주로 한다면 카드에 자체적인 메모리를 가지고 있는 것이 좋지만 그렇지 못할 때는 시스템 메모리를 공유해서 쓰지 않고 시스템 메모리의 일부를 BIOS설정에서 그래픽 전용으로 할애해 주는 방법도 있다. 그래서 실제 1G의 메모리가 700M로 보이면 그래픽에 300M를 할애했기 때문이다. 또 LCD는 자체적으로 빛을 내지 못하고 백라이트(backlight)에서 빛을 내주는 CCFL(Cold Cathode Fluorescent Lamp)를 사용하는데, 전원을 받아서 LCD 백라이트에게 전해주는 인버터(invert)는 고압이며 고주파이므로 다룰 때 주의한다.

내장 하드디스크와 메모리도 교체할 수 있는데, 메모리는 144-pin SODIMM과 172-pin Micro-DIMM을 사용한다. PCI 버스 슬롯으로는 Mini PCI 카드와 Mini PCIe 카드가 주로 사용되는데, 대부분의 노트북에는 52-pin Mini PCI 포트가 하나있으며 SCSI 컨트롤러나 SATA 컨트롤러, NIC, 사운드카드와 모뎀 등으로 사용된다.

입력문제에서는 키보드가 자주 망가진다. 키보드나 내장된 터치패드에 문제가 있으면 제어판에서 이들을 '사용 않음(disabled)'으로 해놓고 USB/PS2로 외부연결해서 외부 키보드나 마우스를 사용할 수도 있다. 이것들이 망가지면 제조사에서 수리를 받아야 한다.

무선네트워크 문제는 '내 네트워크 환경'에서 연결이나 설정에 문제가 없는지 봐두며, 주의할 것은 무선 네트워크와 유선 네트워크가 동시에 켜져 있으면 안 된다는 것에 주의한다! 물론 USB

네트워크 어댑터도 유선과 동시에 사용할 때에는 뽑아놓아야만 한다. *ipconfig*명령어로 작동상태를 알아볼 수 있다.

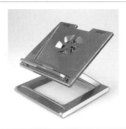

노트북용 방열판

또한 열이 많이 발생하는 곳, 무선 네트워크 시 주변에 강한 전류나 형광등이 있는 곳은 사용하기 좋지 못한 환경이다. 특히 열을 해소하는 방법을 강구해두는 것이 중요하다.

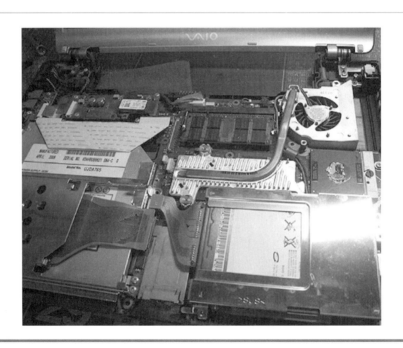

노트북을 분해한 화면

시스템 최적화

03 시스템 최적화

이 장에서는 각종 드라이브의 설치 및 그 구성을 시스템에 맞게 최적화하는 방법들에 대해서 알아본다.

가. IDE 장치의 설치 및 구성

대부분의 컴퓨터는 IDE(Integrated Drive Electronics)나 ATA(AT Attachment) 하드 드라이브나 CD-ROM을 사용하고 있다. IDE 드라이브는 ATA의 표준체제 위에 만들어진 것으로, ATA와 IDE는 서로 호환(interchangeable)될 수 있다. IDE 계열로는 IDE와 EIDE(Enhanced IDE)가 있으며, ATA 계열은 ATAPI(보통 CD-ROM 드라이브 용)와 Fast-ATA, Ultra-ATA 등이 있다. IDE가 ATA의 토대위에 서 있기 때문에, IDE는 non-SCSI 계열에 있는 제품을 말한다고도 볼 수도 있다. 이 IDE 계열은 표준화가 되어 있으므로 대부분의 컴퓨터 BIOS에 의해 자동으로 잘 인식된다. IDE는 하드디스크나 CD-ROM용으로 40-pin, 플로피용으로 32-pin 커넥터헤드를 가지고 있다.

1. 마스터/슬레이브(Master/Slave) 구성

하드 드라이브나 CD-ROM 컨트롤러의 기능은 해당 드라이브에 대한 명령을 받아서 드라이브를 통제하는 역할을 하는 것인데, IDE나 ATA의 기술은 하나의 컨트롤러로 하나 이상의 드라이브를 컨트롤 할 수 있게 했다. 이 말은 하나의 리본케이블에 두 개 이상의 장치를 붙여서 마스터/슬레이브 구성을 한 뒤 하나의 컨트롤러가 두 개의 장치를 통제하게 한다는 뜻이다. 대부분 경우 슬레이브 드라이브는 마스터 드라이브가 있을 때만 설정되지만, 마스터 드라이브는 슬레이브 장치 없이도 설정될 수 있다. 하드 드라이브의 경우는 슬레이브가 없을 때는 'single'로, 슬레이브가 있을 때는 'master'로 점퍼를 세팅하면 된다.

마스터 하드 드라이브는 처음 IDE 커넥터(보통은 마더보드에 Primary나 IDE1으로 표시되어 있다) 끝에 끼워져야 하며 마스터로 점퍼세팅 되어져 있어야 한다. 드라이브 명은 주로 C:가 되며 부팅(booting)될 수 있게 활성화(active)된 상태로 OS의 시스템 파일들을 가지고 있다. POST에는 Primary Master로 표시될 것이다. 이때 만일 같은 리본케이블에 CD-ROM이나 다른 장치가 끼워져야 한다면, 리본케이블의 중간 커넥터에 끼워져야 하고, 슬레이브로 점퍼세팅이 되어져 있어야 한다. Primary Slave로 표시된다.

마더보드에는 주로 두 개의 IDE 커넥터가 있는데, IDE1, IDE2나 Primary, Secondary로 표시되어 있다. 거기에 연결되는 리본케이블에는 보통 2대의 커넥터가 있으며, 케이블의 끝에는 마스터 장치를 장착하므로, 처음 IDE(IDE1 or Primary)에 연결된 리본 케이블은 끝에는 Primary Master장치가 오며, 중간 커넥터에는 Primary Slave장치가 온다. 두 번째 IDE(IDE2 or Secondary)에 연결된 리본케이블의 끝에 붙어있는 장치는 Secondary Master, 중간 커넥터에 붙어있는 장치는 Secondary Slave가 될 것이다. 하드디스크나 CD-ROM 등의 마스터/슬레이브 점퍼 세팅은 해당 제조회사의 웹 사이트나 장치 표면에 그림으로 표시되어 있다.

> 컴퓨터에는 하드 디스크와 CD-ROM에 마스터/슬레이브 설정, 마더보드에 CPU의 클럭 스피드를 조절하기 위한 점퍼들이 있다.

2. 채널 당 장치

대부분 최신의 기계들은 마더보드에 두 개의 IDE 커넥터가 Primary, Secondary나 IDE1, IDE2 등으로 표시 되어있다고 했다. 컴퓨터를 시작하면, BIOS에 의해 POST(Power On Self Test)인 텍스트 화면에 RAM, CPU, 각종 포트, IRQ, DMA뿐만 아니라, 점퍼 세팅으로 (하나의 리본 케이블에 2개까지 장치를 달 수 있으므로) 총 4개의 장치(예를 들어, HDD 하나, CD-ROM 하나, DVD나 CD-R/W 하나, 테이프 드라이브 하나)가 모두 보일 수 있다. 플로피 드라이브(FDD)도 보여 져야 한다. 이들이 제대로 보이지 않으면, 우선 점퍼세팅을 확인한 뒤 그래도 문제가 있으면 CMOS BIOS화면으로 들어가 이들을 잡아주고 있는지 학인해본 뒤, 다시 부팅해서 확인한다. 그래도 문제가 있을 때에는 컴퓨터 케이스를 열고, 케이블, 전원 선 등을 점검 해보고 기기와의 접속 등도 확실히 되어있는지 봐 둬야 할 것이다.

마더보드의 IDE 커넥터는 Primary나 IDE1, Secondary나 IDE2로 되어있고, 처음 하드 드라이브는 HDD0, 두 번째 하드 드라이브는 HDD1로 되어있음에 주의한다.

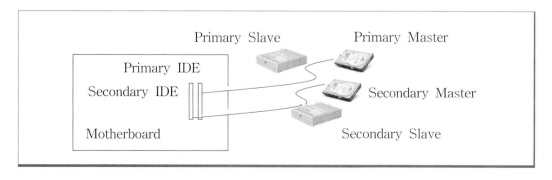

점퍼나 DIP 스위치를 사용하지 않고 마스터/슬레이브를 정하는 방법으로
케이블의 위치로만 정하게 하는 CS(Cable Selection)방식도 있다.

나. SCSI 장치의 설치 및 구성

ATA나 (E)IDE와는 또 다른 기술로 SCSI(Small Computer Systems Interface)('스꿔지'로 읽는다)가 있는데, 이는 ANSI(American National Standards Institute)에서 정한 표준으로 외장형 장치인 프린터, 모뎀, 스캐너 등과 내장형 장치인 CD-ROM, HDD와 FDD 등을 지원한다. SCSI 시스템은 non-SCSI(주로 IDE계열)와 다른데, 모든 SCSI 장치는 SCSI 컨트롤러에 의해 통제를 받는다. 만일 IDE 커넥터 마더보드에 SCSI 시스템을 사용하고자 한다면, SCSI 컨트롤러 카드를 사서 ISA나 PCI 슬롯에 일반 카드처럼 꽂은 뒤, 리본 케이블로 SCSI 컨트롤러 카드와 SCSI 장치들을 연결하면 된다.

SCSI 장치들은 사용하는 SCSI에 따라서 7, 15, 31개의 장치를 '줄줄이 사탕'(daisy-chain)처럼 연결할 수 있다. 예를 들어 40GB의 하드 드라이브 5개를 써서 200GB 용량을 만들고자 한다면 IDE 시스템에서는 불가하고(네 개의 장치까지만 가능하므로) SCSI 시스템으로 구성이 되어져야만 할 것이다. 또 SCSI 장치들은 IDE보다 훨씬 전송 속도가 빠르다. 대부분 네트워크 서버 컴퓨터에서는 서버의 하드 디스크구성, 테이프 백업장치 등을 위해 SCSI 시스템을 사용한다.

SCSI에서는 SCSI 버스에서 각 장치별로 ID가 자동으로 정해지는데 점퍼, DIP 스위치 혹은 업/다운 푸시버튼으로 정해줄 수도 있다. ID가 클수록 우선순위인데 SCSI 컨트롤러(SCSI 호스트 어댑터라고도 불림)가 ID7이다. 이 컨트롤러 카드도 역시 컴퓨터 리소스를 쓰므로 IRQ, I/O 주소 등을 가진다. 이 컨트롤러에 연결된 SCSI 장치들은 두 개의 포트를 가지는데 하나는 입력, 하나는 출력용으로 쓰인다. 이들은 스터브(stub) 케이블로 묶이는데 장치간 거리는 0.5m이내이어야 하며 이들의 통제는 시스템 리소스보다 모두 SCSI 컨트롤러를 통해서 이루어져 통신한다. 반드시 처음 장치와 마지막 장치는 종단(terminated)되어 있어야 하는데 작은 50옴(ohm) 칩을 꺼주면 된다.

1. SCSI 시스템 종류

다른 컴퓨터 표준처럼, SCSI 시스템도 계속 발전되고 있으며, 최신 SCSI 표준은 이전 것과 호환(backward-compatible)되므로 옛날 시스템과 혼합해서 사용할 수 있다. SCSI-1/2는 8-bit로 50-pin SCSI-A 리본케이블(컬러 줄이 IDE 리본케이블처럼 있다)을 사용하며, DB 타입의 16-bit는 68-pin SCSI-P 케이블(가이드 키가 있어서 컬러 줄이 없다)을 사용한다. SCSI 고속전송용은

SCA라고 불리는 80-pin을 사용한다. 외장형도 SCSI-1은 50-pin Centronics 커넥터이며 SCSI-2 는 25-, 50-, 68-pin이고 SCSI-3은 68-, 80-pin을 쓴다.

2. RAID(Redundant Array of Independent Disks)

RAID는 하나 이상의 하드 디스크를 묶어서 대용량으로 만들거나 재난극복용(fault tolerance) 으로 사용하고자 하는 목적으로 쓰인다. 요즘에는 SATA-2에서도 RAID를 하게 해주지만 예전에 는 서버용 머신의 RAID로 이 SCSI가 주로 사용되었었다. IDE에서도 가능하지만 별도의 프로그램 이 필요하다.

 a) RAID0은 stripping으로 volume set라고도 하는데 엄밀히 말하자면 RAID는 아니다. 재난극복을 해주지 못하지만 데이터가 여러 디스크에 걸쳐 쓰여 지게 해서 데이터 액세스를 빠르게 한다. 만일 디스크 중 하나에 문제가 있으며 모든 내용이 없어지고 만다.

 b) RAID1은 mirroring이라고 하는데, 재난극복이 된다. 똑같은 데이터가 여러 디스크에 쓰여 지므로 하나의 디스크에 문제가 있어도 바로 대체가 된다. 만일 컨트롤러가 하나 더 있다면 이를 duplexing 이라고 한다.

 c) RAID3/4/6은 많이 쓰이지 않으며 RAID10은 RAID0과 RAID1을 혼합한 형태로 RAID1+0과 RAID0+1식으로 쓰는데 역시 많이 사용되지 않는다.

 d) RAID5는 RAID0과 RAID1의 장점을 가진 것으로 mirroring처럼 복제를 하지 않고 32KB의 패리티 블록(parity block)을 가지고 있어서 하나의 디스크에 문제가가 있을 때 바로 복구하게 해주어 재 난극복이 가능하다. 이를 위해서 적어도 3개 이상의 디스크가 있어야 한다.

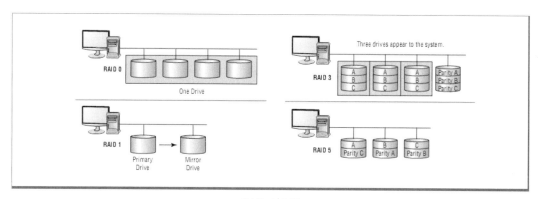

RAID 시스템

3. 주소/종단장치(Address/Termination) 0.충돌

SCSI 시스템에서의 각 장치는 올바르게 구성되어 있어야 하는데 장치들은 컨트롤러하고만 통신하며 다른 SCSI 장치끼리는 통신이 되지 않는 것을 알아야 한다. 만일 두 개의 장치가 같은 ID를 사용한다면 충돌이 발생하여 둘 다 작동되지 않는다. 보통의 SCSI는 15개의 장치가 사용될 수 있다(16개의 ID인데, ID7은 호스트 어댑터로 장치가 아니다).

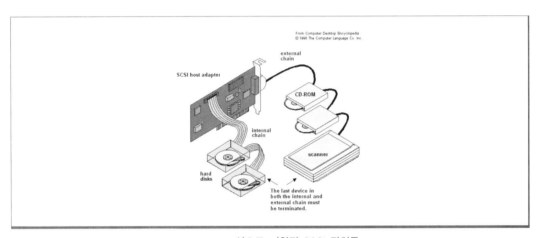

daisy-chain식으로 끼워진 SCSI 장치들

하나의 SCSI 체인에는 같은 ID가 있을 수 없으며, 일부 SCSI 장치들은 내장된(hard-wired) 1~3개의 ID를 가지고 있다. 만일 PnP라면 사용 가능한 ID가 자동으로 정해지지만 일부 장치는 붙어있는 점퍼를 조정해서 ID를 별도로 정해주어야 할 수도 있다. SCSI 장치를 SCSI 체인에 연결시키고, SCSI의 마지막 장치와 호스트 어댑터를 터미네이터 한 후에 SCSI ID를 설정해 준다. 만일 ID를 수동으로 해 준다면, 리부팅 시킨 뒤 장치의 Setup 프로그램을 실행시키거나, 장치에 있는 점퍼를 표를 보고 DIP 스위치 조정을 해주어 장치의 드라이브를 설정해주면 된다.

정리를 해 보면, 장치가 8개인 경우, 16개인 경우, 32개인 경우에, ID7은 호스트어댑터로 컨트롤러 카드가 가지고 있으며 최고의 우선순위이다. 보통 느린 장치에는 빠른 액세스를 위해 높은 우선순위를 주며, 처음에 HDD는 ID0, FDD는 ID2, CD-ROM은 ID3으로 정해진다.

i) 8개 : 0,1,2,3,4,5,6,7

ii) 16개 : 8,9,10,11,12,13,14,15,0,1,2,3,4,5,6,7

iii) 32개 : 24,25,26,27,28,29,30,31,16,17,18,19,20,21,22,23,8,9,10,11,12,13,14,15,0,1,2,3,4,5,6,7

4. 케이블

SCSI 시스템은 SCSI 타입과 장치 타입, 그리고 해당 장치가 내장형인가 외장형인가에 따라서 여러 가지 케이블타입이 있을 수 있는데,

  i) 8-bits 시스템 : 모든 8-bits SCSI 시스템과 50-pin의 A-케이블

  ii) 16-bits 시스템 : 모든 16-bits SCSI 시스템과 68-pin의 P-케이블

  iii) 32-bits 시스템 : 모든 32-bits SCSI 시스템과 68-pin의 P-케이블과 Q-케이블, 110-pin의 L-케이블

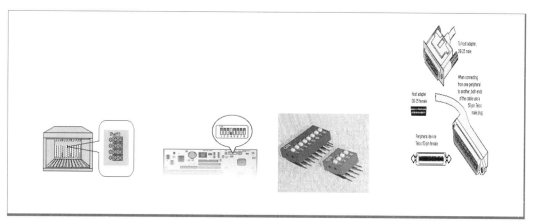

각종 DIP 스위치들   각종 SCSI 케이블

Fast Wide SCSI는 20Mbps에 1.5m, Ultra3 SCSI는 1,280Mbps이며, Ultra Wide SCSI와 Wide SCSI, Fast Wide SCSI는 15개의 장치를, Fast SCSI, Ultra2 SCSI는 7개의 장치를 인식한다.

또, Ultra2 SCSI는 8-bist로 40Mbps전송에 12m이내이며, SCSI2는 80Mbps로 1.5m이다. Ultra Wide SCSI는 40Mbps에 1.5m이며, Fast SCSI는 10Mbps에 3m이다. Fast Wide SCSI는 20Mbps에 1.5m로 되어있다.

다. 주변장치의 설치 및 구성

1. 데스크톱 시스템의 구성요소

USB, PC Card와 IEEE 1394는 핫스와핑(hot swapping: Plug and Play로 BIOS와 OS가 함께

지원해 주어야 함)이 되므로 장치의 설치나 제거 시 별도의 조치는 필요 없으나, IDE나 그 외의 장치들은 컴퓨터의 전원을 끈 상태에서 작업을 해야 하며 ESD의 과정을 따라야 한다.

2. 디스플레이 시스템

모니터는 단순히 비디오카드에서 보낸 이미지를 표시해 주는 역할을 하는데, 비디오 카드를 바꿀 때 이것이 모니터와 호환이 되는지 점검해 보아야 한다. 즉, VGA 비디오 카드는 모니터가 VGA를 받아줘야 하며, SVGA 비디오 카드는 SVGA 모니터를 써야한다는 얘기이다. AGP(Accelerated Graphics Port)를 쓰면 그래픽 처리속도가 훨씬 빠른데, 마더보드에 있는 짙은 갈색의 작고 좁은 모양의 슬롯에 끼워 쓴다. CMOS 스크린에 이 AGP 설정이 보인다. 만일 마더보드에 내장된 모니터 포트가 있지만 새로운 AGP를 사용하고자 한다면, 먼저 이 내장된 그래픽 포트(카드)를 CMOS에서 'disabled'로 해놓고, AGP 카드나 다른 비디오 카드를 꽂은 뒤 이것을 'default'로 설정해주면 된다. 사운드 카드나 모뎀, 네트워크 카드 등도 이와 같이 해서 사용하면 된다.

1. 모니터와 비디오 카드

모니터는 수리 가능한 품목이 아니다. 전원 공급기와 마찬가지로 교환해야 한다. 모니터는 전원이 꺼진 뒤에도 잔류 전류가 많이 흐르므로 인체에 손상을 줄 수 있기 때문에 ESD도 해서는 안된다. 모니터와 비디오 카드를 맞춰 주어야하는데, 특히 UNIX나 Linux 시스템에서는 민감하게 따지는 부분이다.

2. 모뎀

만일 외장형 모뎀을 설치한다면 머신의 뒷면에 있는 COM 포트(시리얼 포트)에 끼우면 되고, PnP면 자동으로 인식되어 구성된다. PnP가 아니라면 Setup이나 Install 프로그램을 실행시키고 디바이스 드라이버를 설치해 주어야 한다. 내장형 모뎀은 조금 복잡한데, 실제로 COM 포트에 접속하진 않지만 COM 포트로 할당해 줄 수 있다. 이때 이미 COM 포트가 다른 장치에 의해 사용되는 여부를 확인해야 한다. 충분히 작동되는지 확인 한 후에는 ISP(Internet Service Provider)나 회사의 서버에 접속하는 전화접속(Dial-Up) 연결을 설정해 주면 된다.

3. USB 주변 장치와 허브

USB는 PnP이며 핫스와핑하며 별도의 전원이 없어도 스스로 전원공급을 받는다. 최대 USB 케이블 길이는 5미터 이내이며, 127개의 장치를 연결할 수 있다고 했는데, 바로 외장형 USB 허브 때문에 가능하다. 이 외장형 USB 허브는 하나의 케이블과 최대 7개까지의 포트를 가지고 있는데,

이 허브(root hub라고 한다)에 계속 USB 허브와 그 장치들을 설치함으로써 장치 수를 늘려갈 수 있다. 별도의 구성은 필요 없으나 가능한 한 5단(tier) 이내의 트리구조를 권장한다. 현재 USB1과 USB2에 뒤이어 USB3까지 나와 있다.

4. IEEE 1394

USB처럼 IEEE1394도 PnP이며 핫스와핑이다. 그러나 IEEE 1394는 USB보다도 더 비싸며 속도도 400Mbps로 매우 빠르다. IEEE 1394는 많은 데이터 처리를 빠르게 하는 디지털 카메라나 DVD(Digital Versatile Disk)에 사용하는데, Apple 컴퓨터에서는 FireWire나 Lynx라고 부른다. FireWire 시스템은 하나의 포트에 63개의 외장형 장치를 지원하는데, 하나의 선이 4미터를 넘어서는 안 되며, 자체적으로 전력이 공급되고 자동으로 설정 및 구성이 된다. OS는 Windows 98 이상이어야 하며 IEEE1394 컨트롤러 카드는 USB 컨트롤러 카드 설치와 동일하다(최근에는 모두 보드에 내장되어 있다). 현재 IEEE1394에 이어 IEEE1394b가 나와 있다.

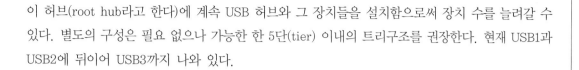

라. 시스템 성능 업그레이드 및 최적화

BIOS나 기타 배터리, 캐시 메모리 등의 서브시스템 구성요소 부품을 교체함으로써 혹은 하드 드라이브 유틸리티나 바이러스 프로그램 등을 사용해서 사용 중인 컴퓨터의 성능을 업그레이드 할 수 있다.

1. 데스크톱 컴퓨터

하드디스크와 BIOS 업그레이드가 중요하다.

1. 메모리

메모리(RAM)의 기능중 하나가 프로세서(CPU)로 하여금 필요로 하는 정보에 빠르게 접근시키는데 있는데, 제한적이긴 하지만 더 많은 메모리가 있으면 더 빠르게 원하는 정보에 액세스 할 수 있다. 캐시 메모리(SRAM)는 일반 메모리(DRAM)보다 더 빨라 처리속도를 빠르게 해준다. 마더보드에 있는 L2 캐시는 현재 2MB까지 있는데 교체가 가능하지만, CPU에 붙어있는 L1 캐시는 512MB로 교체가 불가하다. 최근에는 이 캐시 메모리를 기가바이트까지 확대해서 하드디스크 대용으로 쓰고자하는 연구도 있다.

2. 하드 드라이브

정보는 읽혀지고 저장되며 한 곳에서 다른 곳으로 이동되기도 하는데, 내장형 고정식 저장소인 하드디스크를 위해 플로피디스켓처럼 같은 모델의 컴퓨터끼리 이동할 수 있게 해주는 모바일 랙 (Mobile Rack)이란 장치를 사용하기도 한다. 예전에는 소 용량의 데이터는 플로피디스켓이나 ZIP 디스크를 사용했지만 지금의 대용량에는 모바일 랙이나 USB를 이용한 외장형 HDD를 많이 사용한다.

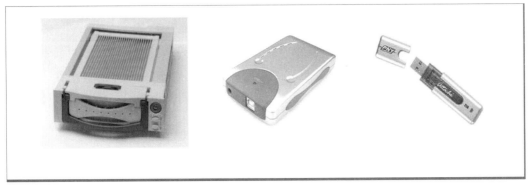

모바일 랙과 외장형 HDD   2GB의 플레쉬 메모리

3. 하드 디스크의 오류점검과 조각모음(Defragment)

디스크에 저장된 파일은 하나나 그 이상의 클러스터(cluster: 데이터를 저장할 수 있는 최소단위)를 차지하고 있는데 그 구조를 FAT(File Allocation Table; 일종의 인덱싱)라고 부른다. 사용자가 원하는 파일에 접근 할 때마다 하드디스크 컨트롤러는 이 FAT를 보고 해당 파일이 어디 있는지 알고 가서 추출해 주는 것이다. FAT없이 하드 드라이브나 플로피 드라이브에 있는 모든 파일들을 일일이 검색해서 찾은 후 원하는 파일을 불러온다면 많은 시간이 걸릴 것이다.

크로스링크드(cross-linked) 클러스터란 FAT 레코드에 한 클러스터가 서로 다른 두 개 이상의 파일과 연결되어 있을 때 나타나는데, '내 컴퓨터'를 열고 원하는 디스크를 선택하고 오른쪽 클릭 후 '속성'→'도구'→'오류검사'를 선택하면 파일시스템의 오류 자동수정과 불량섹터 검사 및 복구 시도를 하게한다. 보통 하드 드라이브는 3~5년 되면 교체를 고려해야 한다.

디스크에 관한 또 한 가지 중요한 기능이 있다. 파일이 하드디스크나 플로피디스켓에 저장될 때 가용한 처음 클러스터부터 사용하게 되므로 디스크에 연속적인 클러스터로 파일들이 저장되면 이상적으로 좋지만, 저장이 안 되는 블록을 만나 건너뛰거나 중간에 데이터를 지워서 클러스터의 연속성이 깨지면 데이터 액세스에 시간이 오래 걸리게 된다. 이렇게 파일이 디스크에 비연속적으로 흩어져 있는 것을 조각화(fragmented)되어 있다고 하며, 이를 없애는 작업을 조각모음(defragment)이라고 한다. 이 문제를 해결하기 위해서 '시작' → '프로그램' → '보조프로그램' → '시스템 도구'에서 '디스크 조각모음'을 이용하는데, FAT나 기타 디스크에 문제가 있으면 이 조각모음 작업이 일어나지 않으므로, 먼저 디스크 문제들이 고쳐진 뒤 이 도구를 사용해야 한다.

간단히 말해 조각모음은 디스크의 속도를 빠르게 해주며, 디스크체크는 하드웨어적인 시스템 오류를 잡아주는 도구이다.

4. CPU

컴퓨터는 한 가지 이상의 CPU 타입을 지원하는데, 물리적으로 들어맞기만 한다면, 예를 들어 400MHz와 450MHz CPU를 마더보드에 끼워 사용할 수 있다. 만약 제대로 머신이 인식하지 못하면, CMOS에서 알맞게 조정 해 주거나 마더보드에 딸린 지침서를 참조하여 CPU 근처의 점퍼나 DIP 스위치로 세팅을 해주어야 한다.

5. CMOS

만일 컴퓨터를 켤 때마다, 계속해서 틀린 날짜와 시간이 보인다면 이는 CMOS 배터리가 다 되어서 그런 것이므로 교환해 주어야 한다. 이 CMOS 배터리는 스크린 보호기에 패스워드를 걸거나 부팅 후 초기화면에 액세스하는 것을 제한하는 등 머신에서 요긴하게 사용될 수 있는데, 이 CMOS 배터리를 뺀 뒤 부팅하고 다시 넣은 후에 부팅하거나, CMOS 배터리 근처의 점퍼를 조정해주면 인위적으로 설정된 슈퍼패스워드나 스크린 보호기 패스워드 등이 다 없어져 버리게 된다. 이것을 방지하기 위해서 케이스를 열지 못하게 하는 방법 등도 고안되어 있다.

6. BIOS

BIOS는 I/O 주소, IRQ, DMA 등으로 각 장치를 설정하게 해주며 컴퓨터 내부의 버스 라인을 통해 각 장치들 간 통신이 이뤄지게 한다. 이는 BIOS가 각 장치에 대한 기본 지시어를 지니고 있기 때문에 가능한데, 그러므로 어느 장치를 장착하거나 제거했을 때 BIOS가 이를 인식하지 못하면 BIOS를 CMOS 화면에서 업그레이드하거나 BIOS를 교체해 주어야 한다. 소프트웨어적인 방법으로는 제조회사의 웹 사이트에 들어가서 Flash BIOS인 'E-Z BIOS'를 다운받아 설치할 수도 있는데 보통은 플로피니스켓 1장에 들어갈 수 있는 용량이다. 하드웨어적인 방법으로는 마더보드에 있는 BIOS 칩을 칩 풀러(chip puller)라는 도구로 빼고, 업그레이드된 BIOS 칩을 새로 끼워 물리적으로 BIOS 칩을 교체할 수도 있다. 일부 비싼 소프트웨어 프로그램이 CD-ROM이나 플로피디스켓이 아닌 이 BIOS 칩으로 해서 판매하기도 한다.

2. 이동용 컴퓨터

앞 장에서 이동용 머신에 대해서 살펴보았으므로 자세한 설명은 생략한다.

1. 메모리

이동용 컴퓨터에서 추가적인 메모리 증설은 몇 가지 방법으로 가능한데, 본체 자체에 여분의 메모리 슬롯을 가지고 있는 경우도 있고, PCMCIA 카드로 메모리를 더하거나 교환할 수 있게 되어 있다. PCMCIA 카드는 이동용 컴퓨터 옆면에 있는 슬롯에 LAN 카드(NIC 카드, Ethernet 카드라고도 부른다)나 모뎀을 끼워 쓰면 된다.

모든 PC Card는 핫스와핑하여, PC 카드가 끼워지거나 제거되면 소켓서비스가 자동으로 감지한다. 카드가 장착되면 카드서비스가 해당 카드에 리소스를 알아서 할당 해준다. Type III이 가장 두껍다. Type III는 단지 Type III에만 쓰일 수 있지만, Type II는 Type II와 III에서 쓰일 수 있고, Type I은 Type I, II, III에서 모두 쓰일 수 있다. 하지만 이런 포트(시리얼, 병렬, 게임, PC Card 등)가 점차 USB나 FireWaire로 바뀌어 가는 추세이다.

PCMCIA 카드의 종류를 아래에 열거하였다.

Type	Usage
I	RAM(memory)
II	Modem or Network or Sound
III	Hard disk
IV	CD-ROM player

2. CPU와 보드, 각종 카드들

리거시한 CPU는 보드에 고정되어 있어서 교체나 업그레이드가 불가했지만, 최신의 머신은 데스크톱처럼 교체가 가능하다. 또한 각종 확장카드는 PC Card를 사용해서 추가해주면 되지만, 보통은 보드에 모두 내장되어져 있다.

진단과 문제해결

컴퓨터에서의 문제해결(troubleshooting)과 업그레이드(upgrade)는 컴퓨터 구성요소의 기능을 더 알면 알수록 더 쉽게 해결될 수 있다. 문제해결은 단순히 경험만으로 되는 것이 아니며 과학적이어야 하고 논리적인 유추를 통해서 이뤄져야 한다.

가. 일반적 문제해결 방법

컴퓨터의 어느 문제를 해결하기 위해서는 그 원인(source)이 무엇인지 알아야 하는 것이 첫 단계이다. 컴퓨터의 증세와 그 수리 경력뿐만 아니라 사용자의 사용습관까지도 알 필요가 있다. 모든 컴퓨터 문제는 해결할 수 있으나 가장 중요하게 신경 써야 할 것은 저장되어 있는 데이터이다. 함부로 파티션이나 포맷을 해서는 안 되며, 꼭 필요한 경우에는 반드시 데이터 백업을 한 후에 실행한다. 저장된 사용자의 데이터보호가 부품의 교환이나 수리보다도 우선한다는 것을 절대로 잊어서는 안 된다!

1. 정보 모으기

만일 현장수리를 한다면 평소에 보지 못하던 여러 장치와 컴퓨터 기종을 보게 될 것이다. 고객의 사무실이나 집으로 가는 경우도 많은데, 사전에 가능한 많은 정보를 얻어두는 것이 좋다. 대체할 수 있는 하드웨어나 진단 소프트웨어 등을 예상할 수 있기 때문인데 컴퓨터 모델, 주변 장치들, 설치된 프로그램들과 수리경력 등이다.

1. 사용자 환경

현장에 가면 주변 환경을 먼저 보아야 한다. 문제의 원인을 알 수 있기 때문이다. 잠재적인 위험요소가 있다면 미래의 사고를 예방할 수 있다. 습도도 50~80%정도로 유지되어야 하며, EMI 방출기기가 가까이 있는지, 전기 케이블과 전원 플러그들도 제대로 유의해서 보아 두어야 한다. 사용자의 컴퓨터 사용습관도 관찰해 두면 좋다.

2. 증상과 에러코드(Error Codes)

사용자가 에러코드를 말해오면, 가능한 한 자세히 알아두고 어떨 때 나왔는지도 물어본다. 사용자가 기억을 못하면 다시 그 에러를 만들어보게 한다. 이런 에러 코드가 처음인지 자주 나오는지도 물어보며, 에러 뒤에 컴퓨터상의 변화와 어느 특정 장치의 문제인지도 점검해 두어야 한다. 이를 확인하는 것이 문제해결의 시간을 많이 줄여준다.

3. 문제해결

문제가 무엇인지 결정했으면, 사용자로부터 그 문제가 이따금씩 나오는 것인지, 그때 사용자는 어떻게 행동했는지 등을 물어보며 그 행동을 한 번 더 해보라고 요구도 해 본다. 사용자의 행동을 유심히 보아 에러 메시지를 적거나 컴퓨터의 이상한 행동을 봐두고 사용자에게 올바른 작동 법을 알려 줄 수도 있다. 사용자는 컴퓨터의 비전문가이므로 전문용어나 무시하는 말투로 대해서는 안 된다. 최근에 설치한 장치나 프로그램 후의 변화도 반드시 점검해 두어야 한다.

2. 하드웨어와 소프트웨어 제대로 알기

사용자로부터 얻은 정보는 문제의 원인을 파악하는데 많은 도움이 되지만 문제가 하드웨어인지 소프트웨어인지 알면 원인을 아는데 더 많은 도움이 된다. 하드웨어의 문제는 장치와 그 리소스, 구성파일, 그리고 그 장치의 드라이버 등이다. 소프트웨어의 문제는 응용 프로그램, 운영체제 그리고 도구(utilities) 등일 수가 있다. 하드웨어 문제는 Windows의 제어판의 '장치 관리자'에서 일차 점검해보면 된다. 모든 하드웨어를 다 뺀 뒤, 하나하나씩 설치해 가면서 어느 것이 설치 이후 문제가 생기는지 보는 것도 좋은 방법이다. 소프트웨어 문제는 해당 프로그램을 제거한 후 재설치 해준다. 운영체제도 제거하지 않고 재설치 하는 것이 좋은 방법이다.

3. 문제 구별(Isolation)과 문제해결

일단 위의 과정에 충실히 따라서 어느 장치 혹은 그 서브시스템에 문제가 있는 것을 파악했다면 그 장치나 컴퓨터의 전원을 껐다 다시 켜본다. 많은 경우 어느 한곳에서의 문제가 다른 깃과 연관되어 있을 때, 재부팅을 함으로써 문제가 해결될 때가 많다.

1. 하드웨어 문제들

항상 장치가 컴퓨터에 잘 연결되어 있는지 먼저 살펴보고, 장치들의 시스템 리소스와 장치 드라이버가 잘 구성되어 있는지 확인해야 한다. 한 번에 한 장치씩 껴 보고 작동이 잘 되는 부품(known-good)으로 바꿔서 설치해 본다. 이렇게 해보는 것이 문제 있는 장치를 알아내는 쉬운 방법이다. 케이블의 연결도 보아야 하며, 문제가 여전히 있다면 컴퓨터 자체의 하드웨어 문제까지도 염두에 두어야 한다. 가장 쉬운 것부터, 접근하기 쉬운 것부터 해본다. 항상 의심스런 장치를 잘 작동되는 장치로 하나씩 바꿔보는 것을 잊지 말아야 한다.

2. 소프트웨어 문제들

만일 문제가 소프트웨어적인 것으로 판단되고 리부팅도 효과가 없으면, 해당 응용 프로그램의 구성에 초점을 돌려야 한다. 대부분의 응용 프로그램이나 도구는 디폴트세팅(default setting)이 있으므로 이것으로 설정해주면 편하다. 필요하면 해당 응용 프로그램을 제거한 뒤 새로 설치해서 문제를 해결할 수도 있는데 프로그램에 딸려오는 Uninstall 도구나 Windows의 '프로그램 추가/제거'를 이용하면 좋다. 컴퓨터가 그 응용 프로그램의 최소 요구조건에 충족하는지도 봐야한다.

나. 증상(Symptoms)과 문제점들

여기서는 컴퓨터 장치들에 대한 일반적인 문제와 해결책들만 기술할 수밖에 없다. 문제가 생겼을 때 그 원인을 어느 한 가지로 꼭 찍어서 말할 수 있는 것이 아니기 때문이다. 문제는 여러 가지 원인에 의해서 올 수 있다. 만일 컴퓨터를 켰을 때, 아무 일도 생기지 않는다면 그 원인은 무엇일까. 망가진 CPU?, 부서진 보드?, 불량 메모리?, 고장 난 모니터?, … 아니면 전원공급기 이상?, 잘못 연결 된 케이블? 등 여러 가지가 있을 수 있기 때문이다.

1. POST 동안의 소리와 표시되는 에러코드

모든 머신에는 POST(Power On Self Test)라는 하드웨어 진단 프로그램이 BIOS안에 들어있는데 컴퓨터가 시작되면 BIOS가 머신에 있는 구성요소들을 점검하는 과정을 수행해준다. CPU, RAM, 비디오 카드 등 하드웨어를 주로 점검하는데 OS(Operating Systems)가 뜨기까지의 검은색 텍스트 모드로 표시된다. POST과정이 실패하면 부팅과정이 멈추고 만다. 요즘에는 POST

Card가 있어 ISA나 PCI 슬롯에 꽂고 부팅하면 문제가 있는 곳을 숫자로 표시해 준다. 물론 각 보드별로 진단 에러코드가 있어야 알 수 있다. 또 이런 시각적인 에러 메시지와 더불어, 청각적인 (beep 소리) 방법으로 에러 메시지를 판단할 수도 있다. 이 시각과 청각(visual or audio) 에러 메시지는 BIOS별로 다른데, 머신에 딸려온 지침서(documentation)를 참조하는 것이 좋다. 그러나 일부는 일반적인 증상이다.

진단용 POST Card

1. 숫자(number)로 표시되는 에러.

Numeric Error Codes :
- 1^{**} – system board or CPU
- 161 – CMOS battery
- 164 – memory size
- 2^{**} – RAM related
- 201 – memory test
- 3^{**} – keyboard
- 301 – keyboard error (missing or malfunction)
- 4^{**} – monochrome video
- 5^{**} – color video
- 6^{**} – floppy disk system
- 601 – floppy disk
- 17^{**} – hard disk
- 1780 – C: drive
- 781 – D: drive

2. 소리(beep sound)로 진단하는 에러.

Audio Error Codes : *short 1 beep* – all components passed the POST

no beep, system dead – power supply, not plugged-in

continuous beeps – power supply bad, not plugged in motherboard,

keyboard stuck

1 short beep, nothing on screen – video

1 short beep, video on, system not boot – floppy cable

2 short beeps – PS/2 system

1 long, 1 short – system board

1 long, 2 short – video card

short 8 beeps – monitor

repeated short beeps – power supply bad

2. 프로세서(CPU)와 메모리(RAM)의 증세들

CPU와 RAM에 문제가 있다면 POST 점검이 끝나지 못한다. 이런 경우라면 더 나은 제품으로 교환하는 것이 최상이다. 보통 메모리의 용량이나 하드 디스크의 용량은 시작 시 자동으로 계산되어 표시되므로 쉽게 확인할 수 있다.

3. 마우스의 문제들

마우스에도 몇 가지 문제들이 있긴 하지만 보통은 일반적인 것 들이다.

1. 마우스 포인터가 화면에서 갑자기 움직이지 않는다.

화면의 보이지 않는 부분을 마우스가 가리키거나, 마우스 내부의 롤러가 더러워서이다. 마우스 케이스에서 트랙 볼을 꺼내어 미지근한 비눗물로 닦아준다. 만일 롤러가 끈끈하면, 무수알콜 (isopropyl alcohol)을 면봉(swab cotton)에 적셔 닦아준다. 마우스가 불규칙하게 움직이면 롤러에 먼지가 낀 것이다.

2. 마우스 포인터가 움직이지 않는다.

이는 컴퓨터가 마우스와 잘 통신이 되지 않기 때문인데, IRQ, I/O 주소의 리소스 문제로 다른 장치와의 충돌(conflict)에서 기인되는 것이 보통이다. 만일 다른 장치가 이 마우스가 쓰려는 리소스를 이미 사용하고 있다면 마우스가 움직이지 않을 것이다. '제어판'→ '시스템'→ '장치 관리자'로 가서 장치간의 충돌이 있는지 보고(빨간색 X표시나 노란색 ? 표시 등이 되어있다면), 해당 장치의 [속성]으로 가서 I/O 주소나 IRQ를 수동으로 설정해 주어야 한다.

4. 플로피 드라이브 문제

플로피 드라이브의 문제 또한 많이 있으므로 그 원인도 여러 가지가 있을 수 있다. 하지만 대부분은 드라이브의 문제가 아니라 들어있는 디스켓의 문제이다. 요즘은 플로피를 사용하지 않지만 Windows 2000에서의 ERD는 디스켓을 사용하므로 알아두면 좋다.

1. "A: is not accessible" 메시지

이 메시지는 플로피 드라이브에 디스켓이 들어있지 않거나, 충분히 끼워져 있지 않거나, 디스크의 금속 커버(metal cover)가 제대로 작동되지 않아서 데이터 저장구역(magnetic data area)에 헤더가 접근하지 못하는 경우이다. 디스켓 불량이 대부분이다.

2. "Error writing to disk" 메시지

디스크를 읽거나 쓰는데 문제가 있는 경우인데, 플로피 드라이브 컨트롤러가 컴퓨터와 통신이 잘되지 않는 경우로 다른 디스켓을 넣어보거나 디스켓의 읽기/쓰기 헤드를 닦아본다. 계속 문제가 있을 때에는 드라이브를 교체해야 한다.

3. 플로피 드라이브의 LCD에 불이 계속 들어와 있을 경우

이는 드라이브의 리본 케이블이 반대(reversed or wrong side)로 끼워져 있을 경우이다. 본체 커버를 벗겨내고 데이터 리본케이블을 제대로 끼워줘야 한다.

4. "Invalid drive"메시지

이는 드라이브가 컴퓨터와 제대로 통신이 되고 있지 않다는 얘기인데, 본체 커버를 벗겨내고, 리본케이블이 제대로 확실하게 끼워져 있는지, 전원 선이 제대로 끼워져 있는지, 그리고 CMOS 화면에 올바른 플로피 드라이브로 구성되어 있는지도 봐야한다. 그래도 문제가 있으면 드라이브를 바꿔야 한다.

5. "Invalid system drive"메시지

이는 흔한 경우로 부팅(시스템) 디스켓이 아닌 일반 데이터 디스켓을 넣고 부팅한 결과로, 보통 BIOS의 기본(default) 부팅 순서가 A:→C:→CD-ROM 순서이기 때문에 발생한 결과이다. 들어있는 플로피디스켓을 빼고 아무 키나 누르면 정상으로 A:를 넘어가 C:에 가서 OS를 찾아 로딩 해준다.

시스템 파일과 MBR

COMMAND.COM, IO.SYS, MSDOS.SYS 세 파일이 들어 있으면 부팅 디스켓이 되는데 이들을 시스템 파일이라고 한다. 또 하드 디스크의 MBR(Master Boot Record)이 훼손되었을 때, A:\fdisk C:/mbr를 타자하면 복구된다. MBR은 운영체제가 어디에, 어떻게 위치해 있는지 식별하여 컴퓨터의 주기억장치(RAM)에 적재될 수 있게 하는 정보로서 하드디스크나 디스켓의 첫 번째 섹터, 첫 번째 트랙에 저장되어 있다. MBR은 또한 '파티션 섹터' 또는 '마스터 파티션 테이블'이라고도 불리는데, 하드 디스크가 포맷될 때 나뉘어 지는 각 파티션의 위치에 관한 정보를 가지고 있기 때문이다. 그 외에도 MBR은 메모리에 적재될 운영체계가 저장되어 있는 파티션의 부트섹터 레코드를 읽을 수 있는 프로그램을 포함하고 있는데, 부트섹터 레코드에는 운영체제의 나머지 부분들을 메모리에 적재시켜주는 프로그램이 위치하고 있다.

5. 하드 드라이브 문제

하드 드라이브의 문제는 그 종류가 많아 진단이 어려울 때가 많다. 일반적인 것을 보기로 한다.

1. 컴퓨터가 정상적 부팅이 안 된다.

16** POST 에러가 있는 경우로 하드디스크가 없다는 메시지를 받을 수 있다. 하드디스크와 컴퓨터가 통신을 못하는 경우이다. 이때는 부팅 플로피디스켓을 사용하면 되는데, CMOS 세팅에서 하드디스크가 올바로 설정되어있나 확인한다. 그러나 계속해서 BIOS가 하드디스크를 인식하지 못한다면, 커버를 열어 각종 케이블을 점검해 봐야한다. 마스터/슬레이브 설정도 보고, 전원 선과 데이터 케이블도 점검해준다. 마더보드의 Primary IDE에 제대로 연결되어 있는지도 봐야하며 데이터 리본케이블의 색줄(striped line)이 pin 1에 제대로 맞추어 졌는지, 케이블 방향은 정확한지도 봐야한다. 계속해서 문제가 있으면 하드디스크 자체의 결함이므로 바꾸어야 한다.

2. 컴퓨터를 켰는데 아무 일도 일어나지 않는다.

이 경우는 여러 가지가 있을 수 있는데, 불량한 전원 공급기, 마더보드 문제인 경우거나 RAM, CPU 문제일 수 있다.

3. "There is no operating system." 메시지

BIOS가 일단 POST를 끝내면, 다음으로 하드디스크에서 OS를 찾는데, 만일 OS 포인터를 하드디스크의 MBR에서 찾지 못하면 OS가 없다고 생각하게 된다. 이런 경우는 대부분 OS 파일이 없어진 경우이므로 OS를 재설치 해야 할 수도 있고, 스캔 디스크도 생각해 봐야 한다. 많은 경우에 OS 재설치, 머신의 재부팅 등으로 문제 해결이 될 때가 많다.

6. CD-ROM과 DVD 드라이브

CD-ROM과 DVD는 기능적으로 유사하지만 DVD가 좋은 압축 기술로 CD-ROM보다 더 많은 저장능력을 지닌다. 여기서의 에러는 보통 디스크의 데이터를 읽지 못한다는 에러 메시지가 대부분인데, 디스크가 제대로 끼워져 있는지 먼저 보고, 라벨 부분이 위로 가 있는지도 봐야하며, 데이터 기록 표면이 긁히거나(scratches)나 오물(smudges)이 있는지도 살펴봐야 할 것이다.

만일 이렇게 점검했어도 계속 오류를 낸다면, 제어판의 '장치 관리자'에서 CD-ROM의 리소스를 점검 해 보고, 머신 내부의 리본 케이블, 점퍼세팅 등도 확인해 봐야 할 것이다. 간혹 레이저 읽기헤드(read head)가 망가진 경우도 있을 수 있으나, 이때는 LCD 판넬을 주의 깊게 보면 알 수 있다. 때로는 디바이스 드라이버를 다시 설치해야 할 때도 있다.

7. 병렬(Parallel) 포트

보통은 거의 한 가지 에러증세만 보이는데, 컴퓨터에서 이 병렬 포트에 접속된 장치를 인식하지 못하는 경우이다. 이때는 장치를 제거한 뒤, 컴퓨터를 다시 부팅해서 이 병렬 포트를 컴퓨터가 잡아 주는지 본다. 그래도 계속 문제가 있다면 해당 장치를 다른 컴퓨터에 연결해서 시도해 보거나, 혹은 다른 장치를 해당 컴퓨터에 연결해 봄으로써 이 포트의 이상 유무나 해당 장치의 이상 유무를 판단할 수도 있다. 물론 병렬 포트의 리소스를 보아 충돌이 있는지 점검해야함은 물론이고 프린터 프로그램의 일종인 'loop-back adapter'라는 것으로 기기와의 통신을 진단해 볼 수도 있다.

8. 사운드 카드와 오디오

컴퓨터에서의 오디오 시스템은 사운드 카드와 스피커, 사운드 케이블을 말하며, 소프트웨어가 지원되는 경우가 많다. 오디오 문제의 원인은 일반적인 몇 가지일 수 있다.

1. 스피커에서 소리가 안 난다.

여러 가지 이유가 있을 수 있는데, 우선 스피커 자체의 문제일 수도 있고, 볼륨조절과 본체 뒤의 사운드 카드에 마이크와 스피커의 오디오 잭(audio jack) 연결이 올바른지도 봐야하며, CD-ROM 드라이브에서 사운드카드나 마더보드에 연결되는 사운드 케이블의 연결 유무도 점검해봐야한다. 스피커 컨트롤에 '무음(mute)'으로 되어있는지도 봐야하며 BIOS와 '장치 관리자'에서 점검도 있을 수 있다.

2. 많은 잡음(Static Noise)이 스피커로부터 난다.

이것은 사운드 카드의 문제가 아니고, 스피커나 소프트웨어의 문제일 수도 있지만 케이블 문제가 대부분이다. 하지만 문제가 지속되면 EMI가 원인일 수도 있다. 스피커를 책상 전등, 모니터, 다른 잡음을 유발하는 장치들로부터 멀리 떨어뜨려 놔야한다. 때때로 나쁜 사운드 데이터 때문일 수도 있다.

3. 올바른 소리를 내지 안 는다.

이는 나쁜 사운드 파일 때문인데, 스피커는 단지 증폭(amplify)만 할 뿐이지 소리신호를 변환시키지는 않는다.

9. 모니터와 비디오

사운드 시스템처럼 컴퓨터의 비디오 시스템도 많은 요소로 구성되어 있어서 원인을 꼭 잡아내기가 쉽지 않을 수 있다. 우선 모니터가 비디오카드에 잘 꽂혀 있나 봐야하며, 비디오카드가 잘 작동되는지를 확인해 봐야한다. 'no signal range', 'no signal'등의 에러 메시지는 모니터와 본체가 잘 연결되지 않은 경우에 나타난다.

모니터, 전원 공급기, 마더보드, 메모리, 하드 드라이버 등은 교환 외에 수리할 수 없다.
또 모니터와 전원 공급기는 절대로 ESD를 해서는 안 되는 것도 기억하라.

1. 부팅 시에 계속해서 beep 소리가 나며 부팅이 잘 안 된다.

이는 모니터가 없거나 그래픽카드 때문이다. 연결을 조사해본다.

2. 모니터가 깜박(flickering)거린다.

이는 불량한 모니터 때문이므로 다른 모니터로 바꿔서 해본다. 계속해서 문제가 있을 때에는 재생율(refresh rate)이 맞지 않기 때문인데 제어판 속의 모니터 항목에서 제대로 수정 해 주어야 한다. 이 재생율은 모니터 본체 뒤에 수직주파수/수평주파수(보통 60~70Hz)로 표시되어 있다.

3. 그림이 전혀 안 나온다.

모니터에 그림이 전혀 안 나온다면 우선적으로 마우스나 키보드를 움직여봐서 스크린 록(screen lock)이 되어 있나 본다. 여전히 문제가 있으면 모니터의 밝기, 케이블 연결도 확인해 본다. 만일 연결이 없거나 케이블 문제라면 CMOS에 표시가 되므로 여기서 점검해주면 된다. 비디오 카드의 점검도 필요한데 BIOS에서 세팅을 바꿔 보거나 교환해볼 수도 있다.

4. 화면이 여러 작은 조각으로 계속해서 반복된다.

이것은 비디오 시스템의 해상도(resolution rate)가 맞지 않기 때문이며 이로 인해서 마우스 포인터 등이 여러 이미지로 화면 가득히 복사되기도 한다. 제어판의 '디스플레이'로 가서 해상도를 줄여 줘야한다.

5. 스크린이 찌그러진다.

이는 나쁜 모니터 때문이므로 모니터를 교환해준다.

10. BIOS

BIOS는 비록 치명적인 에러는 아니라도 머신 시작 시 연속적으로 비프(beeps) 소리가 나며 문자 메시지로 에러가 계속해서 표시된다. 이것은 BIOS가 POST를 통과하지 못하기 때문인데, BIOS를 교체하거나 업그레이드해야 한다. 비디오 시스템이 다운되어 화면이 하얗게 되기도 한다. 비디오 카드도 점검해본다.

11. 마더보드

마더보드가 잘못되면 이는 치명적인 에러이다. 물론 컴퓨터가 부팅되지 않는다. 마더보드에 내장된 구성요소가 잘못된 것이면 BIOS는 이를 부팅 시 표시해 주므로 점검할 수 있다. 만일 문제가 마더보드 내의 구성요소, 예컨대 사운드나 비디오인 경우는 이를 BIOS에서 'disabled'시키고 새로운 확장카드를 꽂아서 쓰면 되는데, 마더보드 자체에 문제가 있다면 교체 이외에는 방법이 없다.

12. USB(Universal Serial Bus)

USB 케이블이 잘 연결되어 있는지 볼 것이다. 때때로 USB 장치가 외부 전원 선을 따로 가지는 경우가 있으므로 이도 점검 해 봐야한다.

1. USB 장치가 전원을 받지 못한다.

USB 케이블이 잘 연결되어 있는지 볼 것이며, 때때로 USB 장치가 외부 전원 선을 따로 가지는 경우가 있으므로 이도 점검 해 봐야하지만 대부분은 USB 장치는 전원을 별도로 가지지 않는다.

2. USB 키보드, 마우스 작동이 안 된다.

키보드나 마우스의 드라이버나 리소스는 보통 BIOS에 의해서 통제가 되므로 이를 BIOS가 인식해야 할 것이다. CMOS에서 이 USB 키보드/마우스가 인식되게 조정해 준다.

3. USB 장치가 'Unknown'메시지를 보이거나 장치가 작동되지 안 는다.

이것은 컴퓨터와 이 장치가 통신이 되지 않는 경우로 먼저 전원 선이나 케이블 연결 등을 점검 해 봐야하며, 케이블 길이가 5m를 넘지 않게 해야 한다. 시작 시 USB 컨트롤러는 각 USB 장치에 고유 ID와 데이터 전송타입(IRQ, bulk or continuous 등)을 할당해 주고 마지막으로 장치의 잘못을 점검하게 되어있다.

4. 어느 USB 장치도 전혀 작동되지 안 는다.

이 경우는 전체 시스템이나 USB 컨트롤러에 문제가 있는 경우로 BIOS나 OS가 USB를 지원하는지 봐야하며, USB 장치가 127개 이내인지, 장치 간 길이가 5m 이내인지, 루트 허브에서 외장 허브까지가 5단 이내인지 등도 봐야한다. BIOS가 USB를 지원하는지, 리소스와 디바이스 드라이버 등의 올바른 설정여부도 체크해본다.

13. CMOS(Complementary Metal Oxide Semiconductor)

CMOS에서 문제가 된 것은 설정이 나쁘게 되었거나 설정이 없어진 경우인데, 없어진 설정은

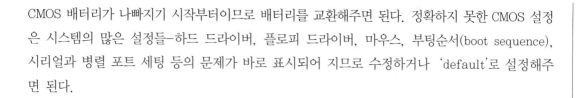

CMOS 배터리가 나빠지기 시작부터이므로 배터리를 교환해주면 된다. 정확하지 못한 CMOS 설정은 시스템의 많은 설정들-하드 드라이버, 플로피 드라이버, 마우스, 부팅순서(boot sequence), 시리얼과 병렬 포트 세팅 등의 문제가 바로 표시되어 지므로 수정하거나 'default'로 설정해주면 된다.

14. 전원 공급기(Power Supply)

전원 공급기가 망가지면 교환 이외에는 달리 선택이 없다. 절대로 전원 공급기를 열거나 고치려 들지 말라. 비록 전원을 빼 버려도 모니터처럼 잔류 전류가 컴퓨터 부품이나 인체에 해를 줄 수 있다. 전기는 항상 접지되어 있어야 하는데 그런 이유로 전원을 벽 소켓에 껴둔 채 놔두는 것이 좋다.

1. 컴퓨터가 켜졌는데 아무 일도 일어나지 안 는다.

CPU와 RAM, 마더보드의 문제가 아니라면 이는 전원 공급기의 문제이다. 전원 공급기가 망가지면 팬(fan)이 멈추게 된다. P8, P9(black-to-black)나 블록 전원 선이 마더보드에 잘 연결되었는지를 보고, 보조 전원선이 마더보드에 잘 끼워져 있는지도 봐야한다.

2. 컴퓨터가 켜졌는데, 팬이 안돈다.

이 경우에는 즉시 데이터를 저장하고 머신을 꺼야한다. 전원 공급기에 붙어있는 팬은 공기를 흡인하여 컴퓨터 내부의 부품들이 과열되는 것을 막아준다. 컴퓨터를 끈 뒤 팬을 닦아주어야 한다. 이 팬이 먼지, 검불(lint)이나 머리카락 등을 빨아들여 팬을 멈추게 할 수 있기 때문이다. 하지만 팬만 문제가 되는 것이 아닐 때가 많으므로 전체 전원 공급기를 교체하는 것이 좋다.

3. 컴퓨터가 간헐적으로 리부팅 된다.

간헐적인 행동이나 리부팅 현상은 나쁜 전원 공급기 때문이다. 전기가 일부 장치에만 전달되어질 때 이런 현상이 발생된다. 이때는 보드에 연결되는 블록 전원선이나 보조 전원선을 점검해 보고 다른 전원 선도 잘 접속 되어있나 봐야한다. 전원 공급기의 팬이 망가져도 이상하게 행동한다. 스스로 리부팅이 자주 되는 이유는 시스템이 과열되었기 때문이기도 하다. 이때도 전원 공급기 팬이나 다른 팬들 -CPU, 본체 전면과 후면의 팬- 이 좋지 않기 때문이므로 닦아주거나 교체한다. 특히 CPU 과열이 원인일 때가 많다.

15. 슬롯 커버(Slot Cover)

컴퓨터 본체 뒤에 있는 슬롯 커버는 베이(bay)라고 불리는데 확장카드들이 끼워지는 곳이다. 여기가 제대로 막혀있지 않으면, 각종 오물이 들어와 빈 카드 슬롯에 싸여 카드와의 접촉이 나빠질 수 있으며, 내부 공기의 흐름이 원활하지 않아 부품이 과열될 우려가 있다.

16. 기타 하드웨어 문제들

우선 과도한 열이 나는 것을 들 수 있는데, CPU의 방열판(heat sink)이나 케이스 팬에 문제가 있는 경우 일 수 있다. 또는 CPU를 오버클럭킹(overclocking)해서 열이 나는 수도 있고 CPU 팬이 정상작동 되지 않아서 일수도 있다. 더말컴파운드(thermal compound)가 CPU와 방열판 사이에 있어야 한다. 또 머신 내에 먼지나 오물이 많은 경우에도 공기순환이 원만치 않아 과열이 될 수 있다. 공기는 케이스 전면에서 들어와 후면으로 빠져 나가게 되어있다.

또 머신에서 소음이 나는 것도 유의해서 보아두어야 하는데 보통은 팬이 헐겁게 장착되어져서 나는 수가 많으며, 갉는 소리가 난다면 하드 디스크의 플래터를 읽기/쓰기 헤더가 닿아서 나는 경우일 수도 있으므로 이 경우에는 하드 디스크를 교환하는 것도 고려해야 한다. CD-ROM에서 디스크가 도는 소리가 날 수도 있다.

냄새가 나는 수도 있는데 머신 내부의 회로가 그을리거나 타면 냄새가 날 수 있고, 전원 공급기에 문제가 있거나, 각종 시그널 케이블, 특히 USB 케이블 등이 제대로 끼워져 있지 않으면 그을린 냄새가 날 수 있다. 머신에 있는 각종 표시등을 잘 살펴보면 해당 장치의 상태가 어떤지 알 수 있다.

17. 문제해결 도구들(Troubleshooting Tools)

만일 현장에 출장해서 컴퓨터를 손볼 경우라면, 많은 종류의 케이블, 커넥터, 배터리, 나사, 드라이버 등을 갖추어야 할 필요가 있다. 이를 위해서 공구함(tool kit)과 소프트웨어 도구(utilities) 등이 필요한데, 자석(magnetized)띤 드라이버를 써서는 안 되지만 작은 부품을 마더보드 내에서 꺼낼 때에는 버스라인을 건드리지 않기 위해서 필요할 수도 있다. 일시적인 경우에 사용한다면 내부 스피커에 잠시 문지르면 자성을 띄게 된다. 칩이나 기타 부품을 뻰찌(plier)로 뽑으면 안 되고 IC 익스트랙터(extractor)를 사용해야 핀 손상 없이 뽑을 수 있다.

1. 공구 함(Tool Kit)

대부분의 컴퓨터 공구함에는 Phillips(십자), flat-head(일자)와 Torx(육각) 드라이버(screw-driver) 세트가 크기별로 가지고 있으며, 이 외에도 IC pullers, long nose pliers, IC extractor, part grabber, jumpers와 여러 사이즈의 나사(screws) 등이 있고, 손전등가 있다. 뽑아낸 나사들을 놓기 위해서 필름 통이나 계란 판이 쓰이기도 한다. 네트워킹도 한다면 wire strippers, cramper, tester, cables 등 더 많은 장비가 필요할 수도 있다.

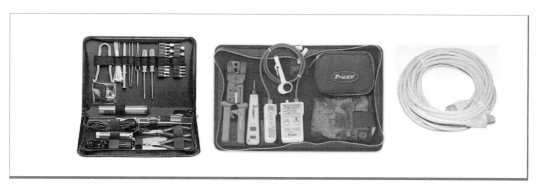

일반 공구함과 네트워크용 공구함, 그리고 네트워크 케이블

2. 멀티미터(Multimeter)

멀티미터는 각 부품 사이의 저항(resistance), 전압(voltage), 전류(current)를 측정하기 위해서 쓰이는데, 대부분은 두 부품의 연결성(connectivity)을 측정하기 위해서 쓰인다. 또 이 멀티미터는 전원 공급기와 각 전원 선의 전류 크기를 잴 때도 유용하다. 기기 하단의 기능선택 스위치를 원하는 저항, 전류, 직류, 교류 등을 예상 범위 내로 맞추고, 우측 하단의 두 개의 침지봉(probes: 붉은색은 +로 검은색은 -)으로 전선에 접지시키면 된다. 벽에서 나오는 AC전류를 '범위 없음'(non-autoranging)으로 맞추고 테스트하면 기기가 망가진다. 또 저항을 재는데 무한대로 나온다면 흐름이 끊어졌다는 뜻이다. 부품이 연결 된 상태에서 바로 저항을 재면 안 된다. 또 전원 공급기에 바로 대고 저항을 측정해도 기기가 망가진다. 케이블 또한 저항에 맞춰놓고 재면 된다. 최신 멀티미터는 범위를 자동(Auto)으로 두고 측정하게 한다.

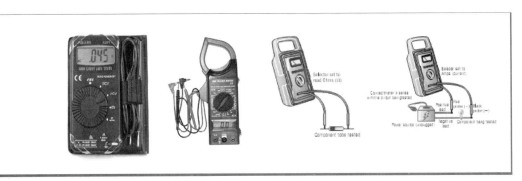

각종 멀티미터와 측정법

3. 소프트웨어 툴

각 OS별로 부팅 디스켓과 안티바이러스, 진단 유틸리티, 그리고 데이터 복구 도구 등이 필요하고, 그 외에 유용한 디바이스 드라이버 모음, 인터넷 연결 소프트웨어, 백업 프로그램 등도 필요하다. 장치의 드라이버를 찾아주는 것은 시간을 많이 소비하는 일인데 별도의 인터넷 접속이 가능한 노트북 등을 따로 준비해서 장치 제조사나 이런 드라이버를 전문으로 제공하는 사이트에 접속해서 원하는 디바이스 드라이버를 얻을 수 있다.

Norton Utility, McAfee Virus, Nuts and Bolts, Ahn's V3 Virus, RestoreIT, Partition Magic, Registry Cleaner 등이 좋은 소프트웨어 유틸리티이다.

마더보드, 프로세서
그리고 메모리

마더보드, 프로세서 그리고 메모리

컴퓨터의 핵심인 CPU, RAM과 마더보드에 대해서 좀 더 자세히 알아본다.

가. 유명한 CPU 칩

CPU 제조사들로는 AMD, Cyrix와 Intel, Motorola 등이 있는데, 1978년 Intel이 IBM을 통해 선보인 8086이후로 지금의 Pentium III, IV와 후발주자로 Intel을 위협하고 있는 AMD의 Athlon, Duron에 이르기까지 이들 CPU 제조사들은 끊임없이 새 모델을 선보이고 있다. 1995년부터 AMD, Cyrix와 Intel은 생사의 싸움을 해왔고, 거의 같은 시기에 타사제품과 비슷한 수준의 자사 제품을 출시해 왔다. Motorola는 Apple Mac의 전용 CPU이므로 경쟁이 있진 않았다. 하지만 최근에는 Mac 머신에 Intel CPU를 장착하기도 한다.

1. Pentium I

1993년 3월에 Pentium 프로세서가 처음 나왔고, 속도는 60-, 66-, 75-, 90-, 100-, 120-, 133-, 150-, 166-과 200MHz이었다. 모든 Pentium I 프로세서는 64-bits의 데이터 버스와 32-bits의 어드레스 버스에 16KB의 L1 캐시 메모리와 256~512KB의 L2 캐시 메모리를 가졌었다. Pentium I의 60~66은 273-pin PGA로 Socket 4에 5V DC를 이용했다. 75~200은 296-pin PGA로 Socket 7에 3.3V DC를 쓰며 패시브 방열기(passive heat sink)나 팬을 가지고 있었다.

2. Pentium PRO:AMD K5:Cyrix MI

Pentium PRO는 1995년 11월에 출시되었는데, 150-, 166-, 180-과 200MHz이었으며, 387-pin의 이중 PGA Socket 8에 3.1~3.3V DC로 내장 팬이 쓰였다. 데이터 버스는 64-bits이며 어드레스 버스는 36-bits였고 16KB의 L1과 256KB와 1MB의 내장된 L2 캐시 메모리였다.

1996년에 출시된 AMD의 K5는 75-, 90-, 100-과 116MHz이며 3.25V DC로 296-pin PGA에 Socket 7을 썼다. 액티브 방열기(active heat sink)를 사용했으며 64-bits의 데이터 버스와 32-bits의 어드레스 버스를 사용했다. 8KB의 L1 캐시 메모리를 가졌다.

1995년에 출시된 Cyrix의 MI은 100~150MHz의 296-pin PGA에 3.3V DC를 썼으며 16KB의

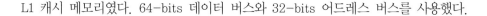

L1 캐시 메모리였다. 64-bits 데이터 버스와 32-bits 어드레스 버스를 사용했다.

3. Pentium MMX

1997년 1월에 Pentium I과 비슷하지만 증가된 명령어 셋(instruction-set)으로 그래픽과 다른 멀티미디어(MMX)를 보강한 166-, 200-, 233MHz의 296-pin PGA를 Intel이 선 보였다. Pentium MMX는 외장형 3.3V DC에 내장형 Socket 7의 패시브 방열기나 팬을 사용했고 64-bits 의 데이터 버스와 32-bits의 어드레스 버스, 그리고 3KB의 L1, 256~521KB의 L2 캐시 메모리를 썼다.

4. Pentium II:AMD K6:Cyrix MII

1997년 5월에 Pentium II는 512KB의 L2 캐시 메모리와 242-pin의 SEC 스타일의 Slot 1을 이용하며 나타났다. 233-, 266-, 300-과 333MHz로 3.3V DC에 32KB L1이 있었고, 64-bits의 데이터 버스와 36-bits의 어드레스 버스였었다.

AMD K6는 166~266MHz이며 3.3V DC에 296-pin PGA의 Socket 7을 가지고 있었고, 64-bits의 데이터 버스와 32-bits의 어드레스 버스를 사용했다. 256KB~1MB의 L1 캐시 메모리는 있었지만 L2 캐시 메모리는 없었다.

Cyrix MII는 1997년에 출시되었는데, 150-, 166-과 187MHz였고 3.3V DC에 196-pin PGA 스타일이었다. 64-bits의 데이터 버스와 32-bits의 어드레스 버스, 64KB의 L1 캐시 메모리를 가졌다.

5. Pentium III:AMD Duron과 Athlon

1997년 5월에 Pentium III가 출시됐다. Pentium MMX기술보다 진보된 기술인 SIMD(Single Instruction Multiple Data)를 사용했는데 450~1.13GHz의 속도를 냈다. 처음 Pentium III는 512KB L2 캐시 메모리를 가졌었고 100MHz 시스템 버스였다. 두 번째 Pentium III는 133MHz의 시스템 버스였고, 세 번째 Pentium III는 256KB의 내장형 ATC(Advanced Transfer Cache) L2를 사용했는데 25%의 수행속도 증가를 가져왔다. Pentium III CPU는 2가지 형태가 있었는데, 하나는 242-pin SEC의 Slot 1으로 2.0V DC를 사용했고 또 하나는 370-pin PGA ZIF였다. 이들은 모두 내장 팬을 쓰며 64-bits 데이터 버스와 36-bits 어드레스 버스를 사용하며 32KB의 L1 캐시 메모리를 썼다.

AMD는 1999년 Duron을, 2000년에는 Athlon을 Intel Pentium III와 경쟁하기 위해서 출시했다. Duron은 700~800MHz였고, Athlon은 850~1.2GHz였으며, 128KB의 L1 캐시 메모리를 사용했다. Intel에서는 이런 AMD와의 가격대비 성능을 고려해서 저렴한 보급형 CPU로 Pentium III급의 600MHz수준의 Celeron을 발표했고 Pentium IV를 위해 800~860MHz의 Xion을 선보이기도 했다.

제품별로 별칭도 있는데, Pentium MMX와 Pentium II사이의 L2 캐시가 전혀 없는 것을 'Covington'이라 했고, L2 캐시를 128KB로 넣은 Celeron A를 'Mendoshino'라고 했으며, Pentium III에서도 계속 쓰였던 Celeron에 기존의 것과 구별을 위해 'Celermine'이라고 불렀고, Pentium III를 'Coppermine'이라고 했다.

6. Pentium IV

Willamette로 불리는 Pentium IV는 NetBurst 마이크로 아키텍쳐에 파이프라인(pipe line) 길이를 20단계로 2배 증가시켜 CPU의 성능을 확대시켰고 ALU의 클럭 속도를 2배로 증가시켰다. 1.15GHz 이상의 속도로 소켓타입이고, Streaming SIMD Extension 2(SSE2)로 144개의 새로운 명령어(Instruction-Set)를 입력시켰다.

1. CPU의 별칭정리

Intel : Klamath(PIII), Deschutes(PII), Katmai(512K L2가 내장된 PIII), Coppermine(PIII), Willamette(PIV), Northwood(PIV), Tualatin(PIII), Covington(Celeron-A), Mendocino (128K L2가 내장된 Celeron)

AMD : Thunderbird(Athelon), Palomino(Athelon XP), Spitfire(1GHZ이내 Duron), Morgan (1GHz이상 Duron)

2. CPU의 기종별 정리

8086 : 내부적으로 16비트 처리. 16비트 버스 인터페이스 방식

8088(XT) : 내부적으로 16비트 처리. 8비트 버스 인터페이스 방식

80286(AT) : 내부적으로 16비트 처리. 16비트 버스 인터페이스 방식

80386SX : 내부적으로 32비트 처리. 16비트 버스 인터페이스 방식

80386DX : 내부적으로 32비트 처리. 32비트 버스 인터페이스 방식

80486SX : Co-processor가 필요 없는 사용자를 위해 개발

80486DX : 내부에 Co-processor와 캐시 메모리 장착

Pentium Ⅰ : 내부적으로 32비트 처리. 64비트 버스 인터페이스 방식

Pentium Pro : 32비트 운영체제에서 최적의 성능을 발휘하므로 서버나 워크스테이션에 적합

Pentium MMX : 멀티미디어 처리에 관련된 57개의 명령을 CPU에 내장하여 멀티미디어 데이터를 신
속하게 처리

pentium Ⅱ : 512KB의 내부 L2캐시를 장착

Celeron : Pentium Ⅱ에서 내부 L2 캐시를 빼고 저가형으로 제작

Pentium Ⅲ : 3D 그래픽과 인터넷을 위한 실행 공간을 제공하여 처리 능력을 강화

3) Intel 시리즈

4) AMD 시리즈

5) Cyrix 시리즈

나. RAM 칩

RAM의 주요기능 중 하나가 장치들과 응용 프로그램을 일시적으로 RAM으로 옮겨와 CPU가 일을 빨리 처리하게 해 주는 것인데, 이런 RAM의 종류에 대해서 좀 더 자세히 알아보자.

1. RAM의 종류

RAM은 모두가 같지 않다. 오랫동안 RAM 기술이 발전되어 왔고 특수한 상황에 맞게 모양이 변화되었다. DRAM에서는 CPU의 외부 클럭과 무관하게 작동하는 **ADRAM**(Asynchronous DRAM)계열로 FPM(Fast Page Mode), EDO(Extended Data Out), BEDO(Burst EDO) DRAM과 시스템 버스 클럭과 클럭 시그널을 공유함으로써 CPU가 RAM의 처리를 기다리지 않게 하는 **SDRAM**(Synchronous DRAM)계열로 SDR(Single Data Rate), DDR, DDR2, DDR3, DR이 있다. 그리고 기타 **SRAM**, **ROM**이 있다.

1. SRAM

SRAM(Static RAM)은 RAM의 최초모습이며, CPU는 10ns로 RAM에 접속해서 정보를 얻을 수 있다. 256KB~2MB의 한계가 있지만 일반적으로 쓰이는 DRAM보다 비싸고 빠르다. 그래서 이 SRAM은 시스템의 캐시 메모리용으로 주로 사용되고 있다. DRAM처럼 갱신(refresh) 시그널을 사용하지 않는다. 이 SRAM을 저렴하게 제조해서 공급하는 연구가 진행 중이다.

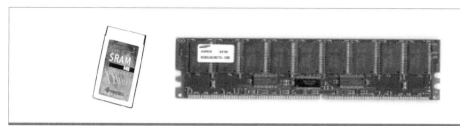

PC 카드식 SRAM과 일반 SRAM

2. DRAM

DRAM(Dynamic RAM)은 SRAM의 비싼 가격 대안으로 나온 것이다. DRAM은 SRAM보다 더 많은 정보를 가질 수 있고, 각 칩은 1 bit의 정보를 위해서 하나의 Transistor와 하나의 Capacitor를 갖는다. 쓰여 있는 정보를 유지하기 위해선 끊임없이 갱신 신호를 사용하므로, 컴퓨터로부터 계속해서 전력을 받아야 Capacitor가 정보를 잃지 않게 된다. 그러나 이런 끊임없는 갱신 신호가 처리속도의 감소를 가져온다. 하지만 가격이 싸고 저장용량이 커서, 요즘의 대부분 컴퓨터 메모리칩은 이 DRAM을 사용한다. 종류도 다양하지만 EDO DRAM, SDR SDRAM과 RD DRAM 이 많이 쓰였고 최근에는 거의 DDR SDRAM을 사용한다.

DRAM

1) EDO RAM

EDO(Extended Data Out) RAM은 전통적인 DRAM으로, 한 번에 한 가지 이상의 일을 하게 해 준다. 어느 한 데이터가 CPU에게 보내지면, EDO RAM은 CPU를 위해 다음 데이터를 찾아 또 추출한다. 이 EDO RAM은 마더보드와 프로세서가 모두 지원해 주어야만 쓰일 수 있고 DRAM보다 10%정도 빠르다.

2) SDRAM

SDR(Single Data Rate) SDRAM을 간략히 부른 SD(Synchronous Dynamic) RAM은 EDO RAM보다 약 2배정도 빠른데, SD RAM이 시스템 버스가 약 100~133MHz 까지 지원 해주기 때문이다. 이도 역시 시스템이 지원해 주어야 쓸 수 있다. 시스템 버스 클럭때 마다 데이터를 전송하는데 64-bits CPU에 100MHz 클럭 시그널이라면 800Mbps(8×100)를 처리한다는 것이다.

DDR

이 속도를 FSB에서는 PC100이라고 하는데, 133MHz의 클럭에 1064Mbps(8×133)를 처리하는 PC133으로 이어졌다.

> FSB(Front Side Bus)는 클럭과 CPU, 보드, RAM 사이의 빠르기를 규정한 것으로 MHz로 단위를 매겨 데이터 처리를 bps(bit per second)로 정하게 한 규약이다. 예를 들어 FSB 800은 800MHz로 클럭 사이클마다 6400Mbps(800×8)를 전한다는 것이다.

3) DDR SDRAM

DDR(Double Data Rate)은 SDR(Single Data Rate)보다 2배의 처리속도를 가지게 한 것인데 시스템 클럭 시그널의 고저에서 각각 데이터를 전송하게 한 기법으로 CPU 발열이 문제가 된다(그래서 최근 머신의 냉각시스템이 놀랄 정도로 화려해졌다). 64-bits CPU에 100MHz 클럭 시그널을 DDR에 쓰면 200MHz가 되므로 1600MBps(200×8)를 처리할 수 있는데 이 속도를 FSB에서는 PC1600이라고 한다. DDR2는 클럭 시그널을 둘로 나누어 처리하게 했다. 결과적으로 SDR 대비 4배의 처리속도이다. PC800은 전송속도 1.6GB/s로 DDR SDRAM PC1600 규격과 같다. PC3200은 DDR400, PC2700은 DDR333, PC2100은 DDR266이다. DDR(1)에는 PC1600, PC2700, PC3200이 있고 DDR2에는 PC2-3200, PC2-5300, PC2-8500이 있다. DDR3에는 PC3-6400, PC3-12800이 있다.

4) RD RAM

RD(Rambus Dynamic) RAM은 RD(Direct Rambus) DRAM이라고도 하는데 특수한 Rambus 채널로 800MHz를 이용할 수 있게 한다. 이 채널대역은 두 배까지 될 수도 있어 결국 1.6GHz의 데이터 전송이 가능하다. 리거시 머신에선 볼 수 없다. Rambus라는 회사에서 만들었으나 한동안 주춤하더니 최근에는 Pentium IV 이후로 Intel의 후원으로 각광을 받고 있다.

Rambus RAM

 FSB와 메모리와의 관계

메모리 타입	FSB	클럭/주파수(MHz)	전송속도(Bytes)
SDR SDRAM	PC400*	400/400	8
DDR SDRAM	PC3200	200/400	8
DDR2 SDRAM	PC2-3200	100/400	8
DDR3 SDRAM	PC3-3200**	50/400	8
DRDRAM	PC800	400/800	4***

* SDR SDRAM PC400은 없다. (PC66, PC100, PC133, PC700, PC800 등이 있다)
** PC3-3200은 없으며 DDR3에 비해 너무 느림.
*** 32-bit dual-channel mode가 필요함.

3. VRAM

VRAM(Video RAM)은 비디오 어댑터에서만 쓰이는 메모리인데, CPU와 독립적으로 쓰이며, 정보도 CPU가 추출할 때까지 이 VRAM에 저장된다. VRAM은 EDO RAM보다 훨씬 빠르며, 읽기와 저장을 동시에 할 수 있다. 또한 비디오에서 쓰이는 모든 메모리를 일컫기도 한다. 최근에는 이런 표준 비디오 전용 RAM에 보다 빠른 DDR SDRAM인 SGRAM(Synchronous Graphics RAM)을 쓴다.

4. WRAM

WRAM(Window RAM)은 비디오 RAM의 한 종류이긴 한데, VRAM보다 빠르며 어느 장치라도 비디오 메모리에 읽고 쓰는 것을 동시에 가능하게 해주는 dual-port 기술을 사용한다. 한국의 삼성이 만들었고 이런 이유들이 우리나라의 모니터기술을 세계적인 것으로 되게 했다.

2. 물리적 특성

RAM은 여러 가지의 물리적 형태가 있는데, 시스템이 사용하는 메모리의 데이터 대역을 지원해야 하며 에러수정 기능을 가지고 있어야 한다. 마더보드에 이 메모리를 끼우는 곳을 메모리 슬롯이라고 한다. 메모리 뱅크라는 개념과 혼동하지 말아야 한다. 오래된 미신에서나 보이왔던 DIP(Dual Inline Package), SIPP(Single Inline Pin Package)와 SIMM은 거의 사라졌다.

1. SIMM(Single Inline Memory Modules)

최초의 메모리칩은 DIP(Dual Inline Package)으로 마더보드에 바로 설치되어 있었다. SIMM은 30-pin에 8-bits인데, 동시에 8-bits의 데이터가 이동될 수 있다는 얘기다. 72-pin는 32-bits이다. SIMM은 오래된 기술로 FPM과 EDO RAM으로 점차 대체되어갔다. SD RAM에서 SIMM을 볼 수 없다.

2. DIMM(Dual Inline Memory Modules)

DIMM은 SIMM과 비슷하지만 더 길고 슬롯의 종류도 다르다. DIMM은 두 줄의 커넥터를 가지고 있으며 64-bits에 168-pin이다. DIMM은 오래된 EDO RAM이나 SD RAM에서 보여 진다. DDR 패밀리도 이 DIMM 모양이다. DDR은 184-pin이며 노치(notch)가 하나이다. DDR2는 240-pin이며 노치가 하나이고 알루미늄 커버로 씌어있다. DDR2는 DDR1과 호환되지 못한다. DDR3도 마찬가지로 서로 호환되지 못한다.

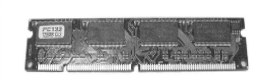 

SDR RIMM   DDR2 SDRAM

3. RIMM(Rambus Inline Memory Modules)

RIMM은 Rambus사에서 만든 메모리이며 DIMM과 비슷하게 생겼고, 184-pin에 16-bits로 노치가 두 개며, 232-pin은 32-bits로 노치가 하나다. Intel과 함께 Pentium IV 시리즈에 RDRAM을 제공하는데 Xeon이 RIMM을 사용했다.

RIMM

4. 메모리 뱅크(memory bank)

메모리 모듈에서 비트 대역(bit width)은 중요하다. 이 메모리 뱅크는 한 번의 회전으로 얼마나 많은 정보를 프로세서가 메모리에 액세스해서 사용할 수 있는가를 표시하는 것으로, 메모리 뱅크는 CPU의 데이터 버스 폭과 일치하는 메모리 모듈의 수를 나타낸다. 결국 이 메모리 뱅크란 시스템이 메모리가 설치되어 있는 여부를 확인하는 것으로 한 개의 32-bits 72-pin SIMM은 32-bits CPU(386이나 486에서)를 만족시키므로 메모리 뱅크를 이룬다. 하지만 Pentium에서는 64-bits CPU(Windows 9x 이후에서)가 필요하므로 이런 32-bits SIMM이 두 개나 64-bits 168-pin DIMM 하나가 있어야 메모리 뱅크를 이룬다. 그러니까 CPU의 데이터 버스 폭을 메모리 비트수로 나누어 메모리 모듈수를 구하면 한 메모리 뱅크가 된다. 하나의 메모리 뱅크를 이루기 위해서는 CPU의 데이터 버스 대역과 RAM의 비트 대역의 합이 일치해야 함을 잊지 말자.

> CPU의 데이터 버스 수는 386SX는 16-bits; 386DX 및 486 series는 32-bits; Pentium 계열은 64-bits이며, 메모리 모듈의 비트수는 30-pin SIMM이 8-bits; 72-pin의 SIMM, SODIMM이 32-bits; 168-과 184-pin DIMM과 144-, 200-pin SODIMM은 64-bits; 184-pin RIMM이 16-bits이다.

5. 패리티(Parity) 칩

메모리에서 쓰이는 데이터 에러 점검방법 중 하나가 패리티체크(parity checking)이다. 모든 8 bits의 각 bit는 각각 그 기능이 있는데, 패리티비트(parity bit)란 여기에 9번째 bit를 넣어서 이를 에러 체크하는데 사용하는 것을 말한다. 이는 데이터 수신 장치가 데이터 내에 에러가 있는지 결정하게 해준다. 전체의 1의 숫자가 홀수(odd parity)인지 짝수(even parity)인지를 점검하게 하는 방법인데, 만일 짝수(even)패리티에서 10001101이 전해진다면 1의 숫자가 4개이므로 짝수가 되어 Space 0을 뒤에 붙이며, 만일 홀수(odd)패리티라면 1의 숫자가 4개로 짝수이므로 에러가 있다고 보아 Mark 1을 뒤에 추가해서 전체 1의 숫자를 홀수로 만들어 준다. 홀수 패리티체크에서는 총 1의 수가 홀수가 되기만 하면 에러가 없다고 보고 통과시킨다는 것이다. 그래서 좀 더 강력한 에러 확인방법이 필요해서 CRC(Cyclic Redundancy Check)나 알고리즘(algorithm) 등의 방법을 사용하기도 한다. 패리티가 있는 경우라면 각 8 bits마다 하나의 bit를 첨가해서 9 bits를 사용할 것이다. 그러므로 패리티 없는 DIMM은 64 bits(8×8)이고, 패리티 있는 경우라면 72 bits((8+1)×8)가 된다. 그러나 최근의 머신에서는 이 패리티 체크방식이 머신의 속도를 느리게 한다고 해서 거의 사용하지 않는데, BIOS화면에서 ECC를 'disabled'로 설정해주면 된다.

ECC(Error Checking and Correction)은 메모리에 액세스할 때마다 데이터에서 수행되는 알고

리즘이 모두 0이 되면 유효한 데이터로 보며 1이 되면 에러가 있는 것으로 표시된다. ECC는 하나나 두 개의 bit에서 에러를 감지하지만 하나의 bit만 교정할 수 있을 뿐이다.

* 메모리 맵

예전 DOS 시절에 쓰이던 기본적인 메모리 관리기법이 최근의 1GB 메모리를 사용하는 시대에서도 그대로 적용되어 기본메모리는 1024KB로 정해져있다. Extended Memory(1024KB 이상)를 관리하는 HIMEM.SYS와 Expanded Memory(1024KB 이하)를 관리하는 EMM386.EXE 파일을 조금은 이해해야할 필요가 있는데 config.sys 파일에 다음의 순서대로 쓰여 있어야 한다.
DEVICE=HIMEM.SYS (- Extended Memory 관리)
DEVICE=EMM386.EXE (- Expanded Memory 관리)
DOS=HIGH, UMB (- DOS를 high memory block으로 올림)
이들 정보는 DOS에서 MEM이나 MEM/C를 타자하면 알 수 있다.

Windows 9x, XP나 2000을 부팅할 때 리거시한 DOS의 Config.sys, Autoexec.bat나 Windows 3.x의 Win.ini, System.in는 별로 필요하지 않으나 이 Himem.sys, Emm386.exe는 꼭 필요하다.

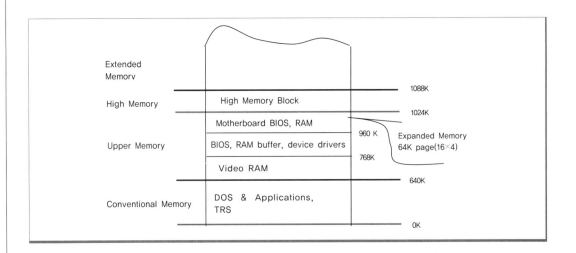

6. 기타

단면(single-sided)과 양면(double-sided) 메모리란 양면 메모리가 단면 메모리보다 동일한 물리적인 형태에서 더 많은 메모리 용량을 가진다는 의미이다.

또 단일채널(single channel)과 이중채널(dual channel)이 있는데, 이중채널이란 CPU와 RAM 사이의 병목을 없애고자 두 개의 메모리 뱅크를 동기화해서 시스템 버스를 두 배로 만드는 것을 말하며, 이중채널에서의 메모리 뱅크는 속도, 용량, 단면/양면 등에서 모두 같은 종류끼리 있어야 한다. 단일채널은 그냥 메모리 뱅크의 메모리를 한가지로 처리해 주므로 다른 기종의 메모리도 뱅크만 되면 상관없다.

노트북에서는 SODIMM(Small Outline DIMM)과 MicroDIMM을 사용한다. SODIMM은 리거시한 32-bits(72-pin/100-pin)와 최신의 64-bits(144-pin SDR SDRAM, 200-pin DDR/DDR2 그리고 204-pin DDR3)를 사용한다. 또 Micro-DIMM은 SODIMM의 반 크기로 64-bits 데이터 버스에 144-pin이나 172-pin을 사용한다.

144-pin SODIMM과 200-pin DDR2 SODIMM

다. 마더보드

메모리 타입이나 수, CPU의 종류는 마더보드에 의존한다. 이것은 아무 CPU나 RAM을 마더보드에 마구 꽂아서 사용할 수 없다는 얘기이며, 마더보드에 따라서 CPU와 RAM이 결정된다는 뜻이기도 하다. 마더보드의 지침서를 참조하면 된다.

1. 마더보드 타입

컴퓨터의 종류, 본체 케이스의 종류에 따라서 마더보드의 종류가 다르지만 보통 XT, AT급이나 ATX급으로 분류된다.

1. XT

1970년대의 8086이나 8088 프로세서에서 쓰인 것으로 AT 버스를 지원하지 못했고 AT 확장 카드를 장착할 수 없었다. 이런 이유로 곧 사장되었다. 여기에 LT급도 있었었다.

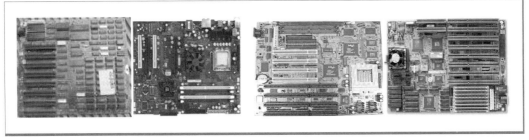

| XT와 LT | Full AT와 Baby AT |

2. Full AT와 Baby AT

AT(Advanced Technology)급 마더보드는 1984년 IBM의 80286 머신용으로 만들어 졌는데, 80286과 더 오래된 8086 머신도 일부 지원했으며 5.25인치의 플로피 드라이브와 84-key의 키보드를 지원했다. 이 처음 나온 것을 Full AT라고 했으며 나중에 나온 조금 작은 12×13~8.5×13인치의 것으로 PS/2를 지원하는 것을 Baby AT라고 불렀다. Full AT는 거의 사장되었지만 Baby AT는 아직도 쓰이고 있다. Baby AT는 CPU가 마더보드의 전면 가까이에 있다.

Full AT 마더보드는 직렬과 병렬 포트가 마더보드에 내장되어 있지 않고, 카드식으로 빈 카드 슬롯에 꽂아서 작은 리본 케이블로 장치와 연결해서 사용했다. CPU 슬롯이 확장카드 슬롯 근처 뒤쪽에 위치했으며, DIN-5의 키보드, 시리얼 버스마우스를 사용했었다. 12-pin P8, P9 전원 선과 ±12V, ±5V DC만을 지원했었고 몸체가 길었다. CPU와 RAM, 확장카드가 일렬로 배치되어 있어 확장카드는 한 두 개 밖에 길 수 없었고 전원공급기의 팬과 CPU의 거리가 멀었다. 발열에 문제가 있었으며, 확장카드용 Full slot이 4개 이상이 있었다.

Baby AT 마더보드는 SIMM and/or DIMM 메모리 슬롯과 80386, 80486뿐만 아니라 Pentium 프로세서 슬롯도 지원한다. 3.5인치의 플로피 드라이버도 지원하며 일부 Baby AT 마더보드는 USB and/or IEEE 1394도 지원한다. Full slot이 2개까지만 있을 수 있었다. 혼동을 막기 위해서 80286머신까지 사용되었던 마더보드만을 말할 때는 보통 Full AT라고 하며, 나중 것을 Baby AT 라고 한다.

3. ATX

ATX(AT Extended) 마더보드는 1995년 Intel에 의해 발표되었는데, 최근의 PC에서도 일반적으로 사용되는 마더보드이다. ATX는 Baby AT와 같은 크기지만, 방향과 부품 배치가 다르다. CPU와 RAM이 확장카드와 직각형태를 이루고 있어서 여러 확장카드를 끼울 수 있었으며 전원공급기의 팬과 CPU가 가까이 위치하고 있어 발열에 문제가 없다. 프로세서가 확장카드 슬롯과 멀리 떨어져있고, 본체에서 하드 드라이브와 플로피 드라이브의 커넥터가 뒤쪽 베이 (bay: 확장카드 꽂는 곳)와 가깝게 자리하고 있다. ATX급 마더보드는 직렬, 병렬포트(이들을 한꺼번에 'I/O 포트'라고도 부름)는 마더보드에 내장 되어있 다. Mini DIN-6(PS/2)의 키보드와 마우스를 사용한다. 전원 선도 20-pin 단 일 블록커넥터이며, ±12V, ±5V, ±3.3V DC를 지원한다. SIMM과 DIMM 메 모리 슬롯을 지녔고, BIOS가 통제하는 전원제어를 가지고 있다. 80386, 80486이나 Pentium 계열 프로세서 소켓을 지니며 USB를 지원한다. 이후 좀 더 개량된 여러 ATX 보드들이 출현했다.

Riser

4. Micro ATX, NLX, BTX 등

Micro ATX는 이전의 ATX보다 냉각에 좀 더 비중을 둔 설계이며 저전력을 사용하게 했다. 또 NLX(New Low-Profile Extended)는 라이저 카드(riser card)를 사용해서 높이를 줄인 디자인이다. 1990년 Pentium II와 AGP(Accelerated Graphics Port)와 더불어 인기를 끌었었다.

BTX(Balanced Technology Extended)는 고성능의 부품일수록 열을 많이 낸다는 것을 염두에 두고 이들 부품들을 케이스의 전면 공기유입과 후면 공기배출 통로에 위치하게 한 효율적인 수동 방열판(passive heat sink) 디자인의 보드이다.

  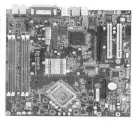

리거시 ATX와 최신형 ATX 보드   NLX 보드와 BTX 보드

라. 버스(Bus Architecture)

'Bus'라는 용어는 컴퓨터 내에서 하나의 구성요소에서 다른 요소로 신호를 이동시키는 통로를 말하는데, 버스에는 여러 가지 종류가 있다.

a) 'Processor Bus(CPU bus)'는 데이터가 프로세서에 출입하는 길을 말하며, 'Data Bus'나 'Address Bus'는 Processor Bus의 일종으로, 데이터 버스는 데이터의 입출력 통로이며 어드레스 버스는 메모리 내 주소위치와 통하는 통로이다.

b) 'Memory Bus(RAM bus)'는 마더보드에 있는 버스를 말하며 CPU가 RAM에 액세스할 때 쓰인다.

c) 'I/O Bus'는 프로세서와 주변장치나 디스크 등에 연결되는 I/O 구성 요소와의 통로를 말한다. 어느 확장카드를 설치하면 이는 마더보드의 I/O버스를 통해 CPU와 통신이 가능하다. 이를 '외부 버스', '시스템 버스', '확장 버스'라고도 부른다.

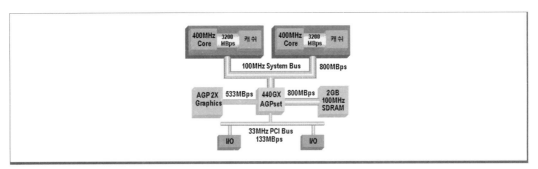

버스 아키텍춰

여기에서 쓰이는 몇 가지 용어를 보자.

1) Bus Size : 한 번에 전송하는 데이터 크기로 8-, 16-, 32-, 64-bits가 있다.

2) Bus Clock : 1초 동안에 동작하는 클럭 주파수를 말하는데, 만일 8-bits라면 8MHz의 클럭에 동작하며 32-bits라면 32MHz에서 동작된다.

3) Bandwidth : 1초 동안에 전송할 수 있는 전송량을 말하며, [Bus Size×Bus Clock/8]로 계산하면 된다. 만약에 Bus Size가 32-bits이며, Bus Clock이 32MHz라면, 32×32/8=128MB 가 대역폭이다.

1. ISA

I/O 버스의 최초 형태가 IBM의 ISA(Industry Standard Architecture) 버스인데 8-bits이다. 이는 동시에 8 bits를 전송할 수 있다는 뜻이다. 1984년 나중에 나온 ISA(이를 EISA라고 함)는 16-bits였다. 8-bits와 16-bits는 버스 스피드 8.3MHz로 작동된다. 아직도 사운드 카드나 모뎀 카드는 8-bits나 16-bits용이 많이 쓰이고 있어 ISA가 완전히 사라지지는 않았지만 Pentium III 이후에는 점차 사라져서 Pentium IV에서는 ISA 버스가 거의 없는 실정이다. 8-bits와 16-bits의 확장 슬롯은 길이가 다르지만 8-bits용이 16-bits용 슬롯에 끼워져도 잘 작동된다. 보통은 슬롯이 짙은 갈색이다. 16-bits용은 슬롯이 두 개로 나뉘어져 있다. '아이사'라고 읽으며 DIP 스위치나 소프트웨어로 IRQ 등을 정해준다.

2. MCA

ISA 이후에 다른 업체가 EISA로 16-bits를 지원하는 제품을 내놓자, IBM은 MCA(Micro Channel Architecture)라는 32-bits용 버스로 ISA를 보강했다. PS/2를 지원하는 체제였지만 32-bits를 지원하는 EISA가 출시되어 널리 쓰였기 때문에 MCA는 곧 사라졌다.

3. EISA

EISA(Enhanced ISA)는 16-bits ISA이후에 IBM의 경쟁사들에 의해 나온 것으로 32-bits 데이터 버스와 8.3MHz의 버스 스피드를 지녔다. EISA는 16-bits의 ISA와 같이 생겼지만 커넥터가 2개로 되어 있는데, 하나는 더 길다. EISA는 예전 것과의 호환이 가능해서 8-bits, 16-bits ISA 카드 모두를 수용했다. 80486 프로세서 이후에 쓰였고 '이 아이사'라고 읽는다. MCA와 마찬가지로 EISA도 32-bits의 주종이 된 PCI 앞에서 곧 사라졌다.

4. VESA Local Bus

VL-Bus라고도 부르는데, 1992년 VESA(Video Electronics Standards Association)에 의해 만들어 졌고, 80486 프로세서에서 가장 많이 쓰였다. 개선된 비디오 성능을 위해 고안되었는데 다른 버스와는 달리 VESA 버스는 프로세서와 직접 채널을 가지고 있기 때문에 로컬버스(Local Bus)라고 부른다. VESA는 33MHz 버스 스피드였다.

EISA와 같이 VL Bus는 32-bits이며 16-bits의 ISA 슬롯과 비슷하게 생겼지만 2개의 (E)ISA

슬롯 뒤에 짙은 갈색으로 슬롯이 하나 더 있어서 슬롯 중에서 가장 길다. VESA도 예전 것과의 호환이 잘 되어서 VESA, 8-bits ISA, 16-bits ISA, 32-bits EISA를 모두 VESA 슬롯에 끼워 사용할 수 있었다. 이 VESA에 비디오 카드뿐만 아니라 때때로 오래된 250MB나 512MB용 하드 드라이브 컨트롤러 카드를 끼워 사용하기도 했다.

5. PCI

얼마 전까지도 머신에서 가장 일반적인 버스 형태가 PCI(Peripheral Component Interconnect)였다. 1993년에 출시되었고 80486에서 조금씩 보이다가 Pentium IV에서는 ISA없이 이 PCI만 있는 실정이다. 흰색으로 ISA보다 슬롯이 짧다. 32-bits이며 프로세서 버스 스피드의 반 속도로 움직인다. VESA처럼 로컬로 여겨지기도 하지만 VESA처럼 80486머신으로만 한정되지 않고 Pentium IV까지에도 사용되고 있다. 33- or 66MHz가 32-bits 채널에서 133-과 266Mbps를 전달한다. 일부 서버에는 32-bits를 두 배로 증가시킨 64-bits의 PCI-X도 사용한다.

PCI는 VESA나 ISA처럼 옛 것과 호환되지 않는다. 비록 최초에는 PCI가 비디오 카드용으로 고안되었었지만, 지금은 모뎀, 네트워크 카드, SCSI 컨트롤러와 다른 주변장치용 카드를 넣어 쓸 수가 있다. 64-bits 66MHz PCI도 있었는데 많이 쓰이지는 않았으며, 그래픽용으로는 AGP 카드가 많이 쓰이고 있다. 최신의 ATX보드에는 PCI가 하나 정도 남아있고 모두 SATA 대 여섯 개와 PATA 1개 정도로만 되어있다. FDD 컨트롤러나 (E)IDE도 하나 정도밖에 없고, AGP도 없으며 PCIe가 4개 정도 있다.

  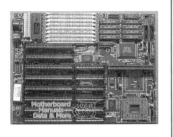

EISA와 PCI가 있음   PCI만 있음   ISA, EISA, VL-Bus가 있음

6. AGP

AGP(Accelerated Graphics Port)는 비교적 최근에 나온 로컬버스이며 주로 비디오를 위해서 고안되었다. 프로세서와 이 비디오 카드만을 연결하므로 '버스'라기보다는 일종의 '포트'로 여길 수도 있다. AGP는 PCI를 개선한 것으로 32-bits이며 프로세서 버스의 속도로 움직인다. 오리지 널은 32-bits 채널에 66MHz 클럭으로 266.67Mbps의 전송속도이다. 나중에 나온 AGP×2는 133MHz이고, AGP×4는 266MHz, 그리고 AGP×8은 533MHz에 2.1Gbps 전송속도이다. 보드의 메모리를 사용하지 않기 위해서 자체적인 메모리를 가지고 있는데 최근에는 512MB~1GB까지 장 착되어져 있기도 하다.   AGP는 PCI와 비슷하지만 주로 짙은 갈색이며 후면 베이에서 더 멀리 떨 어져있고, 슬롯 길이가 짧고 종류도 다양하다. 옛 것과의 호환이 안 되며, 마더보드가 지원해 주어 야 한다. AGP는 컨트롤러가 필요할 수도 있는데 작은 초록색 칩으로 마더보드에 있다. 이도 점점 PCIe에게 추월당하고 있다.

7. PCIe

PCI Express인 PCIe가 AGP와 PCI를 대체하는 추세이다. AGP보다 빠르며 PCI와 호환된다. 원래 I/O 버스는 모든 슬롯과 주어진 대역폭을 공유하는데(네트워크의 허브처럼) PCIe는 point-to-point 기법으로 각각 슬롯에게 주어진 대역폭을 모두 공급해준다(네트워크의 스위치처럼). PCI는 병렬 로 전달하지만 PCIe는 직렬로 데이터를 전달한다. PCIe 슬롯끼리는 '버스'보다 '레인'(lane)이란 개념을 사용한다. PCIe는 ×1, ×2, ..×16 등을 표기하는데 ×8의 슬롯길이는 ×1보다 길지만 ×16 보다는 짧다. 모든 슬롯은 22-pin을 가지며 250Mbps, 500Mbps, 혹은 1Gbps를 전달한다. 그래 서 4개의 PCIe ×16 슬롯은 각 방향으로 4Gbps를 전달할 수 있다. nVIDIA의 SLI(Scalable Link Interface)는 PCIe ×16의 성능을 가지고 있다.

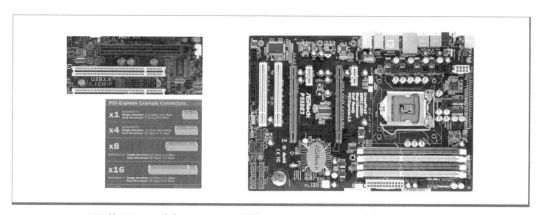

AGP와 PCIe 크기비교   최신보드 PCIe×16 포트 2개와 SATA 포트 4개

8. AMR, CNR

라이저 카드(riser card)를 사용하는 이런 슬롯은 46-pin ACR(Advanced Communication Riser)을 극대화 시킨 AMR(오디오와 모뎀)과 60-pin의 CNR(모뎀과 네트워크)이 있는데 CNR이 AMR을 대체해 나가고 있다. 하지만 이것들도 점점 보드에 빌트인(built-in)되는 추세이다.

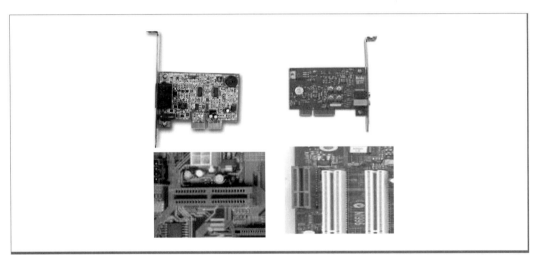

AMR과 CNR

Bus를 정리하면 다음과 같다.

Bits	Types of Bus
8-bits	older ISA -8MHz
16-bits	ISA, PC Card I/II, older IDE -8MHz
32-bits	ESIA, MCA, VESA, AGP, PCI, PC Card III, IDE -33~66MHz
64-bits	AGP -66~133MHz / PCIe는 Serial

마. 포트

컴퓨터에는 여러 가지 종류의 포트가 있는데 각각을 알아보자.

1. USB

USB(Universal Serial Bus)는 12Mbps의 대역폭(bandwidth)이며 127개의 외장장치를 지닐 수 있는데 128번째 것은 브로드캐스팅에 쓰인다. USB 컨트롤러 카드는 PCI 확장슬롯에 낄 수 있으며, 핫스와핑과 PnP를 지원한다. 예전엔 Pentium I, II급에는 2개의 USB 포트가 있었는데 최근 것은 4개정도가 머신에 붙어 나온다. 그만큼 USB 사용이 많아졌다는 얘기이다. 5m의 거리제한이 있으며 Type A와 Type B가 있다.

USB Type A와 Type B

2. FireWire

IEEE 1394로 명명된 이 포트는 현재 USB보다 빠른 속도를 지원하며 멀티미디어 전송용으로 주로 쓰인다. 63개의 장치를 연결할 수 있으며 4.5m의 거리제한이 있다. FireWire는 네트워크에 트리구조로 참여할 수 있다. FireWire 400은 400Mbps이며 FireWire 800은 800Mbps에 100m이다. 앞으로 USB와 경쟁이 될 것이다.

3 포트의 FireWire

3. PC Card(=PCMCIA)

PC Card는 PCMCIA 카드라고도 하는데, 이동용 컴퓨터를 위해서 만들어진 것으로 Type I, Type II는 16-bits이며, Type III는 32-bits이다. 각 PC Card 슬롯은 일부 호환성이 있는데

Type III에 Type I, II, III을 다 낄 수 있고, Type II는 Type II, I를, Type I는 Type I만 낄 수 있다. Type III카드가 가장 두껍다.

Type I은 메모리, Type II는 네트워크나 모뎀, Type III는 하드 드라이브로 쓰이며, Type IV는 CD-ROM용이나 확정된 것은 아니다.

4. IDE

I/O 버스는 비디오나 주변 장치를 컴퓨터와 연결하기 위해서 쓰일 뿐만 아니라, 하드 드라이브나 CD-ROM 드라이브와 같은 IDE 장치들도 이 I/O 버스를 사용한다. IDE와 ATA-family를 묶어서 IDE라고 한다. 오래된 ATA(ATAPI)는 원래 CD-ROM 드라이브를 위해 사용하던 것으로, IDE는 그 ATA기반 위에서 만들어졌다. 그러므로 ATA를 사용하는 CD-ROM도 IDE에 잘 맞아 하드 드라이브와 CD-ROM 드라이브를 모두 최근의 (E)IDE에 연결해서 한 컨트롤러에 의해 함께 쓸 수 있다. 초기의 하드 드라이브는 16-bits로 별도의 컨트롤러 카드를 갖고 있기도 했었으나 지금은 마더보드에 이 컨트롤러가 내장되어 있다. 어느 경우든지 16-bits ISA 버스를 사용하며, 후에 나온 고속의 Ultra DMA(UDMA), ATAPI와 EIDE는 32-bits의 VESA나 PCI같은 로컬버스를 사용한다.

5. SCSI

SCSI 시스템을 설치하려면 그 SCSI가 사용하는 비트 대역을 지원해주는 시스템 컨트롤러를 써야한다. 예를 들어 SCSI-2를 16-bits ISA 버스에 쓰면, ISA는 8Mbps가 그 한계이므로 SCSI의 속도가 제대로 나질 않는다. 이런 경우에는 SCSI 컨트롤러 카드를 VESA나 PCI 슬롯에 끼우면 제 속도가 날 수 있다. SCSI는 (E)IDE가 아닌 장치를 일컫는 말이기도 하다.

SCSI 컨트롤러 카드

일반적으로 ISA는 8~16Mbps, PCI는 132Mbps, PCIe는 1250Mbps, AGP는 ×80l 2.1Gbps, SCSI가 20~80Mbps, IDE가 133Mbps, SATA2가 300Mbps이다.

6. 오디오/비디오

RCA 잭은 1940년에 만들어진 이후로 지금까지 쓰인다. 디지털 오디오인 S/PDIF도 이 리거시 한 RCA 잭에 맞게 설계되어 있다. 하지만 광학 오디오인 도시바의 TOSLINK는 다른 형태이다. HDMI는 오디오와 비디오 모두를 연결시킬 수 있는 잭을 말한다. CATV는 TV 카드에만 맞고 RCA 는 오디오나 비디오에만 맞게 되어있다. 또 S/PDIF는 Sony/Philips Digital Interconnect Format 의 약자로 흔히 Sony Philips Digital InterFace로도 알려져 있다. 디지털 오디오 신호를 전송하 기 위한 규격이며, 그 기원은 AES/EBU에 두고 있다. DVD 플레이어를 비롯한 각종 소스로부터 스피커까지 잡음 없이 전송하기 위해 사용되며, 최근에는 데스크톱 컴퓨터에도 S/PDIF단자가 부 착되어 있는 경우가 많다. 스테레오뿐만 아니라 DTS, 돌비 디지털에 기반한 5.1채널 사운드도 전 송이 가능하다. S/PDIF신호는 광케이블 혹은 동축케이블로 전송한다.

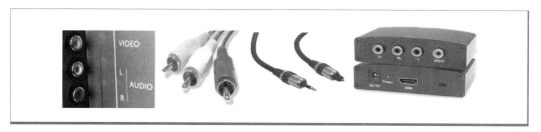

RCA 포트와 잭, TOSLINK 잭, 그리고 SPDIF 인버터, HDMI 단자

7. 적외선

흔히 IrDA(Infrared Data Association)로 부르며 4Mbps 전송속도에 point-to-point방식으로 IR(Infrared Port)를 통해 이뤄진다.

8. 병렬포트(parallel port)

병렬포트는 주로 프린터나 SCSI 인터페이스에서 사용하는데, 인터페이스(interface)란 두 개의 다른 기종을 연결하는데 쓰이는 것을 말한다. 병렬포트는 DB-25인데 시리얼 포트를 개선한 것이 다. 한번에 8 bits를 8개의 별도 선을 통해 전달한다는 것으로 IBM의 XT, AT에서 쓰였고 150Kbps로 3m거리로 제한된다. 단방향이었으나 외장 병렬케이블은 CD-ROM이나 ZIP, JAZ, 테 이프 드라이버와 양방향이 가능하다. 개선된 병렬포트(enhanced parallel port)는 IEEE 1284에 규정 되어 있는데(시리얼 포트는 RS-232이다) 300kb 전달능력을 가졌고 10m거리이다. EPP(Enhanced

Parallel Port)는 600Kbps~1.5Mbps를, ECP(Enhanced Capabilities Port)는 2Mbps이며 DMA가 가능하다. 머신 본체에는 DB-25이며 외부장치는 36-pin의 센트로닉스(Centronics) 헤더를 가진 케이블로 연결한다.

센트로닉(Centronic) 헤더와 병렬FX 케이블, 널모뎀

9. 직렬포트(Serial port, COM 포트)

RS-232로 명명된 이 케이블은 USB, FireWire에서도 사용되는 형태로 PCIe, SATA에서도 그 형태를 유지하고 있다. DB-9이나 DB-25로 57Kbps이며 50피트 길이까지이다. 시리얼 케이블은 표준과 널모뎀(null modem: 모뎀 없이 두 머신을 FX 케이블로 연결)으로 나뉜다.

10. PS/2

Mini-DIN 6로 IBM/PS2에서 따온 이름이다. 주로 키보드와 마우스용으로 사용하는데 예전 키보드는 DIN-5를 사용했었고, 마우스도 시리얼 포트를 통한 버스마우스가 있었다.

바. CMOS 세팅

대부분의 컴퓨터 시스템은 여러 마더보드 구성요소를 사용자가 원하는 대로 세팅할 수 있게 하는 CMOS 설정화면을 제공한다. 컴퓨터를 부팅 할 때 원하는 키를 눌러(보통 Del- 이나 F2- 키) CMOS 세팅화면으로 들어갈 수 있다. 변경 전 기존의 설정들을 적어두는 것이 좋을 수 있다. CMOS화면은 컴퓨터마다 다른 모습이지만 내용은 비슷하다. 각 설정을 최적화(optimized)된 세팅이나 표준(default) 세팅으로 해줄 수 있다. 변경을 한 후 시스템에 문제가 있으면 다시 디폴트(default)로 되돌릴 수 있어 편리하다.

1. 프린터 병렬포트

프린터용 병렬포트의 IRQ나 I/O 주소를 구성할 수 있으나 대부분의 병렬포트는 PnP이므로 자동적으로 설정이 이루어진다. 컴퓨터에서 프린터로 데이터 전송만을 한다면 uni-directional 모드를 쓰면 되고, 컴퓨터와 신호를 통신하고자 한다면 표준모드인 bi-directional 모드로 설정하면 된다. ECP(Enhanced Capability Port) 모드는 DMA 채널의 bi-directional 모드에 비해 10배나 빠른 액세스가 가능해서 프린터와 스캐너에서 쓰인다. EPP(Enhanced Parallel Port) 모드는 ECP와 같은 수행 속도를 보이지만, 프린터나 스캐너 이외의 다른 병렬포트용 장치(ZIP 드라이브 등)를 위한 설정이다. 보통은 하나의 병렬포트가 머신에 있다.

2. COM/Serial(통신/직렬) 포트

병렬포트와 마찬가지로 CMOS 세팅에서 COM(Communication) 포트의 IRQ, I/O 주소를 지정해 줄 수 있다. 그러나 최근의 기계에서는 자동적으로 리소스가 설정되므로 별도의 설정이 꼭 필요치는 않다. CMOS에서 해당 포트를 필요에 따라 'enable/disable'로 설정할 수도 있다. 보통은 두 개의 시리얼 포트가 머신에 있고 규격은 RS-232로 정해져 있다.

3. 하드 드라이브와 플로피 드라이브

최근 머신에서는 Auto로 설정해 놓으면 자동으로 처음 하드 드라이버인 IDE1을 감지한다. 이 설정은 BIOS로 하여금 하드 드라이브를 인식시켜주는 것인데, 만일 오래된 하드 드라이브라면 -보통 500MB이내- 수동으로 하드 드라이브 표면에 적힌 헤드(head), 섹터(sector), 실린더(cylinder)를 적어주어야 한다. 주의할 것은 디스크 포맷을 FAT(16)으로 하면 아무리 큰 용량의 하드 디스크라도 최대 2GB밖에는 인식되지 않는다는 것이다. Primary, Secondary IDE나 마스터/슬레이브 등의 설정을 이곳에서 'enable/disable'해줄 수 있다. 플로피 드라이브는 1.44MB의 용량이며 별도로 설정이 필요 없고 'enable/disable'해줄 수 있다.

4. 메모리

메모리의 설정은 CMOS에서 해줄 필요가 없다. 메모리는 단순히 설치만 해 주면 저절로 POST 화면에 그 수치가 표시된다. 만일 RAM이 패리티체킹을 지원한다면 이를 설정해 줄 수도 있지만 속도문제로 인해 거의 설정해서 쓰진 않는다. 일부 RAM은 100이나 133의 RAM 클럭 속도를 설정해 주어야 할 때도 있다. 특히 2~3개의 RAM을 섞어서 사용할 때는 RAM끼리 이 속도를 반드시 맞춰서 사용해야 한다. 끼워 넣은 RAM의 수치가 제대로 나오지 않으면 슬롯에 잘 끼어져 있는지,

서로의 속도(SDR에서 100이나 133끼리, 혹은 DDR에서 2700이나 3200끼리)가 잘 맞는 것인지 등을 조사해본다.

5. 부팅 순서(Boot Sequence)

BIOS는 OS를 위해서 부팅순서를 변경하게 해 주는데 CMOS 세팅에서 자주 이용된다. 보통은 A:〉 C:〉 CD-ROM의 순서로 되어 있는데, 네트워크 부팅이 지원되는 머신이라면 중간에 LAN 부팅을 사용할 수도 있다. 이 순서를 바꿔서 CD-ROM 부팅을 가장 먼저 일어나게 해서 OS 설치(setup)나 진단도구(utilities)를 먼저 돌릴 수도 있다. A: 나 CD-ROM, LAN을 C: 보다도 우선적으로 하는 이유는 C:에 OS가 설치되어 있고, 이곳이 바이러스나 기타 이유로 인해 문제가 발생했을 때, 사용자는 이 C:에 액세스하지 못하므로, A:나 CD-ROM에 먼저 액세스해서 간접적으로 C:의 문제를 해결하는 매우 유용한 방법이다.

6. 날짜, 시간과 비밀번호

날짜와 시간은 컴퓨터의 실제 시간(real-time clock)을 맞추는 것이며, 주로 OS와 응용 프로그램에서 사용된다. 사용자 패스워드는 시스템 부팅을 규제하는 기능을 가지고 있으므로 만일 부팅을 원한다면 정해준 비밀번호를 넣어야만 한다. 이 CMOS 세팅조차도 슈퍼바이저 비밀번호(supervisor password)를 정해서 변경규제를 가할 수가 있다. 이런 종류의 비밀번호(스크린 세이버 패스워드나 CMOS 세팅 슈퍼바이저 패스워드 등)는 중요하게 사용될 수 있지만, CMOS 점퍼 등을 이용해서 CMOS가 초기 기본설정 상태가 되게 할 수도 있기 때문에 케이스를 열거나 할 때 알림표시를 설정해두기도 하며 열쇠로 묶어두기도 한다.

7. Plug-and-Play BIOS

이 옵션은 OS가 CMOS의 설정에 의해 장치들의 Plug-and-Play를 자동적으로 인식해 설정 해 주는 것으로, 이것이 CMOS에서 'disabled'되어있다면 매번 머신의 부팅 시 BIOS에서 일일이 이런 설정을 해 주어야 할 것이다.

8. 기타

이외에도 CMOS 세팅화면에서 많은 설정 사항들을 볼 수 있을 것이다. IRQ, I/O 주소, 머신 온도, 네트워크 활성화(wake-up), USB, IDE 등이다. 잘못 설정하면 컴퓨터가 이상한 방향으로 갈 수 있으므로 미리 정해진 설정을 적어둔 뒤에 조정하는 것이 좋다. 기본(default) 세팅으로 돌리는 설정도 있으니 너무 혼란스러우면 다시 이것으로 정해주면 된다.

사. 냉각

냉각은 머신의 유지와 부품의 수명에 절대적이다. 주로 팬을 통해서 냉각시키지만 CPU와 HDD, RAM, 그리고 그래픽 카드를 효율적으로 냉각시키는 방법이 널리 연구되고 있다.

냉각은 전면 팬, 후면 팬 (2개도 많이 쓰인다), CPU 팬, 칩셋 팬, 비디오카드 팬, 메모리모듈 팬 등이 있다. 전면 팬은 흡입, 후면 팬은 배기가 기본이다. 메모리 쿨링은 공기의 흐름 중간에 메모리를 배치시키는 것이다. HDD에도 별도의 쿨러가 CPU처럼 있다. CPU는 액체(liquid cooling), 열도관(heat pipe), 펠티어 냉각장치(Peltier cooling device 혹은 ThermoElectric coolers: TEC), 액체 니트로나 헬륨을 이용한 냉각이 사용되기도 한다.

액티브란 팬을 돌려서 냉각하는 방식을 말하며, 패시브란 공기의 흐름에 노출시켜 냉각시키는 방식을 말한다.

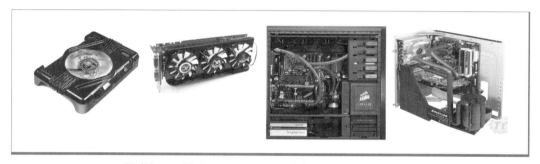

HDD 쿨러와 AGP 쿨러   수냉식 CPU 쿨러와 프레온가스 쿨러

운영체제 일반

요즘 일반적으로 접하는 개인용 OS는 Windows XP와 Windows 2000 Professional이다. 사실 Windows 2003과 Windows 2008도 나왔었는데 아직은 별로 각광을 받지 못하는 것 같고 Windows Vista 역시 여러 가지 문제로 시들한 참에 MS에서 야심차게 얼마 전에 Windows 7을 내놨다. 오래 전에는 DOS와 Windows 3x가 있었고 Windows 9x를 거쳐 Windows Me, Windows NT 4.0, Windows 2000, 최근의 Windows Vista에 이르기까지 사용자의 취향의 변화와 목적, 시대의 흐름에 따라서 3~5년 주기로 Windows도 개인사용자와 기업사용자로 나뉘어 발전되어왔다. 물론 Windows 계열 말고도 UNIX나 Linux의 여러 버전들, Mac 머신의 OS도 있지만 주로 Windows 계열을 보게 되므로 Windows XP와 2000을 중심으로 알아본다.

가. 운영체제

Windows 계열에는 두 가지가 주종을 이루는데 Windows XP (Windows Vista도)로 대표되는 Windows 홈 네트워크용과 Windows 2000과 Windows NT 4.0인 NT 계열의 비즈니스 네트워크용이다. 컴퓨터는 보이고 만져지는 하드웨어도 있어야 하지만, 보이지 않고 만져질 수 없는 소프트웨어도 있어야 한다. 소프트웨어는 크게 응용 프로그램(Applications)과 운영체제(Operating Systems)로 나눌 수 있다.

1. OS의 기능

어떤 OS든지 사용자가 머신에서 원하는 작업을 실행하게 하는 사용자 인터페이스(user interface)를 제공해서 H/W와 S/W에 액세스하게 해주며, 디스크와 폴더, 파일을 조직하고 관리하게 해주는데 여기에 클러스터, FAT 구조와 파일 시스템이 포함된다. 또 메모리 관리와 출력 포맷도 정하게 해준다.

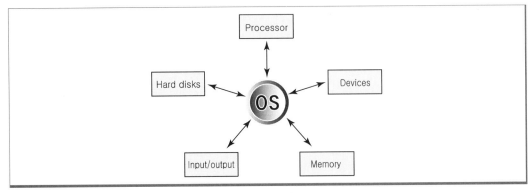

운영체제 일람표

1. 용어정리

몇 가지 OS에서 자주 나오는 용어를 정리해보자.

1) 커널(kernel) - 프로그램의 전체 실행과정에서 가장 핵심적인 연산이 이루어지는 부분을 말하는데 코어(core)라고 표현한다.

2) 쉘(shell) - OS의 정상에서 실행되는 프로그램으로써 사용자가 명령을 내리게 해주는 메뉴 세트거나 그래픽 인터페이스를 말한다.

3) GUI(Graphic User Interface) - 키보드 대신 주로 마우스와 터치스크린 방식으로 명령을 내릴 수 있게 해주는 방식을 말한다.

4) 우호적 멀티태스킹(Cooperative multi-tasking) - 응용 프로그램이 프로세서를 사용하고 나서 프로세서를 놔주는 방식을 말하는데, 이것이 어려워지면 머신을 재부팅하는 수밖에 없다.

5) 선점적 멀티태스킹(preemptive multi-tasking) - OS가 각 응용 프로그램에게 어느 정도 만큼의 프로세서 시간을 할애해서 작업을 하게 한 뒤 시간이 되면 강제적으로라도 프로그램의 통제권을 가져와서 다른 응용 프로그램에게 프로세서에 액세스하게 해주는 방식을 말한다. 한 프로그램이 잠겨도 다른 프로그램은 영향을 받지 않으므로 재부팅 할 일이 별로 없다.

6) 멀티쓰레딩(multi-threading) - 단일 프로그램이 프로세서에게 여러 가지 작업을 동시에 하게 하는 것을 말하는데, 이로써 여러 작업을 동시에 처리하게 할 수 있다.

7) 32/64-bits - 32-bits프로세서에서 동작될 뿐만 아니라 프로세서를 완전히 사용할 수 있다는 것도 의미한다. 64-bits는 과거에 서버계열에서만 주로 쓰였지만 지금은 일반 프로그램, 하드웨어도 이 속도로 작동된다.

2. Windows의 간략한 역사

이제 간단히 Windows의 역사를 알아보자.

원래 Windows는 MS-DOS(Microsoft Disk Operating Systems)에서 탄생했다. 당시에는 텍스트 형태의 운영체제로 그래픽이 없어서 컴퓨터를 잘 아는 사람들만 DOS 명령어로 작업을 했었다. MS DOS로 OS에서 성공을 거둔 MS는(사실 여기에도 많은 설들이 있지만) Xerox Lab에서 만든 GUI(Graphic User Interface)를 가지고 IBM에게 그래픽 운영체제를 함께 연구하자고 했었지만 거절당했다. IBM은 자신만의 OS/2에 매진하고 있었다. 또한 그 당시 MS는 Apple사와 함께 Xerox와 협력하고 있었으므로 서로 Xerox를 자신의 시스템에 포함할 수 있다고 여겼다. 1985년 MS가 먼저 Windows를 세상에 내놓았을 때 Apple사가 즉시 제소했는데, 이 싸움은 몇 년 전에서야 양측의 모종합의로 끝났다. 초기의 Windows는 MS-DOS의 쉘 프로그램을 겨우 그래픽화한 것 뿐이었다. 하지만 키보드 대신에 마우스를 사용하게 한 것은 머신 운영을 무척 쉽게 했다. Xerox는 사실 이 기술을 20여년 전에 이미 끝냈었는데 Xerox사와 협력관계였던 Macintosh와 Windows는 자연스럽게 이 Xerox의 GUI에 토대를 같이 두고 있게 되었다. MS의 NT커널이 나왔을 때에서야 비로써 DOS가 종료되었으며, 이후로 이 NT 기술은 Windows 2000, XP, Vista에 모두 쓰였다.

1) Windows 1은 1985년에 나왔고 마우스, 메뉴가 있었고 우호적 멀티태스킹이었으며 DISSHELL.EXE 의 그래픽화였다.

2) Windows 2는 1987년에 나왔는데 아이콘이 생겼고, PIF(Program Information Files)가 Windows 상에서 DOS 프로그램을 돌릴 수 있게 했다.

3) Windows 3x는 메모리를 DOS에서 정한 640KB를 넘어서게 했으며 Program Manager와 File Manager를 사용했고 네트워크를 지원했었다. 가상메모리를 이용했으며 RAM을 달았다. 1992년 에 Windows 3.1은 16-bits를 돌릴 수 있었고 에러감지를 가지고 있었으며 OLE(Object Linking and Embedding)을 지원했다. 또한 Windows 3.11은 16/32-bits 응용 프로그램을 돌릴 수 있었으 며 Windows for Workgroups로 불렸다.

4) Windows 95가 대망의 1995년에 세상에 나왔다. 여전히 세상은 DOS OS에 Windows 프로그램 시 대였다. 이전 것이 DOS OS에 Windows를 합한 것이었다면, Windows 95는 OS와 쉘을 합친 것이 었다. 그리고 당시의 IBM의 OS/2에 대항하는 32-bits 선점형 멀티태스킹과 PnP(Plug and Play) 를 도입해서 마더보드와 모든 디바이스 드라이버가 PnP를 지원하게 했다. 사용자들은 더욱 머신이 용이 쉬워져 폭발적으로 컴퓨터를 구입하기 시작했다. IBM의 대용량 서버인 Main Frame에 대해 일반 사용자의 컴퓨터를 PC(Personal Computer)라고 부르게 되었다. DOS는 PnP를 지원하지 못 하므로 각 H/W, S/W 벤더들도 새로운 그래픽 운영체제에 맞는 개발로 컴퓨터계가 춤추었다. 이때 PnP를 지원하지 못하는 8/16-bit DOS 형태를 리거시(legacy)하다고 불렸다. Apple사는 Windows 95가 자신들의 Macintosh에서 훔친 것이라고 또 소송을 제기했다. Windows 95의 바닥은 Macintosh 와 같이 모두 Xerox에서 나온 것이므로 어느 정도 일리는 있다. Xerox의 Palo Alto Lab은 정말 대단했다.

5) 이어서 Windows 98/Me/NT 4.0/2000/XP가 연이어 나왔다. Windows NT가 Windows 95보다 강 력한 OS였다. NT(New Technology)는 모두 32-bits로 움직이게 했으며 4GB의 RAM을 지원했다. 이어 Windows 2000 Professional (Workstation)과 Windows 2000 Server가 나왔는데 아직도 서 버에서 많이 쓰이고 있다.

6) Windows 2003과 Windows 2008 Server도 뒤이어 나왔고 2007년에는 Windows Vista가 나왔는 데 몇 가지 새로움에도 불구하고 호환성 문제와 느려서 많은 발전을 보지 못하고 있다가 2009년 가을에 Windows 7이 나왔다.

2. Windows의 일반적 기능

Windows 9x와 Windows 2000은 마우스나 키보드를 통해 GUI를 가능하게 해주는데, 처음 메인 스크린을 바탕화면(desktop)이라고 하며 아이콘(icon)이 있다. 이 아이콘은 응용 프로그램, 폴더, 탐색 도구들이다. 데스크톱 아래에 있는 줄을 작업표시줄(task bar)이라고 하는데 현재 열려 있거나 진행 중인 프로그램을 표시하고 있다. 어느 프로그램을 실행하고자 한다면 '시작' 메뉴로 가면 된다. 이를 편리하게 하기 위해서 바탕화면에 단축메뉴를 지원해 준다. '제어판'속의 아이콘 같은 그림들은 애플릿(applet)이라고 부른다.

Windows OS는 한 번에 하나 이상의 응용 프로그램이나 도구를 실행할 수 있는 멀티태스킹(multitasking)도 지원한다. 폴더와 파일들에 대한 관리는 '내 컴퓨터'나 'Windows 탐색기'등을 이용한다. 폴더와 파일이 삭제되면 일단 '휴지통'에 가 있게 되므로 실수로 지웠을 때 복구할 수 있다. 하지만 플로피디스켓이나 다른 매체에 있는(즉, 이동식 저장 공간에 있는) 파일이나 폴더를 삭제하면 휴지통에 있지 않으므로 복구가 불가하다.

사실 파일이나 폴더의 삭제는 그 인덱스만을 지운 것이므로 서드파티(third-party) 프로그램으로 복구할 수도 있다.

3. Windows XP와 Windows 2000

Windows XP와 Windows 2000의 차이는 네트워크 보안과 구성에 있다. Windows XP는 주로 공유레벨 보안이며 peer-to-peer에 적합하다. Windows 2000은 사용자레벨 보안이며 server-based 이다. Windows 2000으로 홈 유저를 위해 만든 OS가 Windows ME인데 Windows 9x와 비슷하다. 모든 Windows는 PnP를 지원한다. Windows XP는 홈 유저용 장치를 사용하며, Windows 2000은 기업체 타입의 장치를 주로 지원한다. 메모리 사용 할당, 즉석 파티션과 기존 파일시스템 변경 등도 기존 Windows 9x와 Windows XP/2000의 다른 면이다.

HCL(Hardware Compatibility List)는 하드웨어가 어느 Windows OS의 어느 버전과 잘 맞는지를 보여주는 데이터베이스이다. 이것이 지금은 Windows Catalog로 바뀌었지만 근본은 같다. 또 Windows XP/2000에는 최소설치와 권장설치 하드웨어 기준이 있다.

Hardware	2000 최소	2000 권장	XP 최소	XP 권장
CPU	P 133	P II이상	233MHz	300MHz
RAM	64MB	128MB	64MB	128MB
HDD 공간	650MB	2GB이상	1.5GB	1.5GB
Video	VGA	SVGA	SVGA	SVGA

4. OS 둘러보기

Windows 2000은 Windows 9x/Me/NT와 플랫폼(flatforms)이 비슷하다. 바탕화면(desktop)은 작업공간으로 시작메뉴, 작업표시줄, 그리고 많은 아이콘들이 있어 GUI를 느끼게 해주는데 내 컴퓨터, 내 문서, 내 네트워크 환경, 휴지통 등이 기본으로 만들어져있다.

작업공간에 마우스 오른쪽 클릭하면 '속성'이 뜨고 '디스플레이 등록정보'가 나타난다. 여기에 테마, 바탕화면, 화면보호기, 화면배색, 설정 탭 등이 있고 2000에는 효과, 웹 탭이 더 있다. 작업표시줄(task bar)에는 시작메뉴와 시스템 트레이가 있는데 여기서 머신을 시작하거나 기타 작업을 시작할 수 있다. 프로그램, 문서, 설정, 검색, 도움말 및 지원, 실행이 서브메뉴로 있고 각각 서브메뉴(예를 들어 문서 아래에 내문서, 내 그림, 최근문서 등이 있다)가 있다.

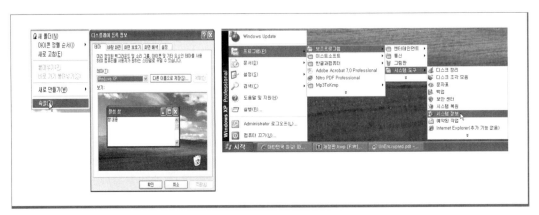

바탕화면 들어가기와 프로그램 시작하기

나. 관리도구와 시스템 파일

Windows에서는 시스템 관리를 쉽게 해주는 몇 가지 도구들을 OS에 넣어 사용하게 해 주는데 그것들을 알아보고 Windows를 구동하게 해주는 시스템 파일들을 알아본다.

1. 관리도구

여기에는 작업관리자, MMC, 이벤트 뷰어, 컴퓨터 관리, 서비스와 성능 모니터 등이 있다.

1. 제어판

제어판은 관리도구라고 할 수 없지만 시스템에 어떤 변화를 레지스트리를 통하지 않고 제어판에서 실행할 수 있다면 안전한 방법이다. 이 제어판은 '시작'→ '설정'에서도 갈 수 있고, '내 컴퓨터'에서 바로 갈 수도 있다. 제어판에 나와 있는 애플릿(applet)에는 마우스, 키보드, 글꼴(font), 네트워크, 디스플레이, 시스템, 새 하드웨어 추가, 프린터 및 팩스설정 등 많은 것들이 있어 설정을 용이하게 해준다.

2. 작업관리자

작업관리는 Ctrl+Alt+Del 키를 누름으로써 들어갈 수 있는데, Windows 2000에서는 '보안'탭에서 들어갈 수 있다. 여기에는 응용 프로그램, 프로세스, 성능, 네트워킹, 사용자 탭들이 있는데 머신의 현재 상태를 알 수 있다. Windows 2000에서는 이보다 더 많은 작업을 세세하게 한다.

3. MMC(Microsoft Management Console)

이것은 관리도구 중에서 주로 보안설정과 관계된 것을 작업하게 해준다. '시작' → '실행'으로 간 뒤 *mmc*를 타자하면 화면이 뜨는데 여기서 '파일' → '스냅인 추가'로 가서 원하는 것을 추가하면 독립실행으로 알아서 작업 해준다.

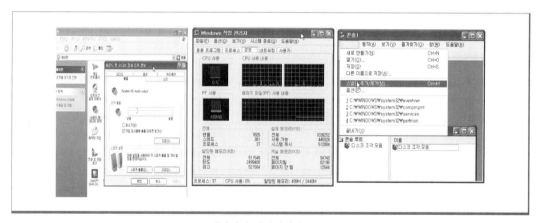

제어판과 작업관리자, MMC

4. 시스템 등록정보

'내 컴퓨터'를 오른쪽 클릭 후 '속성'→ '시스템 등록정보'로 가면 '일반', '컴퓨터 이름', '하드웨어', '고급', '시스템 복원', '자동 업데이트', '원격' 탭 등이 있는데, '컴퓨터 이름'에서 워크그룹과 도메인을 설정할 수 있으며, '하드웨어'에서는 특히 '장치관리자'가 유용하다. 모든 컴퓨터에 부착된 하드웨어 장치는 이곳에 표시되며 각각의 리소스(IRQ, I/O 주소, DMA 등)가 표시된다. 디바이스 드라이버의 제거, 설치, 재설치, 업데이트 등도 이곳에서 가능하다. 하드웨어의 문제는 우선 이곳을 확인해 본 다음 조치를 취하는 것이 좋은데, 문제가 있는 장치는 노란색의 느낌표 표시(a yellow ! mark)나 빨간색의 X표시(a red X mark)가 있다. '고급'에 가면 '성능'에서 '가상메모리' 설정, '사용자 프로필'에서 로밍프로필 설정, '시작 및 복구'에서 시스템 시작, 시스템 오류 및 디버깅 정보 등을 볼 수 있게 한다. '원격'도 유용하게 쓰일 수 있다.

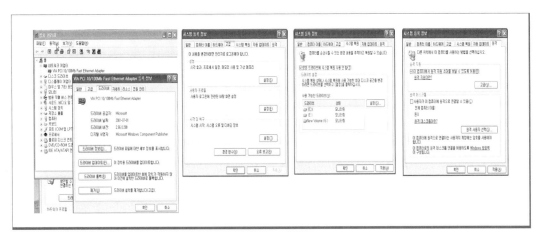

시스템 등록정보의 각 화면

5. 이벤트 뷰어, 성능모니터, 서비스 등

제어판에서 '관리도구'로 들어가면 '이벤트 뷰어', '서비스', '성능모니터' 등을 볼 수 있다.

'이벤트 뷰어'는 머신에서 작업 한 것을 이벤트 뷰어 로그파일로 보여주어 머신에 일어났던 일을 점검하게 해준다. 보안이나 시스템에 관한 사항 등이 기록되어 있다. '성능모니터'는 특정 개체(snap-in)를 정해 성능을 알아보고 이를 통해 로그파일 등을 얻어내 분석할 수 있게 해준다. '서비스'는 어느 프로그램을 자동으로 시작하게 하거나 멈출 수 있게 해준다.

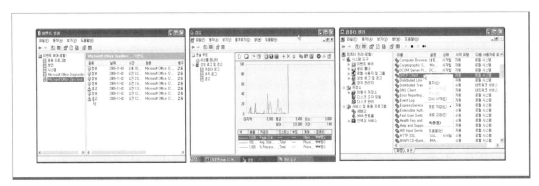

이벤트 뷰어와 성능모니터, 서비스 화면

6. 명령어

여러 가지 명령어가 있지만 여기서는 DOS 쉘 형태(32-bits) CDM.EXE로 몇 가지 진단하는 법만 알아본다. 16-bits라면 COMMAND.COM을 사용한다.

1) Telnet

OSI 모델에서 응용 프로그램 층에 속하며 TCP/IP로 포트 23을 사용해서 상대와 연결하는 프로그램이다. 상대방 머신도 Telnet 데몬이나 서비스가 실행되어 있어야 한다.

telnet ip주소 or 호스트네임 형식으로 해준다. 연결되면 유효 사용자이름과 패스워드로 로그온할 수 있다.

2) Ping

Packet InterNet Groper의 약자로 32-byte의 패킷을 목적지에 보내 연결성을 확인하게 해준다. *ping ip주소 or 호스트네임* 형식으로 해주면 된다. 끝낼 때는 Ctrl+C를 누르면 된다. 자신 머신의 연결을 테스트하려면 루프백(loop-back)을 이용하는데 DOS에서 *ping 127.0.0.1*을 타자하면 된다. 이때에는 인터넷에 연결되어 있지 않아도 테스트가 가능하다.

3) Ipconfig

이는 머신의 TCP/IP 세팅을 알아보는 도구로써 네트워크 연결문제를 알게 하며 네트워크에 들어갈 수 없을 때 사용하는데, /all(모든 ip 정보 보여줌), /release(DHCP로부터 받은 모든 ip 정보 버림), /renew(DHCP로부터 새로 ip 받음), /flushdns(DNS의 내용을 버림)등 옵션이 있다.

ipconfig /all 형식으로 한다.

4) Tracert

이는 목적지까지 경과하는 라우터의 경로를 알아보는 프로그램이다. 보통은 라우터에서 홉(hop) 수가 16개를 지나면 더 이상 찾지 않고 멈추게 된다. 이것은 라우트 루핑(route looping)을 막기 위함이다.

tracert ip주소 or 호스트네임 형식이다.

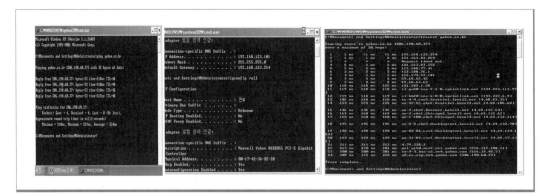

ping, ipconfig, 그리고 tracert 명령어 실행화면

5) 기타 명령어 들

DOS에는 내부명령어와 외부명령어로 나뉘어져 있다. ATTRIB(속성 알아보기), CD(폴더 바꾸기로 CHDIR과 같음), CHKDSK(하드디스크 점검), CLS(화면 지우기), CONVERT(FAT를 NTFS로 바꾸기), DEFRAG(조각모음하기), DIR(폴더 내용 보이기), DISKCOPY(플로피 디스켓 복사하기), DISKPART(하드 디스크의 파티션 관리하기), ECHO(사용했던 명령어 다시 보이기), EDIT(텍스트 파일 편집하기), FORMAT(디스크 포맷하기), HELP(실행할 수 있는 명령어 보이기), MD(폴더 새로 만들기로 MKDIR과 같음), MEM(사용 가능한 메모리 보이기), REN(파일이름 새로 바꾸기로 RENAME과 같다), RD(폴더 지우기로 RMDIR과 같다), SET(DOS 환경변수 설정, 보이기, 제거하기), SETVER(DOS 버전 보이기), TYPE(텍스트파일 내용 보이기), VER(현재 OS 버전 보이기), XCOPY(COPY의 확장으로 파일과 하위 폴더 복사하기), /?(스위치로 옵션을 보여줌), /HELP(도움말을 보여줌), MSCONFIG(머신의 구성을 돕는 그래픽화면을 보여주는데, 주로 시작화면에서 실행되는 프로그램을 관리하게 해줌), NET(여러 스위치(use, share 등)와 함께 네트워크 운영에 도움이 됨), NSLOOKUP(DNS 서버 확인하기), NBTSTAT(NetBIOS 사용을 보여줌), NETSTAT(현재 열린 포트를 보여주어 다른 머신과 연결된 상태를 보여줌), NETCAP(패킷을 캡쳐함) 등이다.

C: 드라이버에 BAES라는 폴더를 만들고 shareBAES라는 이름으로 이를 공유하고자 한다면, 우선 CD ..으로 C:드라이버로 간 다음 MD BAES하고, DIR .으로 확인해보니 BAES가 만들어져 있다. 이제 NET SHARE shareBAES=C:₩BAES를 타자해보니 공유파일이 생겼다. 내 네트워크 환경에서 확인해보면 shareBAES가 공유되어 있는 것이 보인다.

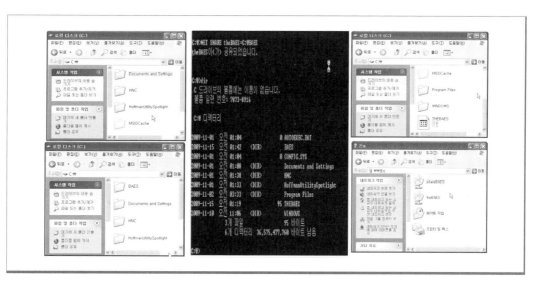

Net Share 명령어로 폴더를 공유한 화면

7. 레지스트리

Windows 구성 정보는 레지스트리라는 특수한 데이터베이스에 들어있다. 환경설정이나 파일 확장자가 해당 프로그램과 연결되어 실행하게 해주는 것들에 대한 정보저장소이다. Windows 95부터 소개되었는데, Windows XP와 2000에서는 REGEDIT와 REGEDT32를 이용해서 수정한다. 레지스트리는 하이브(hive)라는 별개의 구역으로 나뉘어 있고 사용자 세팅과 컴퓨터 세팅이 있다. 대부분 파일은 system, software, security, sam과 default이다.

a) HKEY_CLASSES_ROOT는 파일 확장자와 해당 프로그램과 연계되는 정보가 있다.
b) HKEY_CURRENT_USER는 바탕화면에 대한 사용자의 정보가 있다.
c) HKEY_LOCAL_MACHINE은 현재 머신의 하드웨어와 소프트웨어에 관한 모든 정보가 들어있다.
d) HKEY_USERS는 시스템에 로그한 모든 사용자 정보가 들어있다. HKEY_CURRENT_USER는 이것의 하위 하이브이다.
e) HKEY_CURRENT_CONFIG는 HKEY_LOCAL_MACHINE에 들어있는 킷값에 빠르게 액세스하게 해준다.

1) 레지스트리 편집

'시작'→ '실행'에서 *REGEDIT*를 타자하면 다음과 같은 화면이 뜨는데 여기서 원하는 작업을 해주면 된다. 레지스트리 데이터베이스를 5개의 Hkey로 구별해 놓고 있으며, 그 속에 *.DAT 파일이 각 엔트리에 있다. 이 엔트리가 값을 가지고 있을 때 이것을 키(key)라고 한다. Hkey밑에 하위 키가 있고 또 몇 개의 레벨과 그 밑의 또다시 하위 레벨이 있다. 이 키값을 변화시키는 일이 레지스트리 변경이다. 하지만 취소가 없고 바로 적용되므로 각별히 유의해야 한다. 부록으로 레지스트리 편집에 관한 몇 가지 힌트를 넣었으니 참고하라.

레지스트리 편집화면

2) 레지스트리 복구

일반적인 부팅에서는 사용자가 응용 프로그램이나 머신의 구성에 변화를 주면 레지스트리가 자동으로 업데이트 된다. 하지만 문제가 있을 때에는 복원을 해주어야 하는데, 시작할 때 F8키를 눌러 옵션에서 Last Known Good Configuration을 선택해서 systemroot \ repair을 Windows 백업 프로그램에서 실행하면 systemroot \ system32 \ config를 덮어쓰게 된다.

혹은 Windows 2000에서는 ERD(Emergency Repair Disk)를 사용하면 되는데 백업도구에서 만들 수 있고 1장의 플로피디스켓이 필요한데, 부팅 플로피디스켓(4장)으로 부팅한 후 사용한다.

또 Windows XP에서는 ERD 대신에 ASR(Automated System Recovery)이 있는데 백업도구에 있다. '시작'→프로그램→보조프로그램→시스템 도구→ '백업'으로 가면 된다. 혹은 Recovery Console을 이용할 수도 있는데, 설치 CD의 winnt32/cmdcons로 가서 명령어로 수행한다.

3) 레지스트리 편집

편집기능으로 Windows 2000에서는 Windows 9x의 REGEDIT.EXE와 REGEDT32를 가지고 있지만, REGEDT32는 키, 서브키, 각 값을 위한 보안제한이 필요할 경우를 위해서 사용된다. REGEDT32는 REGEDIT의 기능이 없다.

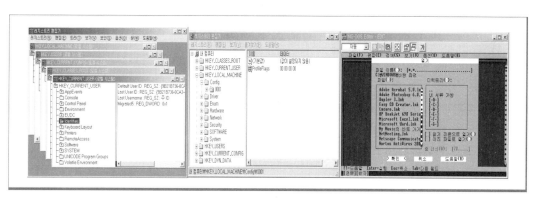

Windows 2000의 regedt32와 Windows 9x의 regedit, DOS의 edit 화면

텍스트 DOS가 진짜 DOS이며, Windows 9x의 데스크 탑에 있는 GUI '한글 DOS'는 DOS-쉘(shell)이라고 하며, DOS 사용이 불가능한 Windows 2000에서의 DOS는 DOS-에뮬레이션(emulation)이다.

8. 가상 메모리(Virtual Memory)

가상 메모리는 스왑파일(swap file)이나 페이징파일(paging file)이라고도 하는데 스왑파일은 메모리에서 한가한 프로그램을 하드디스크로 불러냄으로써 실행되는 프로그램이 실제 메모리에 놓이게 해줌으로써 시스템의 성능이 빨라지게 하는 효과를 얻을 수 있다. 가상 메모리는 실제 메모리의 1.5배, 하드 크기의 20% 정도로 잡아주는데 Windows가 자동으로 설정해준다. PAGEFILE.SYS라는 이름으로 루트디렉터리에 저장된다.

Windows XP에서는 제어판에서 '시스템'으로 들어간 뒤 '시스템 등록정보'의 '고급'으로 가서 '성능'을 찾으면 변경할 수 있다.

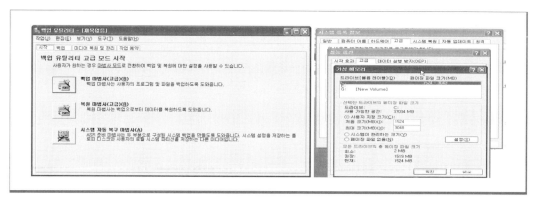

Windows XP에서의 ASR과 가상메모리 설정화면

2. Windows XP/2000의 시스템 파일들

시스템 파일은 OS가 적절히 작동하기 위해서 필요한 것인데, 게임, 문서, 이미지 파일 등의 응용 프로그램 파일과는 다르다. 컴퓨터에 문제를 일으킬 수도 있는 OS 시스템 파일은 조심해서 다뤄야 한다. 비 시스템 파일인 응용 프로그램 파일은 문제가 있어도 해당 프로그램에만 국한되며 시스템 전체에는 영향을 주지 않지만 시스템 파일에 문제가 있다면 에러 메시지가 나타나게 된다. 대부분의 OS 시스템 파일은 '위치에 독립적(location-dependent)'이며 '감추어진(hidden)' 상태이다. 감추어진 상태라는 것은 '내 컴퓨터'나 'Windows 탐색기'에 이런 파일들이 나타나지 않는다는 뜻이다. 이런 시스템 파일들을 보려면 '내 컴퓨터'로 들어가 C: 드라이브를 클릭하고 '메뉴'에서 '도구'→ 폴더옵션 → '보기'로 가서 '숨김 파일 및 폴더 표시'에 체크해주고, '보호된 운영체제파일 숨기기'의 체크표시를 없애주면 된다.

1. 중요 부트파일

Windows XP/2000은 모두 Windows NT계열에서 왔다. 부팅할 때 별로 많지 않은 파일이 쓰이는데 Windows 2000은 순전한 32-bits 시스템이므로, Windows 9x처럼 옛 것과 호환되지 않는다. AUTOEXEC.BAT, CONFIG.SYS, WIN.INI, SYSTEM.INI는 없지만, AUTOEXEC.NT와 CONFIG.NT는 지니고 있다. 그 외에도 다음과 같은 파일들을 지니고 있다.

1) NTLDR은 시스템의 부트 전 과정을 관할하며 OS를 머신에 로딩시킨다.

2) BOOT.INI는 머신에 어느 OS가 있는지에 관한 정보를 가지고 있다.

3) BOOTSECT.DOS는 듀얼(dual) 부팅에 관한 정보를 가지고 있으며 DOS나 Windows 9x에 관한 정보를 필요할 때 로딩해 준다.

4) NTDETECT.COM는 Windows XP/2000이 로딩될 때마다 하드웨어 정보를 알게 해주는데, 동적으로 레지스트리를 만들어 준다.

5) NTBOOTDD.SYS는 SCSI장치를 사용해 부트할 때 사용되는데 IDE 시스템에서는 설치되지 않는다.

6) NTOSKRNL.EXE는 Windows OS 커널이다.

7) System Files은 NTOSKRNL.EXE만 제외하고 C: 파티션의 루트디렉터리에 저장된다. Windows XP/2000은 HAL.DLL과 같은 system과 system 32의 무수한 파일을 필요로 한다. 다른 DLL(Dynamic Link Library) 파일도 필요로 한다.

2. 시스템파일 구성 도구

Windows 2000에는 들어있지 않지만 Msconfig 도구는 널리 사용된다. 예를 들어 Boot.ini 파일을 수정해야 한다면 이곳에서 할 수 있다. Msinfo32도 도구메뉴에서 많은 유용한 일-찾기, 보내기, 저장-등을 하게 해준다. 이들은 '시작'→'실행'에서 *msconfig* 나 *msinfo32* 를 타자해주면 된다.

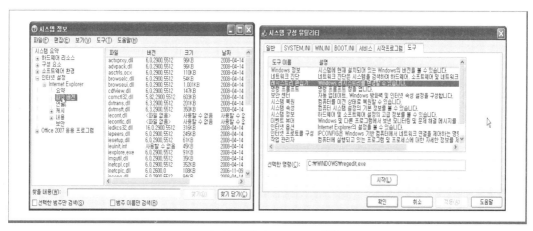

Msinf32 화면과 Msconfig 화면

또 다른 도구인 DxDiag(DirectX Diagnostic)는 각 Direct X의 기능을 알게 해준다. 이 파일들은 멀티미디어와 관련된 API(Application Programming Interfaces)의 모음이다. 역시 '시작' → '실행'에서 *dxdiag*를 타자하면 볼 수 있다.

예전 Windows 9x시절의 AUTOEXEC.BAT와 CONFIG.SYS는 Windows 9x가 부팅하는데 영향을 미치지 않지만, DOS 프로그램을 실행하는데 있어서는 필요한 파일들이었다. 하지만 HIMEM.SYS는 DOS뿐만이 아니라 Windows 9x를 실행함에 있어서도 필수적이다. power-on→BIOS→MSDOS.SYS→IO.SYS→CONFIG.SYS→COMMAND.COM→AUTOEXEC.BAT파일로 읽혔었다. 중요한 파일은 IO.SYS(부트과정 관리)와 MSDOS.SYS(멀티 OS 확인), WIN.INI(응용 프로그램 정보저장), SYSTEM.INI(하드웨어 정보저장)이다. Windows 9x의 부팅 디스켓에는 IO.SYS, MSDOS.SYS, COMMAND.COM이 들어있어야 하며, 부팅화면은 WIN.COM, MSDOS.SYS, IO.SYS가 들어있어야 한다

3. 디스크 관리

하드디스크를 파티션(FDISK.EXE)하고 포맷(FORMAT.COM)한 후에는 OS와 응용 프로그램과 장치 드라이버 등을 설치하는데, 파티션은 물리적 디스크를 논리적으로 구분하는 것을 말하며, 포맷은 디스크에 데이터를 저장할 준비를 시키기 위해서 FAT(File Allocation Table)를 만드는 것이라고 했다. FDISK.EXE는 Windows 9x/Me에서만 사용되며 Windows XP/Vista/2000에서는 DiskPart를 사용한다. FORMAT.COM은 어디에서나 이용된다. 디스크를 관리하는 법을 알아본다.

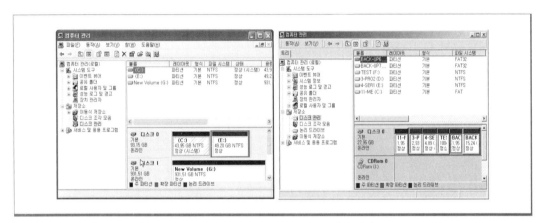

Windows XP와 2000에서의 디스크관리 화면

1. 파일 형식

Windows는 FAT16, FAT32, 그리고 NTFS를 사용하는데 Windows 95 오리지널은 FAT16만을, Windows 98/ME는 FAT32를, Windows XP/Vista/2000 등은 NTFS을 사용한다. 물론 NTFS는 FAT16/32도 인식하지만 FAT16/32에서 NTFS를 볼 수 없다.

1) FAT

FAT는 파일이 어디에 있는지를 알게 해준다. 1981년에 소개되었고 8.3 이름규칙(이름 8자, 확장자 3자)을 가졌었다. FAT16은 16-bits 이진(binary)숫자로 클러스터를 숫자로 알고 있었으며 2GB까지만 인식할 수 있고 32KB의 클러스터였다.

2) VFAT(Virtual FAT)

이것은 FAT의 확장으로 Windows 95에서 소개되었는데, 8.3이름규칙을 유지하지만 파일명을 255자까지 허락하게 했다. Windows 95와 쓰이기 위해서 32-bits 코드를 사용했으며 역시 2GB의 한계를 가졌었다.

3) FAT32

Windows 95 Service 2와 함께 소개되었었고 2GB의 한계를 넘어서게 했으며 VFAT보다는 FAT16의 연장된 기술로 볼 수 있다. 2TB까지 디스크를 지원하게 해주었으며 FAT16의 32KB 클러스터 크기를 4KB로 줄여 쓸데없는 공간낭비를 훨씬 줄였다. FAT32를 Windows 98/Me/XP/2000에서 모두 인식하지만 DOS, Windows 3x, Windows 95는 인식하지 못한다.

4) NTFS(New Technology File System)

Windows NT 4.0과 더불어 소개되었는데 Vista/XP/2000에서 주로 쓰인다. 파일별 보안, 압축이 가능하고 RAID를 지원하며 동적 디스크를 지원해서 대용량 파일을 지원한다. FAT로 되어있는 파일시스템을 데이터 손실 없이 NTFS로 한 번 바꿀 수 있는데, 반대는 불가하다. E: 드라이브를 NTFS로 바꾼다면 명령어 화면에서 *convert e: /FS:NTFS* 하면 된다.

5) HPFS(High Performance File System)

이것은 IBM의 OS/2에서 사용되었다. OS/2는 Windows OS와는 혼용이 불가하다. 64GB까지 지원해 주며 FAT보다 디스크 공간을 더 활용할 수 있다. FAT와는 다르게 볼륨이 16개의 띠(bands)로 나누어져 있고 각각은 자신만의 인덱스(table index)를 지니고 있으므로(FAT는 전체가 하나의 인덱스를 가지고 있다), 파일 액세스가 매우 빠르고 디스크 프라그먼트가 덜 발생한다.

2. 디스크 관리

제어판에서 '관리도구'로 들어간 다음 '컴퓨터관리'로 들어가면(바탕화면의 '내 컴퓨터'를 오른쪽 클릭하고 '관리'로 들어가도 된다) '디스크관리'가 있는데 클릭하면, 머신에 장착된 모든 드라이버의 정보를 볼 수 있다. 파일시스템, 상태, 여유 공간 등이 보이며 포맷도 가능하다.

Windows XP/Vista는 '기본(basic)'과 '동적(dynamic)' 드라이브를 지원해주는데 기본이란 주파티션과 확장파티션을 말하며, 동적이란 simple, spanned, striped를 말한다. OS가 있는 파티션은 활성화(Active)되어 있어야만 한다. 확장파티션(extended partition)은 여러 개의 논리 드라이브를 만들 수 있게 하지만 주파티션은 더 이상 나뉘지 못한다. Windows Vista/XP/2000은 4개의 파티션으로 나눌 수 있는데, 4개의 주파티션이나 3개의 주파티션과 1개의 논리파티션으로 할 수 있다.

하나의 디스크는 여러 개의 논리파티션이 될 수도 있지만 여러 개의 디스크가 있는 서버같은 머신에서는 동적 드라이브를 써서 여러 개의 물리적 디스크를 논리적으로 하나의 드라이버(예컨대 드라이브 H:)로 묶을 수 있다.

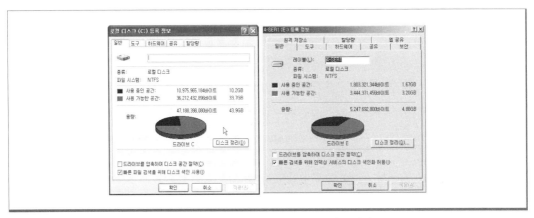

Windows XP와 2000의 디스크 등록정보 화면

3. 백업

데이터를 백업 해두는 것만큼 중요한 일도 없다. '시작' → 프로그램 → 보조 프로그램 → 시스템 도구 → '백업'으로 가서 '백업 마법사'를 통하거나 수동으로 작업할 수 있게 한다. 백업방법을 부록으로 소개했으니 참고하라.

4. 디스크 조각모음

데이터의 입출이 잦아지고 저장과 삭제를 반복하게 되면 데이터가 디스크에 산재하게 되어 데이터 처리속도가 늦어질 수 있는데, 이럴 때 디스크 조각모음(defragment)를 해주면 좋다. '시작'→프로그램→보조 프로그램→시스템 도구→ '디스크 조각모음'('내 컴퓨터'를 클릭해서 들어간 뒤 원하는 디스크를 오른쪽 클릭하고 '속성'으로 가면 [도구]탭이 보이는데 '조각모음'으로 가면 된다). 원하는 드라이브를 선택한 후 '분석'을 하면 디프라그 상태를 말하며 진행하게 한다.

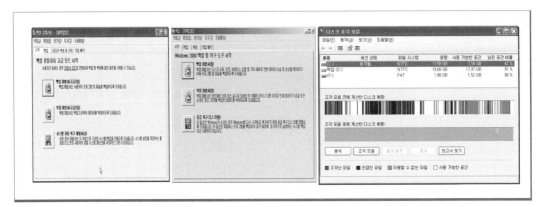

Windows XP와 2000의 백업화면   Windows XP의 조작모음 화면

4. 파일 관리

파일관리란 컴퓨터가 데이터를 저장하고 추출하는 과정을 관리하는 것을 말한다.

1) 파일과 폴더

프로그램이 실행되면 프로그램을 디스크에서 메모리로 가져와서 작업하며 작업한 것을 다시 디스크에 저장해야 한다. 여기에는 구조와 처리과정이 들어있다. 보통은 디렉터리(directory)를 폴더(folder)라고 하는데 파일을 조직해서 저장하는 곳이다.

파일은 255자까지 가질 수 있으며, .과 \ 나 / 는 사용할 수 없고, 확장자는 3~4자를 가질 수 있다. 또한 파일명은 대소문자 구별 없이 인식된다. 파일 캐비닛처럼 모여지게 되어있으므로 같은 자리에 같은 이름과 확장자를 가진 파일이 있을 수 없고 각 파일은 이름과 경로(path)가 있게 된다. C:\가 루트 디렉터리이며 C:\Windows\command\fdisk.exe처럼 들어간다. 확장자는 .exe, .sys, .log, .drv, .dll, .txt, .mp3, .tif, .htm 등에서처럼 파일의 속성을 나타내준다.

2) 윈도우 탐색기(Windows Explorer)

파일과 폴더를 쉽게 관리하는 방법이 '윈도우즈 탐색기'를 사용하는 것인데, 이동이나 복사를 드래그앤드롭(drag and drop)으로 간단히 할 수 있고 빈 공간에 오른쪽 클릭 후 뜨는 팝업메뉴에서 만들기나 삭제도 할 수 있다. 어느 파일을 지웠을 때, 실제 파일이 지워지는 것이 아니라 관련된 FAT 엔트리만을 지우는 것이다. 그래서 포맷했거나 삭제한 파일도 나중에 보게 되는 RestoreIT 등과 같은 도구로 복구할 수도 있다.

 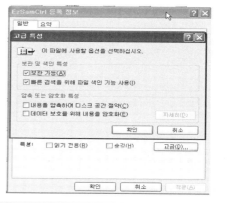

윈도우 탐색기 화면과 파일 [등록정보]에서 본 도구들

3) 파일 속성(Attributes) 바꾸기

파일 속성이란 어느 특정 사용자가 파일이나 폴더에 대해 작업할 수 있는지를 정해주는 것을 말한다. 속성으로는 Read Only(읽기전용), Hidden(숨김), System(시스템), Archive(보관), Compression(압축), Indexing(색인), Encryption(암호화)이 있다. 읽기전용, 감추기, 시스템과 보관은 DOS시절부터의 것이며 압축, 색인, 암호화는 NTFS부터 새로이 추가 된 기능이다. 원하는 파일(폴더)을 마우스 오른쪽 클릭 후 '속성'으로 가서 설정하거나 바꿀 수 있다.

파일 '속성' 중 '고급'에 들어있는 '보관'(Archive)을 좀 더 알아보자. 이것은 파일이 마지막으로 백업 된 이후 파일이 변했는지를 시스템에게 말해주는 속성으로, 이 박스에 체크되어 있다면 백업할 때 이 파일이 백업된다. 나머지 '색인'은 빠르게 찾게 해준다는 것이며, '압축'은 말 그대로 압축해서 공간을 줄인다는 것이다. '암호화'는 보안을 위한 것으로 키를 만들어 키를 가진 사람만이 볼 수 있게 한다는 의미이다. 압축과 암호화는 파일이나 폴더에 대해 한가지만을 설정할 수 있으며 둘 다는 불가하다. 압축을 하면 하위 폴더와 파일도 자동적으로 압축된다. 그림의 경우 비트맵은 80%까지 압축되며, zip이나 exe는 2%, GIF나 JPEG는 거의 압축되지 않는다.

명령어 화면에서도 작업할 수 있다. '시작'→'실행'에서 *cmd*를 타자 후에 원하는 디렉터리로 가서 *attrib 파일명.확장자 +/-H +/-R* 식으로 하면 된다. 다음 예는 Setup.INI파일을 C: \ 에 놓은 뒤 감춤에서 보이기를 한 예이다.

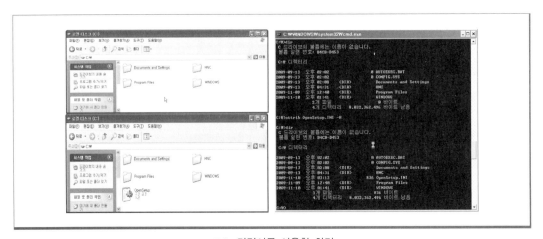

attrib 명령어를 이용한 화면

4) 파일 권한(Permission)

Windows XP/2000은 NTFS의 파일 시스템을 가지고 있으므로 공유와 더불어 파일레벨의 암호화 보안을 설정할 수 있다. 이는 누가 어느 파일에 액세스할 수 있는지 정해주는 것으로 Read(읽기), Write(쓰기), Execute(실행), Delete(삭제), Change(변경), Permissions(허가), Take Ownership

(소유권취득), Full Control(모든 권한) 등으로 정해줄 수 있다. 이런 것들을 특수허가(special permission)이라고 하며, Modify(수정), Read & Write(읽기와 쓰기), Read(읽기), Write(쓰기)등이 있는 표준허가(standard permission)라고 한다. 관리를 위해서 다량의 권한을 사용자(user)와 그룹(group)에 정해줌으로써(로컬정책이나 그룹정책을 통해서) 쉽게 설정해줄 수 있다.

권한설정 화면

우선 아무 파일이나 폴더를 오른쪽 클릭한 후, '속성'으로 간다. '보안'탭이 나와 있나 보고 없으면, '도구'→폴더옵션→[보기]탭으로 간 후 '모든 사용자에게 동일한 폴더 공유 권한을 지정(권장)'을 찾아 선택 해제한다. 이제 다시 아무 파일이나 폴더로 가면 '보안'탭이 나와 있을 것이다. 여기서 사용자나 그룹을 추가하거나 뺄 수 있다. 또한 여러 권한 중에서 선택적으로 사용자와 그룹에게 권한을 줄 수도 있고 뺄 수도 있다. 주의할 것은 '거부'를 선택하면 다른 모든 권한을 못쓰게 되며, '모든 권한'을 선택하면 자동으로 다른 권한들을 다 사용하게 된다.

5) 환경파일

사용자 계정은 사용자를 인증하는 것이며, 사용자 프로필은 사용자 파일인 사용자 세팅을 지니고 있는 파일인데, %systemdrive% \ Documents and Settings에 있다.

a) 시스템 파일은 C: \ Windows \ System32에 있다.

b) 폰트파일은 %systemdrive% \ Windows에 있다.

c) 환경변수 파일에는 .INI 파일과 Registry, MS-DOS의 환경파일인 CONFIG.SYS나 AUTOEXEC.BAT 파일이 들어가 있는데 수로 내문서의 Temp 폴너에 들어있나. 명령어로 *SET*를 타자해보이 획인할 수 있다.

d) 프로그램 파일은 %systemroot%에 들어있는데, 머신에 설치된 응용 프로그램의 파일들을 가지고 있다. '시작'→'실행'에서 *RUN 해당프로그램명*을 타자해도 실행할 수 있다.

e) 오프라인(off-line) 파일은 Windows 2000부터 나온 것인데 로컬에 저장된 리소스를 복제해서 OS 가 작업하는 것을 말한다. Windows Vista는 Sync Center(동기화센터)가 있어서 오프라인 파일을 동기화 시켜주며, Windows XP에서는 '내 컴퓨터'→도구→폴더옵션→'오프라인 파일'탭(만일 빠른 사용자 전환을 사용하고 있다면 더 이상의 설정이 불가하므로 '제어판'→사용자 계정→'사용자 로 그온 또는 로그오프 방법 변경'→'빠른 사용자 전환'의 체크표시를 없앤 후 다시 작업을 계속해야 한다)으로 가서 설정해주면 된다. 오프라인에 저장된 파일을 보려면 '내 컴퓨터'→[도구]탭에서 오 른쪽 클릭 후 뜨는 팝업메뉴에서 '동기화'를 선택하면 동기화 할 항목이 뜬다(명령어에서 오른쪽으 로 *mobsync*를 타자해도 된다). 하단의 '동기화'를 클릭하면 동기화가 진행된다.

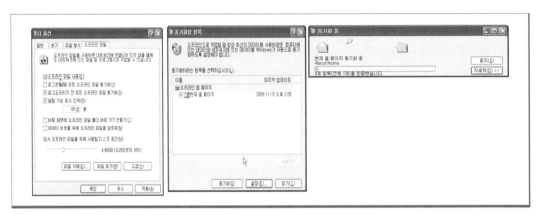

오프라인 파일 설정과 동기화 화면

3. 원격지원

원격 데스크톱 연결과 원격지원을 이해하면 수고를 들이지 않고도 원격에서 문제 있는 머신의 수리와 진단이 가능해서 컴퓨터 문제해결을 쉽게 해준다.

1. 원격 데스크톱 연결

원격 데스크톱에 연결해서 로컬머신처럼 작업 할 수 있는데 보안이 문제될 수는 있지만 편리한 방법이다. 홈 컴퓨터와 원격 컴퓨터 두 가지로 나눌 수 있는데 (원래 예전에 FX 케이블을 이용해 서 머신끼리 연결하는 "컴퓨터 직접연결"이라는 방법이 있었다), Windows XP Home에서는 "원격 데스크톱 연결"만 있다. 한 번에 여러 머신에 연결할 수도 있다. 이제 홈 컴퓨터에서 바탕화면의 '내 컴퓨터'오른쪽 클릭 후 '속성'→'원격'으로 가면 '원격지원'과 '원격 데스크톱' 체크박스가 있는 데 필요한 것에 체크표시 해두면 된다. 또 원격 컴퓨터에서도 이 설정화면으로 가서 필요한 것을 설정해주면 된다.

2. 원격지원

원격 데스크톱의 연결과 비슷한데 원하는 머신이나 사용자를 '고급' 탭에서 선별한 후 허용된 사용자나 머신만이 들어오게 할 수도 있다. Windows Messenger나 MAPI-호환 e-mail 프로그램인 Outlook 혹은 Outlook Express와 연계해야만 한다.

원격 데스크톱은 홈 머신이 동작되고 있는 사이에 연결하는 것이지만, 원격지원은 타인이 내 머신으로 들어오는 것이다.

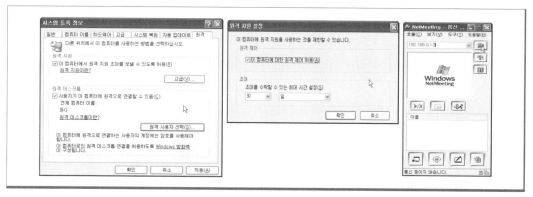

원격 데스크톱 연결 화면과 원격지원 설정, 그리고 Net Meeting화면

3. 원격 파일전송

원격 데스크톱 등을 이용해서 연결하거나 네트워크에서 머신을 찾아 공유폴더로 파일이나 폴더를 보낼 수도 있지만 '시작' → 프로그램 → 보조 프로그램 → 시스템 도구 → '파일 및 설정 전송 마법사'로 가서 파일을 보낼 머신을 '이전컴퓨터', 파일을 받을 머신을 '새 컴퓨터'로 체크해주면 전송된다. 연결방법에 직접 케이블과 홈 네트워크 또는 소규모 네트워크, 기타 방법이 있다.

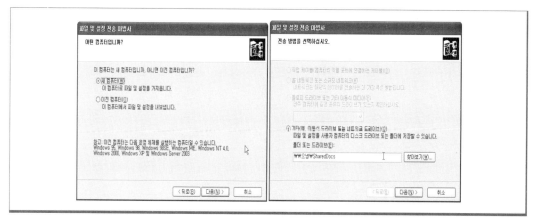

파일 및 설정 전송마법사 화면

OS 설치와 구성, 문제해결

07 Chapter
OS 설치와 구성, 문제해결

Windows XP와 Windows 2000의 설치와 구성에 대해 좀 더 알아보며 Non-Plug and Play의 설치에 대해서도 알아본다. Windows 2000 시리즈에 있는 Server, Advanced Server, Datacenter Server와 Workstation중에서 주로 Workstation만 다룬다.

가. Windows 설치하기

Windows XP와 Windows 2000은 설치방법이 다르다. 우선 어느 OS던지 설치 전에 요구되는 하드웨어 요구사항의 최소사양을 만족하는지 알아봐야 한다. Windows XP/2000의 설치는 거의 자동으로 이루어진다.

1. 설치하기

우선 머신에 Windows XP/2000을 설치할 수 있는 하드웨어적인 최소사양이 맞아야 한다. 또한 몇 가지를 염두에 두고서 설치를 진행해야 한다. 설치는 보통 유인설치(attended)와 무인설치(unattended) 두 가지가 있다. 설치과정 동안에 제품 키나 설치할 디렉터리를 제공해야하는데 이런 것들을 미리 응답파일(answer file)로 만들어 두어 설치할 수도 있다. Windows 2000 서버는 무인설치를 위해 세 가지를 지원해 주는데, RIS(Remote Installation Service)와 System Preparation Tool, 그리고 Setup Manager를 이용하는 것이다.

1) 원격설치란 예전의 RIS(지금은 WDS(Windows Deployment Service))에 설치 CD를 복사해 공유 시킨 뒤 클라이언트 머신들이 부팅 디스켓이나 Boot ROM(OS의 내용이나 네트워크 드라이버 등을 갖춘 최소한의 기능으로 머신을 부팅하게 해주는 프로그램)으로 부팅 후 공유된 설치프로그램에 들어가 설치하는 방법이다.

2) System Preparation Tool은 sysprep.exe를 사용해서 설치 이미지가 클라이언트 머신에 복사되게 하는 방식으로 서드파티 유틸리티(Norton Ghost 같은)가 필요한데 각 이미지는 SID(Security ID)를 부여받아 머신에 설치된다.

3) Setup Manager는 응답파일(보통은 USF(Uniqueness Database Files))을 설치 CD의 Support \ Tools의 Deploy 캐비넷 파일(cab file)(expansion명령어로 푼다)을 사용해서 컴퓨터와 사용자 정보를 제공

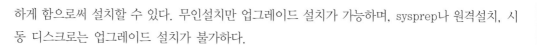

하게 함으로써 설치할 수 있다. 무인설치만 업그레이드 설치가 가능하며, sysprep나 원격설치, 시동 디스크로는 업그레이드 설치가 불가하다.

4) Bootable Media란 클라이언트 머신들이 네트워크에 연결되어 있지 않을 때 응답파일와 함께 OS 이미지를 CD등으로 복사한 후 각 머신에 복사해주는 방법이다.

1. 설치방법 정하기

설치 종류 중에서 일반(Typical)설치는 가장 많이 이용되는 설치이며, 전체(Full)설치는 모든 내용을 설치한다는 것이고, 최소(Minimal)설치는 최소사양 설치며, 선택(Custom)설치는 선택적 요소만을 설치한다는 것이다. 또한 이동용(Portable)설치도 있는데 랩톱을 위한 설치이다.

네트워크 설치에서는 일반 사용자를 위한 워크그룹과 기업체 사용자를 위한 도메인을 설정해 주어야 하며, 파일 시스템으로는 보통 NTFS를 사용하게 한다. 혹은 다중 OS 설치(multi-boot)를 위한 설치를 설정해 줄 수도 있는데, OS끼리의 충돌을 막기 위해서 응용 프로그램은 OS별로 각각 설치해주는 것이 좋으며, VMware, VirtualBox 등 가상머신을 이용해서 설치할 수도 있다.

2. 무인설치(Unattended Installation)

무인설치는 보통 응답파일을 이용하는데 시간대, 사용자명 등을 미리 정해 놓은 파일을 말한다. 이 파일을 네트워크 공유에 두고 클라이언트 머신들이 접속하게 하는 것이다. 클라이언트 머신을 CD나 부팅 디스켓으로 시작시킨 뒤 네트워크 연결로 공유에 가서 setup을 실행시킨다.

또 sysprep는 원래 한 머신(master computer라고 함)에 OS를 설치 한 후 그 이미지를 그대로 다른 머신에 옮기는 방법으로 마스터 머신의 Security ID를 제거하고 각 클라이언트 머신에게 새로이 SID를 만들어 준다. 이 방법은 서드파티 유틸리티가 있어야 하며 각 클라이언트 머신들은 마스터 머신과 하드웨어적으로 사양이 같아야 한다. 디스크 이미징이나 드라이브 이미징 혹은 디스크 클로닝과 같은 것이다. 서드파티 유틸리티로 이미지를 만들어 놓으면 클라이언트 머신이 시동되면 이미지 파일이 설치되면 OS와 드라이버, 응용 프로그램 등의 설치가 모두 한번으로 끝나게 된다.

3. 하드 드라이브 준비하기

이제 하드디스크를 파티션하고 포맷해서 설치할 준비를 한다. 파티션은 FDISK이며 포맷은 FORMAT 명령어를 사용하지만, Windows XP/Vista/2000은 설치 과정 중에 이것들을 할 수 있게 했다. 파티션으로 디스크를 논리적으로 분할하여 C:, D: 등 드라이브 명을 갖게 하며 처음은 MBR(Master Boot Record)로 각 파티션의 처음과 끝에 대한 정보를 가지고 있다.

하드디스크는 포맷하면 파일 시스템이 만들어지는데 플래터를 스캔해서 배드 섹터(512byte 크기)를 찾아내고 CRC(Cyclic Redundancy Check)를 통해 복구한다. OS의 기록은 루트 디렉터리에 자리하는데 FAT(혹은 MFT(Master File Table))로 파일의 위치정보를 가지고 있다.

4. Windows XP/2000 설치하기

우선 머신이 불안하다고 느끼면 ScanDisk를 먼저 해두는 것도 좋다. Windows 2000은 CD디스크를 사용하거나 부팅 디스켓을 사용해서 설치할 수 있는데 WINNT(16-bits DOS나 Windows 3x)나 WINNT32(32-bits Windows 9x/XP/2000)를 사용하는 것이다. WINNT에는 여러 옵션을 붙여 사용할 수 있다(/s:sourcepath, /u:answer file, /udf:id, /unattend, /unattend [num]: [answer_file] 등). 파티션을 정할 때는 최소 2GB로 해준다. 나머지는 설치과정에 따르면 된다. Windows XP 설치도 Windows 2000과 설치과정이 비슷하다. 만일 서드파티 SCSI, IDE, RAID 드라이버라면 설치과정 동안에 F6키를 누른 뒤 진행하면 된다.

Windows 2000은 Windows 95/98/NT3.51/NT4.0에서 업그레이드가 가능하고 Windows XP는 Windows 98/Me에서 Home 버전으로, Windows 98/Me/NT4.0/2000/XP Home에서 Professional 로 업그레이드가 가능하다. Windows 95는 우선 Windows 98로 올린 뒤 Windows XP가 되며, Windows 3.x는 Windows NT4.0으로 올린 뒤 Windows XP가 될 수 있다. DobuleSpace나 DriveSpace 볼륨은 업그레이드 전에 압축이 풀려있어야만 한다.

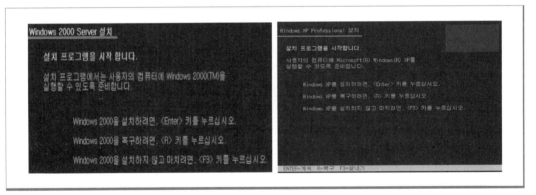

Windows 2000과 XP 설치화면

2. DOS로 설치하기

지금은 별로 사용할 필요가 없지만 Windows 2000에서는 여전히 DOS식 명령어로 작업할 때가 있다. 특히 서버 관리자는 일괄처리나 무인설치 시 DOS가 유용하게 쓰인다.

1. 파티션하기

파티션이란 물리적인 디스크를 하나나 그 이상의 논리적 볼륨으로 나누는 것을 말하며 명령어는 FDISK이다. 만일 하드 디스크가 2GB 이하이거나 Windows NT 4.0 등과 듀얼부팅이라면 C:를 FAT16으로 포맷해주어야 한다(하지만 디스크의 크기를 2GB 이상으로 잡아주거나 Windows 2000과 듀얼 부팅하려면 FAT32로 해주면 된다). 보통 하나의 하드 디스크를 주파티션 (C:) 하나와 나머지 전체를 확장파티션으로 잡아주며, 그 확장파티션 내에 여러 논리파티션(D:, E:, 등)을 만들면 된다. 예를 들어 10GB인 하드디스크 하나를 5GB, 3GB와 2GB의 3개의 볼륨으로 분할하고자 한다면, 우선 주파티션을 5GB로 잡아주면 이 파티션은 C:가 되며 활성화된 파티션이 된다. 나머지 5GB 전체가 확장파티션이 되어야하며, 드라이브 명을 갖지 못하고 *표시로 된다. 그 파티션 내에서 3GB의 논리파티션을 우선 잡아주면 D:가 되고 또 다시 논리파티션으로 나머지 2GB로 잡아주면 이것이 E:가 된다. 만일 2개의 C:, D:만이 필요하다면, 주파티션인 C:와 확장파티션이자 논리파티션인 D:가 생기게 된다. 이때도 반드시 확장파티션을 잡아 주어야 한다.

주파티션은 처음 파티션이며 활성 파티션이며 부팅가능하며 C:라는 드라이브 명을 가지고 시스템 파일들을 가지고 있게 되며 OS가 설치되는 곳이다. 논리파티션은 부팅가능하지 못하며, 확장파티션은 논리파티션을 만들어 주기 위한 것이다. 하나의 디스크는 4개의 주파티션까지 가질 수 있고, 하나의 확장파티션 속에는 21개까지 논리파티션을 가질 수 있다. 만일 2개의 하드 디스크가 있고 처음 것은 3개의 볼륨으로, 나중 것은 2개의 볼륨으로 나눈다면 총 5개의 볼륨이 될 것이며, 그 드라이브 명은 옆과 같을 것이다.

C:에는 시스템 파일 등만 두고, 나머지 데이터나 중요한 자료는 D:나 E:에 따로 저장하면 C:를 삭제하거나 OS를 재 설치해도 D:나 E:의 자료에는 전혀 문제가 없게 된다.

1st HDD	2nd HDD
C:	D:
E:	G:
F:	

드라이브문자 순서

2. 포맷하기

일단 하드디스크가 파티션 되었다면 포맷이 뒤따라야 한다. 포맷되지 않고는 이들 볼륨에 데이터를 저장할 수 없기 때문이다. *format C:*식으로 한 뒤, 다 지운다는 메시지를 확인을 받고 실행하면 된다. 포맷과정이 끝나면 볼륨 이름을 물어볼 것이다. 그 후에 *format D:*, *format E:* 등을 차례로 실행하면 된다. 반드시 매 포맷 후에는 머신을 리부팅하는 것을 잊지 말자.

3. 설치하기

일단 하드디스크가 파티션되고 포맷되어진 후에는 이제 Windows를 설치하는데, Windows XP

는 CD로만 설치가 가능하지만 Windows 2000은 부팅 디스켓으로도 설치할 수 있다. DOS로 들어가 설치 CD가 있는 드라이브 명(E:나 F:)으로 이동한 뒤 SETUP을 타자하면 설치가 진행된다. 만일 설치 CD CD-ROM 드라이브 명이 F:라면, 부팅 플로피디스켓을 넣고 머신을 시작하면 DOS 모드로 가게 되어 A:\> 상태에 있을 것이므로, 다음과 같이하면 된다.

```
A:\>cd F:
F:\>SETUP
```

나. OS 최적화하기

OS만 설치했다고 끝난 것이 아니다. 하드웨어 점검 및 드라이버 설치, 응용 프로그램 설치, 기타 설정 등을 해주어야 최상의 상태가 된다.

1. 기본 점검

OS설치가 끝나면 장치관리자(바탕화면의 '내 컴퓨터'로 가서 오른쪽 클릭 후 '속성'→'하드웨어'로 간다)에서 각 장치에 이상이 없나 본다. 문제가 있는 하드웨어는 드라이버를 업데이트하거나, 되돌리거나(roll back), 제거(uninstall) 한 다음 다시 올바르게 설치해 준다. 드라이버는 하드웨어와 OS를 연결시켜주는 프로그램이다. 해당 장치가 PnP인 경우는 머신이 스스로 설치해 주지만, Non-PnP는 수동으로 설치해 주어야 한다. 하드웨어가 OS에서 전자서명된 것일 때는 문제없이 설치되지만 서명되지 않은 장치라면 설치 후 시스템이 불안정해질 수 있다.

기존 파일 등은 LAN이나 널모뎀(Null Modem: 케이블로 머신끼리 연결만 하는 것)으로 '시작'→프로그램→보조 프로그램→시스템 도구→ '파일 및 설정 전송 마법사'(Windows Vista에서는 Windows easy transfer)를 사용해서 전송해 주거나 USMT(User State Migration Tool)를 이용해서 사용자와 데이터를 이동시킬 수 있다.

또 OS나 기타 프로그램 등의 업그레이드와 추가적인 기능 등이 들어있는 프로그램인 SP (Service Pack)들도 업데이트시켜 설치해 두어야 한다. XP의 최신 버전은 SP3인데 SP3을 설치했다면 SP1/2는 설치할 필요가 없다.

만일 머신이 안정되어 보이지 않거든 복구설치(repair install)가 좋은데 설치과정을 진행하다가 R(Recovery)을 누르면 복구가 진행된다.

2. 전원관리

전원관리도 중요한데, ACPI(Advanced Configuration Power Interface)는 BIOS가 지원해 주지만 리거시한 머신은 APM(Advanced Power Management)이 전원을 관리했었다.

1) Hibernate는 모든 메모리의 내용이 하드디스크에 저장되며 나중에 다시 원 상태로 온다.

2) Standby는 메모리를 활성화 상태로 놔두고 모든 나머지를 하드디스크에 저장한다.

3) Suspend는 XP에서 Hibernate 대용으로 쓰인다.

4) Wake on LAN(WoL)은 시스템에 자주 들어가지 않을 때 사용하는데 표준 NIC에 비해 문제가 많아 거의 쓰이지 않는다.

또 머신을 끄는 방법으로도 몇 가지가 있다.

1) Shut Down(2000)/Turn Off(XP)는 저장되지 않은 데이터를 모두 하드 디스크에 저장하고 레지스트리를 복사한 후 꺼진다.

2) Restart는 Turn Off와 같은데 리부팅(warm booting)으로 머신을 다시 시작한다.

3) Stand By는 저전력 상태로 모니터와 하드 디스크는 꺼지는데 아무키나 누르면 원래상태로 되돌아 오지만 메모리에 있던 데이터는 하드 디스크에 저장되지 않는다.

4) Switch User는 프로그램을 닫지 않고 사용자를 전환하게 해준다. 하지만 보안상 이유로 권하지 않는 방법이다.

5) Log Off는 Switch User에 비해 권할만한데, 모든 프로그램을 종료하고 로그오프한 뒤 다른 사용자가 로그온하게 한다.

6) Lock는 프로그램이 실행되게 놔둔 채 머신을 잠그며 다시 시작 시 패스워드를 묻는다.

7) Hibernate는 모든 세션을 저장한 후 머신을 끈다. 전원을 켜면 세션이 되돌아온다.

8) Sleep은 세션을 메모리에 유지하며 머신을 저 전력 상태로 놔두어 빠르게 돌아올 수 있게 해준다.

3. 부팅 순서 이해하기

부팅순서를 이해하면 OS의 많은 문제를 해결할 수 있게 된다.

1. 부팅파일

Windows XP/2000의 중요 부트 파일들로는 다음의 것들이 있다.

1) NTLDR/BOOTMGR는 부팅과정을 관장하며 OS를 머신에 로드하는데 리얼모드에서 보호모드로 전환시킨다. NTLDR은 XP/2000이 사용하며 BOOTNGR은 Vista가 사용한다.

2) BOOT.INI는 어느 OS가 머신에 있는지, OS 파일이 어디에 있는지를 확인해주는데, Vista는 BOOT.INI 대신에 BCD(Boot Configuration Data)인 BCDEDIT.EXT를 사용한다.

3) BOOTSECT.DOS는 멀티부팅 시 Windows 9x, DOS등의 정보를 지니고 있다.

4) NTDECT.COM은 레지스트리에 동적으로 하드웨어 정보를 기록하게 해준다.

5) NTBOOTDD.SYS는 SCSI 부트 장치가 있을 때 사용된다.

6) NTOSKRNL.EXE는 Windows OS 커널인데 이 파일이 손상되면 설치 CD나 시동 디스켓에서 복사해 넣으면 된다.

7) NTBTLOG.TXT는 실행파일이 아니며 로그파일이다. 부팅 시 상황을 기록해둔다. 시스템파일 중에서 NTOSKRNL.EXE이외에는 모두 C:에 저장된다. Windows 2000에서는 부팅 디스켓이 4개로 되어있고 복구 디스켓인 ERD 디스켓 1개가 있어 보통은 5개의 플로피디스켓을 가지고 있어야 한다. 이들은 설치 CD에서나 OS 설치 후 나중에 만들 수 있다.

2. 부팅순서

머신을 켜면 보드에 내장된 명령어인 POST(Power On Self Test)가 하드웨어를 확인해주고 열거해준 다음, MBR(Master Boot Record)이 로드되어 부트섹터를 찾은 뒤, MBR은 하드디스크에 있다가 메모리로 옮겨진다. 그 다음 MBR은 부트섹터 정보로 시스템 파티션을 찾은 후 NTLDR을 로드시켜서 이를 메모리에 올린다. NTLDR은 시스템을 리얼모드(rela-mode: 텍스트기반)에서 모든 물리적 메모리를 사용 가능케 해주는 보호모드(protected-mode: 그래픽기반)로 전환시키고 페이징(paging)을 가능하게 해주는데 32-bits 플랫모드(flat-mode)라고도 한다. NTLDR은 루트 디렉터리에 있는 텍스트파일로 어느 OS가 어디에 설치되어 있는지 정보를 지닌 BOOT.INI를 처리한 뒤 BOOTSECT.DOS를 처리해서 웜부트(warm boot)를 시작한다. BOOTSECT.DOS에 포함되어 있는 MBR 코드는 POST 과정 동안에 IO.SYS가 로드되어 DOS식 부트 프로세스가 시작된다. 이제 NTLDR은 NTDETECT.COM을 로드하는데 설치된 장치와 장치의 구성을 확인하고 장치를 초기화 시킨 후 NTOSKRNL.EXE와 HAL.DLL을 로드하는데, NTOSKRNL.EXE는 구성정보를 위한 레지스트리와 연결시켜주며 HAL.DLL은 하드웨어와 OS 사이의 통신을 가능케 해주는 파일이다. 이제 NTLDR은 HKEY_LOCAL_MACHINE \ SYSTEM에서 장치 드라이버를 초기화시켜서 로드한 뒤, 통제를 NTOSKRNL.EXE에게 넘기면 부트과정이 끝나게 된다. 이제 Winlogon이 로드되어 로그온 화면이 뜬다. 사용자 이름과 패스워드를 넣으면 로그온 되어 Windows 바탕화면이 뜬다.

3. 부팅방법 선택하기

정상적인 부팅이외에도 시스템에 문제가 있을 때 부팅하는 방법이 몇 가지 있다. 시작 시 F8을 누르면 되는데 다음과 같은 옵션이 있다.

1) Safe Mode는 최소한의 설정으로 머신을 시작하게 해 주어서 문제를 수정할 때 사용한다. 네트워크 지원은 불가하다.

2) Recovery Console은 문제 해결을 위한 명령어 입력상태가 되는데 NTFS, FAT16/32의 파일과도 호환되며 포맷하거나 서비스를 시작하게 할 수도 있다.

3) Restore points는 '시작'→프로그램→보조 프로그램→시스템 도구→ '시스템 복원'으로 가서 원하는 시점으로 머신을 되돌릴 수 있게 한다.

4) ASR(Automated System Recovery)은 '시작'→프로그램→보조 프로그램→시스템 도구→ '백업'으로 가면 이 도구를 사용할 수 있다.

5) ERD(Emergency Repair Disk)도 위의 백업도구에서 만들 수 있는데, ERD는 Windows 2000에만 해당되며, ASR은 Windows XP/Vista에 해당되는 도구이다.

6) Safe Mode With Networking은 Safe Mode와 같은데 네트워킹이 지원된다.

7) Safe Mode With Command Prompt도 Safe Mode와 같은데 GUI가 아니다.

8) Enable Boot Logging은 \WINNT 디렉터리에 저장된 NTBTLOG.TXT의 모든 정보를 불러내 문제를 보게 해준다.

9) Enable VGA Mode는 기본적인 비디오 모드를 사용하지만 나머지는 정상으로 사용할 수 있게 해서 비디오 문제를 해결할 때 사용한다.

10) Last Known Good Configuration은 레지스트리를 만져서 문제가 생겼을 때 정상적인 상태로 되돌릴 때 사용된다.

11) Directory Services Restore Mode는 도메인 컨트롤러가 있을 때 사용되는데 이 선택으로 디렉터리(Windows 2000 서버에서는 Active Directory)를 사용하지 않고 부팅되게 한다.

12) Debugging Mode는 다른 머신이 연결되어져 그 머신에서 문제 있는 머신을 수정할 때 사용하는 모드이다.

13) Disable Automatic Restart On System Failure, Disable Driver Signature Enforcement, Enable Low-Resolution Video(640x480), Repair Your Computer는 이름처럼 부팅하게 해주는데 Vista에만 있는 기능이다.

14) Boot Normally(2000)는 Windows 9x의 Normal과 같다.

15) Start Windows Normally는 Windows 2000의 Boot Normally와 같다.

16) Reboot는 warm boot와 같다.

17) Return To OS Choices Menu는 OS 선택모드로 가게 해준다. 설치 시 문제점들은 %SystemRoot%나 %SystemRoot%\Debug 폴더에 로그파일이 만들어지며C:\WINNT와 C:\WINNT\DEBUG에 들어있다. 이들 시스템로그는 이벤트뷰어로 볼 수 있는데 '컴퓨터 관리'나 제어판의 '관리 도구'에서 볼 수 있다.

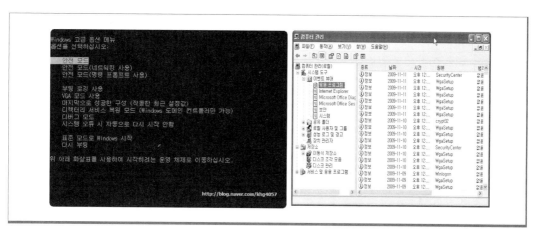

모드 선택 화면과 이벤트뷰어 화면

Windows의 구성정보는 레지스트리에 저장되어 있는데, 레지스트리 에디터로 편집할 수 있다. '시작'→'실행'에서 *REGEDIT*를 타자하면 된다. Windows 2000에서는 *Regedt32*를 타자해도 같다. 문제가 있는 것들을 덤프파일(dump file)로 만들어 놓아서 나중에 볼 수 있게 해두는 것이 좋은데 '제어판'→'시스템'으로 가서 [고급]탭으로 가면 '시작 및 복구'가 있는데 이곳에서 설정하거나 볼 수 있다.

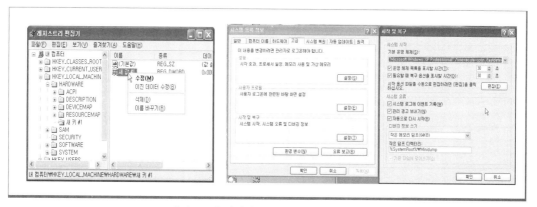

레지스트리 편집화면과 덤프파일 설정 화면

4. 부팅순서 선택하기

CD 등을 이용해서 머신을 부팅한다면 BIOS에서 부팅순서를 바꿔주어야 한다. 머신 시작 시 Del키나 F12 (혹은 F1이나 F2)를 눌러 BIOS 설정화면으로 간 뒤 부팅순서에서 USB나 CD-ROM을 처음으로 해 두어야 설치나 점검이 용이할 것이다.

다. OS 복구

심각한 문제가 있는 시스템은 OS를 복구해야한다. 이를 위한 도구들로 시스템 복원(System Restore), 복구콘솔(Recovery Console), ASR(Automated System Recovery)과 ERD(Emergency Repair Disk), 복구 CD(Recovery CD) 등이 있다.

1. 복구도구들

1) 시스템 복원은 '시작' → 프로그램 → 보조 프로그램 → '시스템 도구'에 있다.

2) 복구콘솔(Recovery Console)은 명령어 유틸리티인데 Windows XP/2000에 모두 적용되므로 FAT16/32/NTFS 에도 적용된다. 설치 CD를 넣은 뒤 '시작'→ '실행'으로 가서 뉘우기를 타자하고 명령어 화면에서 설치 CD의 드라이버로 가서 i386 폴더로 간 후 뉘우기를 타자하면 (CD-ROM이 E: 드라이브에 있다면 명령어 D:\i386\winnt32.exe /cdmcons) 복구설치를 해 나아간다. Exit는 머신을 재시작 할 것이며 Help는 명령어를 나열해 준다. Cmdcons라는 폴더가 루트디렉터리에 생성되는데 복구 콘솔이 필요 없으면 Cmldr 파일과 Cmdcons 폴더는 Boot.ini 파일에서 제거할 수 있다.

3) ASR(Automated System Recovery)은 백업도구에 있는데, 플로피디스켓을 이용해서 필요한 파일 들을 만들어 놓았다가 문제가 있을 때 사용하게 한다. 부팅 시 F2를 누르고 이 디스켓을 넣으면 복구를 시작한다.

4) ERD도 역시 백업도구에서 만들 수 있는데 플로피디스켓을 요구한다. SETUP.LOG, CONFIG.NT, AUTOEXEC.NT 파일이 들어가 있다. 레지스트리 파일도 선택적으로 백업해 두었다가 쓸 수 있는 데, 머신에서는 %systemroot%\repair\RegBack에 저장된다.

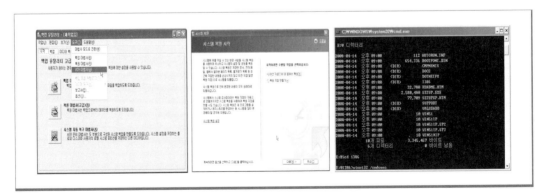

ASR과 시스템 복원, 그리고 복구콘솔 화면

1. Windows 2000의 부팅 디스켓 만들기

4장의 플로피디스켓이 필요한데, Windows의 '시작'→'실행'에서 CD-ROM 드라이브가 F:라면 F: \ 〉 \ *BOOTDISK\ MAKEBOOT A:*를 타자하면 되는데, 이때 설치 CD가 들어 있어야 한다. 나중에 이 부팅 디스켓을 넣고 머신을 부팅한 뒤 복구(repair) R을 누르면 시스템에 필요한 파일들을 가져와 시스템을 수리해준다.

여기에는 복구콘솔(recovery console)과 응급복구(emergency repair) 두 가지가 있다. 복구콘솔은 DOS와 같은 명령어로 하드 드라이브에 액세스 해서 문제를 해결할 수 있게 해 주는데 이동, 복사, 삭제와 포맷과 백업에서부터 레지스트리 대체, 부트섹터(MBR)의 수정 등도 할 수 있다. 또 응급복구는 ERD(Emergency Repair Disk)를 사용하는 방법인데 이 ERD 디스켓은 반드시 부팅 디스켓을 먼저 넣어 머신을 시작한 뒤 사용해 주어야 한다. 이 ERD 디스켓을 넣고 머신을 부팅하면 에러가 뜬다. 부팅 디스켓도 만들어 두어 필요시 사용할 수 있어야 한다.

2. ERD 디스크 만들기

복구콘솔과 ERD가 다른 점은 ERD 과정은 자동으로 이뤄진다는 것이다. 이를 사용하려면 Windows 2000 부팅 디스켓을 이용해서 머신을 부팅 한 후 응급복구 과정을 선택하고, 빠른복구와 수동복구 중에서 하나를 선택한다. 수동복구는 임의의 선택적인 복구를 해주며 빠른복구는 모든 복구를 자동으로 수행해준다. 복구과정은 부트 파일과 NTLDR, BOOT.INI, 그리고 시스템 파일인 NTOSKRNL.EXE를 체크해준다. 만일 이들 중 하나가 없어지거나 손상되었다면, 설치 CD로부터 그 파일을 가져와 대체한다. 부트섹터도 복구해준다.

ERD는 Windows 2000의 백업도구로 가서 ERD를 선택하면 된다. 주의할 것은, ERD는 현재 구성을 토대로 만든 것이므로 시스템의 구성을 바꿨다면 그때그때 ERD를 새롭게 만들어 줘야 한다. 이 ERD로 시스템을 부팅할 수 없다. 일반 부팅 디스켓으로 부팅하다가 중간에 복구(Repair)에서 ERD 디스켓을 사용해야만 한다.

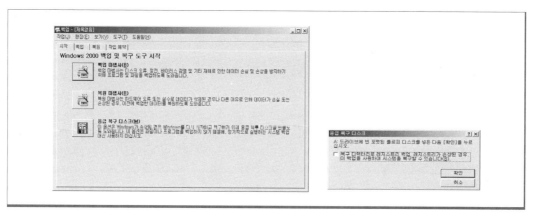

Windows 2000의 ERD 작성화면

2. 일반적 에러표시들

부팅 시 일반적인 에러 메시지가 있는데 주요한 것들만 살펴보자.

1. Invalid Boot Disk

이것은 BIOS가 시스템파일이 있는 부팅 가능한 파티션을 찾지 못해서 발생한 것으로 OS를 재설치 해야 한다.

2. Operating System Not Found

이것은 시스템이 OS를 찾지 못해서 발생한 것으로 설치가 제대로 되지 않아서이다. 재설치 해야 한다.

3. Inaccessible Boot Device

이것은 부팅 디스크의 드라이버 컨트롤러의 드라이버를 찾지 못해서인데 특히 SCSI CD-ROM 등으로 설치할 때 나타난다. 서드파티 도구로 설치하던지 시스템을 IDE나 SCSI로 통일하고 설치 해준다.

4. Missing NTFS

만일 이 파일이 깨지거나 손상되었다면 OS가 부팅될 수 없다. 또 NTOSKRNL.EXE missing or corrupt라는 메시지도 그런데, 이는 BOOT.INI 파일에서 구문이 틀렸기 때문으로 부팅 디스켓을 사용해서 CD-ROM으로부터 복사해 붙여 넣어야 한다. ARC(Advanced RISC Computing) 이름변환으로 구문은 다음과 같다. BOOT.INI 파일에서 확인해 보았다.

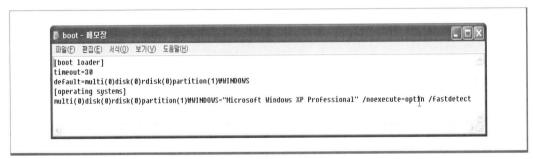

BOOT.INI 파일 내용

5. System Files Not Found

OS가 없거나, 부트섹터가 손상되었거나 부트파일이 손상된 경우중 하나인데 손상된 파일을 CD-ROM 등에서 복사해둔다. 같은 현상이 계속 발생하면 OS를 재설치 해준다.

6. Configuration File 문제

레지스트리 파일이 손상된 경우인데 새로운 하드웨어가 설치된 이후에 나타난다면 장치관리자에서 점검해준다.

7. Swap File 문제

페이지파일(page file)이라는 스왑파일(swap file)은 하드 디스크 공간을 메모리처럼 사용하게 하는데 모든 메모리 문제는 이 스왑파일이 손상되거나 공간이 너무 작은 경우거나 너무나 느린 시스템이나 디스크에 계속 액세스할 때에 발생한다. 모든 프로그램을 메모리에서 돌리기에 디스크에 스왑파일을 위한 공간이 적을 때 메모리와 하드 디스크 사이를 스왑해주는 하드 디스크 스래싱 (thrashing)이라고 하는 기법을 쓰거나, D: 드라이버로 스왑파일을 옮겨주면 좋다.

8. 기타 문제들

1) GPFs(General Protection Faults) – 어느 프로그램이 사용 중인 메모리 영역을 다른 프로그램이 액세스하거나, 존재하지 않는 메모리 영역에 액세스하려 할 때 발생하는데 리부팅하는 수밖에 없다.

2) Illegal Operation – 레지스터나 프로세서의 변위가 맞지 않을 때 Windows가 프로그램을 강제로 종료시킬 때 발생한다.

3) System Lockup – 너무 작은 메모리 공간에서 너무 많은 지시를 처리하려고 할 때 발생한다. 재부팅 이외에 방법이 없다.

4) GUI failure – BSOD(Blue Screen Of Death)라고 불리는데 드라이버나 하드웨어 문제가 있을 때 발생하며, 안전모드에 들어가서 점검해보면 된다.

3. 관리 도구들

Windows에 내장된 관리도구들을 알아보자. 여기에는 크게 소프트웨어 관리도구, 하드웨어 관리도구로 나눌 수 있다.

1. 소프트웨어 관리도구

Dr. Watson이라는 유틸리티는 Windows XP/2000에 들어있는데, 모든 에러를 가로채서 사용자에게 보여주는 대신 특정 저장소에 기록해 두어 나중에 문제를 알게 해 주는 도구로 명령어에서 *Drwtsn32.exe*를 타자하면 실행되며, Windows Vista에서는 제어판 속의 '시스템 관리' 아래 System Reports and Solutions로 대체되었다. Windows 2000에서는 Dr. Watson이 시스템의 현재 구성과 현재 로드된 장치와 드라이버를 스냅 샷(snapshot)하여 문제가 있었을 때 이를 로그파일로 만들어 볼 수 있게 한다. 스냅 샷을 한 뒤 '보기'에서 '고급'보기를 선택하고, 자세한 내용을 본 뒤에 '파일'에서 '다른 이름으로 저장'을 누르고 경로를 C: \ windows \ drwatson으로 해서 저장하면 된다. 스냅 샷은 '파일' 메뉴에서 '로그파일 열기'를 선택하면 된다. Windows 2000에서는 '시작'→ 관리도구 → 컴퓨터 관리 → '도구'에서 Dr. Watson으로 가면 된다. 이것을 Windows 시작 폴더에 넣어두면 컴퓨터 시작 시 자동으로 실행된다.

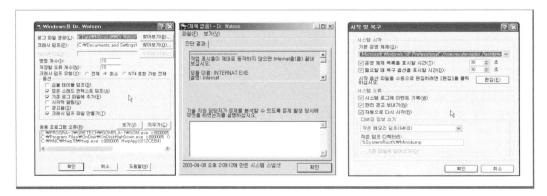

Windows XP와 2000에서의 Dr. Watson   오류보고 설정화면

2. 보고(report) 도구

Windows XP에는 시작 시 오류를 보고하게 하는 설정이 있는데 '내 컴퓨터'를 오른쪽 클릭하고 '속성'으로 가서 '시스템 등록정보'의 [고급]탭으로 가서 '시작 및 복구' 항목에서 설정해주면 된다. 또 Windows XP/2000은 '이벤트 로그 서비스'를 가지고 있는데, Windows 2000이 로드될 때 활동로그(activity log), 시스템로그(system log), 프로그램로그(application log), 보안로그(security log)를 함께 가지고 있다. 로그된 이벤트는 에러, 경고, 정보, 성공이나 실패한 작업 등을 가지고 있다. 이 '이벤트 뷰어'는 '시작'→ 프로그램 → '관리도구' 에서 선택하면 된다(XP는 '내 컴퓨터' 오른쪽 클릭 후 팝업메뉴에서 '관리'로 가면 된다). 로그 크기, 로그 저장, 현재 엔트리 지우기와 이벤트 로그 등은 모두 '이벤트 뷰어'에서 처리할 수 있다. 로그파일이 가득 차면 오래된 것부터 차례로 지워져 나간다.

Windows XP와 2000에서의 이벤트 뷰어

시스템과 네트워크상에서의 모든 일은 이벤트로 처리되며 이들은 로그 파일에 기록된다고 했는데 나중에 시스템 감사(system audit)나 문제해결(troubleshooting)을 하는데 있어서 아주 중요한 단서가 될 수 있다. 서버 시스템을 운영하다가 문제가 있어 Microsoft사에 문의하면 우선 정품 사용여부를 물은 뒤, 시스템의 로그파일인 이 '이벤트뷰어' 파일을 e-mail로 보내달라고 한다. 이를 분석할 수도 있어야 훌륭한 시스템 관리자가 될 수 있다.

3. 하드웨어 관리도구

디스크관리에는 포맷, 체크디스크, 조각모음, 백업이 있으며, 시스템관리에는 장치관리, 컴퓨터 관리, 시스템 정보, 시스템 모니터와 성능 모니터(명령어 *perfmon.msc*를 타자해도 된다), 작업관리자, 예약된 작업(시스템 도구에 있다), MSconfig, Regedit, Regedt32, CMD, 이벤트 뷰어, 시스템 복원이 있고, 파일관리에는 Windows 탐색기와 ATTRIB가 있다.

4. 하드디스크의 동적 설정

Windows XP/2000/Vista에서는 기본(basic)과 동적(dynamic) 저장소를 지원하는데, 기본은 단지 하나의 디스크만 지원하지만, 동적은 simple, spanned, striped를 구성하게 해준다. spanned는 여러 디스크를 하나의 볼륨으로 묶어주는데 redundancy(오류복구)를 해주지는 못한다. striped는 spanned처럼 여러 디스크를 묶어 주며 오류복구를 도와준다. OS가 들어있는 하드 디스크는 활

성화(active)되어 있어야 하며 루트디렉토리가 있는 C: 드라이브가 되어야 한다. 네트워크 드라이브는 서버의 여러 디스크가 묶여 하나의 H: 드라이브 명으로 보이게 한다.

동적 저장소는 기본 저장소에 비해 현존하는 여러 파티션을 단순화 시켜줄 수 있기 때문에, 재난대비가 되는 디스크가 되려면 동적 저장소가 되어져야 한다. FAT에서 NTFS로 바꿀 수 있듯이 단순 저장소를 동적 저장소로 바꿀 수 있다.

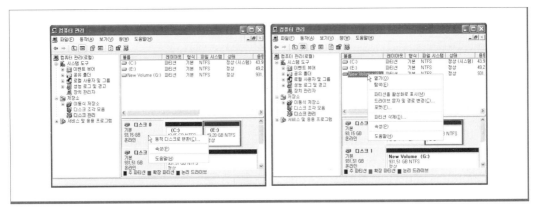

디스크 관리도구화면과 동적디스크 설정화면

라. 문제해결

Windows OS의 부팅과 실행을 이해하고 각 부품의 기능을 이해하는 것이 문제 해결에 도움이 되며, 컴퓨터를 정상적으로 유지하는 것이 컴퓨터 관리의 목적이다. 그러나 어떤 문제로 인해 컴퓨터가 정상적이지 못하면 원래대로 컴퓨터가 작동되게 하는 것도 중요하다. Windows XP와 Windows 2000은 리거시한 파일들에 대한 문제점들을 별로 가지고 있지 않다.

1. 부팅과정의 이해

Windows XP/2000의 부트 프로세스는 각 부트 파일이 서로 보완적이며 각기 맡은 일이 있기 때문에 어느 한 파일이 손상되거나 실종, 혹은 다른 위치에 있게 되면 부팅 과정이 지속되지 않는다. 그러나 대부분의 부팅 중의 문제는 쉽게 진단되고 고쳐질 수 있다. 그러므로 일반 부팅 과정을 잘 알고 있어야 한다. 문제 발생 시 장치 관리자, 시스템 도구, 디스크 도구 등의 도구를 알고 있어야 하며 Windows 2000에서는 부팅 디스켓을 가지고 있어야 한다. 또 기본적인 DOS(*FDISK, FORMAT, SYS C:* 등) 명령어들도 잘 알고 있어야 한다.

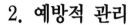

2. 예방적 관리

Windows OS에 대한 예방적 차원은 Windows Catalog에 들어있는 하드웨어와 드라이버를 사용하는 것, Windows를 제대로 설치하는 것, 종료를 올바르게 잘 하는 것, OS를 정기적으로 업데이트(서비스팩 등) 시키는 것, 복구지점을 만들어 두거나 시스템 파일을 백업해 두는 것 등이 될 수 있다. 복구지점으로도 머신이 부팅되지 않으면 안전모드로 들어가 시스템을 복구해본다. NTLDR 등의 파일이 없다고 나오면 설치 CD로 시작 후 복구(R)을 선택해서 복구해주거나 부팅 디스켓으로 시작한 후 필요한 파일을 복사해주면 된다.

안전모드는 부팅 시에 F8 키를 누름으로써 Windows XP/2000는 고급 시작메뉴로 들어갈 수 있고, 치명적인 드라이브 에러가 있을 때에도 시스템은 자동으로 안전모드로 들어가게 된다. Windows NT 4.0은 부팅 시 문제가 있으면 자동으로 '마지막 성공한 구성(last known-good configuration)'으로 들어가게 되어 있었다. '장치 관리자'로 들어가서 하드웨어와 드라이브가 정상인지 확인해 본다.

3. 일반적인 문제해결 과정

일단 문제의 주변 정보를 충분히 얻었다면 에러의 원인을 집어낼 수 있다. 그러나 이것으로 충분치 않을 때도 많은데 이때는 컴퓨터를 재 시작하여 메모리를 비우고, 응용 프로그램을 중지시키면 문제 해결이 쉬울 수도 있다. 머신을 재 시작한 후에 발생했던 문제를 다시 만들어 보거나 그 문제가 불규칙하게 일어난 것인지 정기적으로 나타나는 것인지도 눈여겨 보아야한다. 안전모드로 들어갔을 때 그 문제가 발생하지 않으면, 16-bits 구성의 문제라고 볼 수 있다. 어느 특정 장치에서의 문제라면 '장치 관리자'도 봐야하며, 어느 응용 프로그램의 문제라면 재설치가 좋은 해결책이 될 수도 있고 OS를 다시 설치할 수도 있다.

프린터와 스캐너

08 프린터와 스캐너

Chapter

가. 프린터의 개념

프린터를 어떻게 설정하는지, 또 그 작동원리는 무엇인지 잘 알고 있는 것이 프린터를 관리하고 수리하는 지름길이다. 레이저 프린터는 복사기와 원리가 비슷하다. 인쇄된 프린트물을 보통 하드 카피(hard copy)라고 한다.

1. 프린터 종류

프린터 기술도 컴퓨터 기술과 더불어 계속해서 발전되어 왔으며 지금은 사진과 똑같은 이미지 출력단계까지 왔다. 충격식(impact) 프린터로는 휠, 도트프린터 등이 있고, 라인(line) 프린터로는 버블젯, 잉크젯 등이 있으며, 페이지(page) 프린터로는 레이저 프린터가 있다.

1. 충격식(Impact) 프린터

타자기와 같은 원리로 도트매트릭스(Dot Matrix), 휠(Daisy-Wheel) 타입이 있다.

1) Dot Matrix 프린터

도트매트릭스 프린터(그냥 도트프린터라고 한다)의 작동원리는 사실 일반 타자기와 같다. 초기 프린터이며 각기 핀은 솔레노이드(solenoid)에 연결되어 있어, 핀을 종이로 밀어 때림(impact)으로써 글자가 종이에 인쇄되게 한다. 프린터 헤드가 종이 위를 가로지르며 움직이고 종이와 리본먹지(ribbon tape)에 헤드가 충격을 가해서 인쇄하는 방식이어서 충격식이라 한다. 인쇄는 줄 단위(line by line)라서 라인프린터에 속한다. 보통 계산서, 영수증 등의 연속 용지공급용으로 많이 사용되므로 트랙터급지(tractor feed) 범위에 속한다. 스포크(spokes)와 스프로커(sprockers)라는 두 개의 회전체로 용지를 연속 공급하는데, 종이의 양끝에 있는 구멍에 트랙터같이 휠이 들어가서 급지시킨다. 인쇄의 해상도가 좋지 않고 컬러 프린팅도 불가하다. 하지만 사무실용으로 여전히 많이 사용되며 일반 데스크젯 프린터보다도 훨씬 비싸고 인쇄 소음도 크다. 프린트 리본을 써야한다. 가장 NLQ(Near Letter Qulity)한 프린터이다. 인쇄물 복사가 가능하다.

도트 프린터와 휠 프린터, 데스크젯과 레이저프린터

2) Daisy Wheel 프린터

휠 프린터는 프린터 헤드가 솔레노이드에 의해 회전하면서 인쇄되게 하는 방식으로 리본잉크를 사용한다. 보통의 타자기 원리와 같다. 충격식이며 줄 단위 라인 프린터이다.

2. Bubble jet 프린터

잉크젯 프린터는 리본이 아니라 잉크카트리지(ink cartridge)를 쓰는데, 작은 잉크펌프가 있어 노즐(nozzle)을 통해 잉크 저장소로부터 종이로 잉크를 공급해준다. 줄 단위인 라인 프린터이며, 직접 종이를 때리지 않으므로 비충격식(non-impact) 프린터에 속한다. 도트프린터보다 좋은 해상도를 가지며 컬러 프린팅도 가능하고, 속도도 빠르고 소음도 적다. 가정용으로 가장 많이 사용되고 있다. 잉크젯는 마찰급지(friction-feed)방법으로 용지를 공급시키며, 프린터 고무나 플라스틱 롤러가 용지 위에서 마찰로 용지를 밀어내어 급지시키는 형태이다. 용지는 용지트레이(feeder tray)에 있으므로 용지의 형태가 봉투나 카드라도 트레이에 들어갈 수만 있다면 인쇄가 가능하다는 장점이 있다. 도트프린터에서는 트랙터의 크기에 맞는 용지만 가능하고 연속용지 공급이 가능하지만, 마찰 급지 방식에선 낱장공급만이 가능하다. 경험적으로는 용지 걸림이 적은 전면 용지공급 방식이 더 좋을 수 있다.

버블젯 프린터는 잉크젯 프린터의 일종으로 잉크젯와 비슷한 기능이지만, 잉크의 공급이 잉크젯의 펌프식이 아니라 열(heating)로 한다. 가열체(heating element)가 가열되면 잉크가 팽창하여 거품(bubble)을 만들어 노즐을 통해 용지에 뿌린다. 실제로 잉크젯보다 버블젯의 출력 해상도가 더 좋다. 데스크젯프린터는 잉크젯과 버블젯의 모든 종류를 대표하는 이름이다. 헤더 카트리지, 벨트, 정지 모터, 이동벨트, 잉크카트리지 이동막대(stabilizer bar), 급지기(feeder), 급지 센서 등으로 구성되어 있다.

데스크젯 인쇄과정
프린터를 클릭→응용 프로그램이 프린터 드라이버에게 인쇄 될 데이터를 전송→프린터 드라이버는 프린터가 이해할 수 있는 언어로 데이터를 전환함→프린터 드라이버가 프린터에게 전환된 데이터를 USB나 LPT 케이블을 통해 보냄→프린터는 프린터 버퍼(512KB~16MB)에 받은 데이터를 저장함→프린터 컨트롤러가 클리닝을 시작해서 프린트헤드를 청소함→프린터 회로가 급지모터를 작동시킴→프린터 벨트와 잉크카트리지에 의해 인쇄가 진행되며 용지의 끝에 닿으면 이동벨트가 회전해서 다음 줄로 잉크헤더를 이동시킴 (용지가 끝나거나 용지가 부족하면 급지 센서가 신호를 보냄)→인쇄가 끝나면 프린트헤드가 제자리에 자리 잡음

3. Laser 프린터

레이저 프린터는 사무실에서 일반적으로 사용되는 프린터로, 가장 좋은 품질의 출력물을 만들어 내며 인쇄과정과 구조가 복잡하다. 인쇄방식은 비충격식이며, 페이지 단위로 인쇄를 하므로 페이지프린터라고 하며, 마찰공급방식으로 용지를 공급한다. 컬러 프린팅이 가능하며, 소음이 적고 가장 빠르지만 가격이 비싸다. 토너 카트리지, 레이저 스캐너, 고압전류, 이동 코로나, 용융체 등으로 구성되어있다. 토너는 폴리에스터 송진(resin)으로 되어있는데 전기에 민감하다.

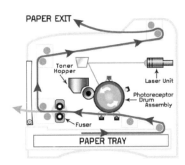

레이저프린터 내부

2. Laser 프린터의 인쇄과정

약간은 다르게 표현되기도 하지만 일반적으로 Cleaning→Charging→Writing→Developing→Transferring→Fusing(→Cleaning)의 순서이다.

① Cleaning(청소) – 출력이 끝나면, 롤러의 청소 고무날(cleaning rubber blade)이 드럼에 다니면서 남아있는 토너를 제거하며, 제거된 토너는 다시 작은 저장소로 들어가 별도로 모여진다. 하나 이상의 이레이저 램프(eraser lamp)가 감광(photosensitive)한 드럼을 쬐어 남아있는 전위(charge)를 모두 없애버린다. 이제 프린터는 새 이미지를 만들 준비가 된 것이다.

② Charging(충전) – 프린터의 HVPS(High Voltage Power Supply)는 -500V DC로 충전 코로나와이어(charging corona wire)를 통해 전기적 전위를 감광드럼으로 분사한다.

③ Writing(쓰기) – 감광드럼은 이제 위의 충전단계에서 만들어진 높은 -500V의 음전위를 갖게 되며, 프린터의 레이저가 드럼 위에 인쇄될 이미지를 만들어 간다. 드럼이 감광이므로 레이저가 닿는 부분의 전위가 없어져 -100V DC로 떨어져 이미지가 형성되는 원리이다. 나머지는 아직 고압인 -500V DC를 지니고 있다. 이미지가 생기는 드럼에는 레이저에 의한 전기

적인 전위의 차이에 의해 이미지가 만들어진다.

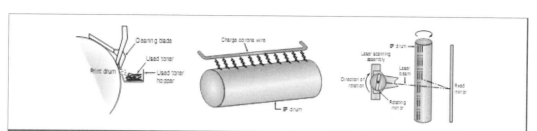

cleaning   charging   writing

④ Developing(현상) – 프린터의 토너 카트리지가 열리고, 이 토너의 작은 입자(particle)는 현상롤러에 의해 덜 음전위인 –100V DC를 지니고 있는 드럼위의 이미지대로 분사된다. 토너가 현상롤러와 감광드럼 사이에 오면 토너가 전위차에 의해 이미지에 달라붙는다. 나머지 –500V DC는 주변에 그대로 있으며, 최종 출력 될 때의 토너가 붙어있는 이미지로 생성되는 것이다.

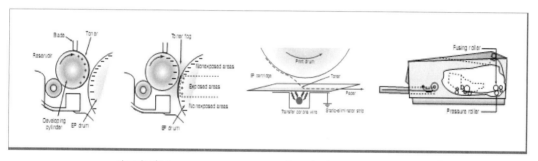

developing   transferring   fusing

⑤ Transferring(전달) – 이제 용지가 공급되어 등록롤러(registration roller)가 용지를 드럼에 지나가게 한다. 전송 코로나와이어는 강한 양극인 +500V DC로 용지를 충전시킨다. 토너와 용지는 반대 전하이다. 용지가 드럼을 통과할 때 드럼의 이미지가 가지고 있는 –100V DC를 용지가 잡아당겨 토너가루가 용지에 이미지대로 달라붙게 만든다. 일단 토너가 용지에 가서 붙으면 정전기제거기(static-eliminator strip)가 용지의 모든 전하를 없앤다. 토너가루는 중력에 의해 제자리로 가게 된다.

⑥ Fusing(융합) – 드럼위의 이미지에 붙은 토너가루가 용지로 달라붙게 한 것이 전위차임을 기억하라. 토너는 열을 받으면 녹는 성분이 있어, 등록롤러가 용지를 밀어 드럼을 떠나면서 용융롤러(fusing roller)를 지나가게 한다. 용융기가 용지를 잡으면 350°F의 용융램프(fusing lamp)에 의해 토너가루가 가열되어 이미지대로 용지에 녹아서 용지에 달라붙게 된다. 다시 다음 인쇄를 위해서 클리닝이 시작된다.

지금까지 배운 프린터를 간단히 정리했다.

Type	Impact Printer	Line Printer	Ink Usage	Printing	Feeding
Dot Matrix	yes	yes	ribbon	impact	tractor
Ink-jet	no (non-impact)	yes	ink cartridge	pump spray	friction
Bubble-jet	no	yes	ink cartridge	heat element	friction
Laser	no	no (page printer)	toner	electricity	friction

1) 레이저는 드럼이 최종적으로 만들어 내려는 이미지 부분의 전위(charge)를 줄이는 역할을 한다.

2) 드럼에서 용지로의 이미지 생성은 전송 코로나와이어가 양전위 (+500V)를 용지에 적용시켜, 드럼에 용지가 지나갈 때 음전위인 이미지의 전극 (-500V)이 이 토너를 끌어들여 용지에 이미지가 생기게 하는 것이다.

3) 토너(-100V)가 용지에 붙어 있게 하는 것은 토너성분 중 가열된 용융롤러를 지나갈 때 녹는 레진 성분이 있기 때문이다.

1. 컬러 프린팅인 경우는 쓰기와 현상단계에서 기준 컬러인 red, green, blue와 yellow가 드럼위의 이미지가 용지로 전달되기 전에 4번의 과정을 거쳐 컬러이미지를 만들어 낸다.
2. page description language는 프린터 드라이버가 인쇄할 데이터를 프린터 장치가 이해할 수 있는 언어로 바꿔주는 언어를 말하는데 Adobe의 PS(PostScript)는 Apple사에서 사용했고, 최근 버전 6의 PCL(Printer Control Language)은 HP에 의해 만들어 졌다. 사실 도트프린터에서는 데이터를 0과 1로 시리얼로 보내기 때문에 page description language는 없어도 된다. 하지만 레이저 프린터에서는 이것이 없으면 곤란하다. 또 다른 언어가 PCL(Printer Command Language)인데 프린터 언어의 표준이다. 또 GDI(Graphics Device Interface)은 그림 인쇄시 그림을 비트맵으로 쪼개서 인쇄하게 해준다.

레이저 프린트의 빠르기는 PPM(Pages Per Minute)로 재며, 도트프린터의 빠르기는 CPS(Characters Per Second)로 잰다.

3. 기타 프린터

1) LED 페이지프린터는 Okidata와 Panasonic에서 만든 것으로 레이저 프린터에 비해 토너 카트리지를 교환할 때 레이저프린터에서와 같이 드럼을 꼭 교환할 필요가 없다는 것이 다르다. 이것도 작은 빛을 내는 다이오드(diode)를 감광드럼 가까이에서 노출시키는 방법을 사용하는데 Writing에서 레이저대신 LED를 사용한다. 인쇄물이 레이저만큼 좋지는 않다.

2) Solid-Ink 프린터는 버블젯과 비슷한데 액체 잉크식보다는 왁스처럼 생긴 잉크를 쓴다. 버블젯보다 인쇄속도가 빠르며 레이저보다 저렴한 가격으로 true color를 얻을 수 있다.

3) 열감지(Thermal) 프린터는 용지가 롤에 감겨있다. 열감지 종이보다는 열감지 리본을 사용한다. 이미지의 질은 떨어지지만 고장은 없는 편으로 영수증, 작은 티켓 인쇄 등에서 주로 쓰인다.

열감지 프린터

4. 프린터 포트

프린터는 몇 가지 방법으로 연결해서 (무선도 있다) 쓸 수 있다.

1. 병렬 프린터

가장 일반적인 프린터 연결 방식이 프린터를 컴퓨터 본체의 병렬포트(LPT)에 연결시키는 것인데, ECP 모드와 같은 방식을 설정한다. 프린터 케이블의 한쪽 끝에 있는 25-pin 수컷포트가 본체의 25-pin 암컷 LPT 포트에 연결되며, 케이블의 다른 한 끝에 있는 36-pin의 센트로닉스 (Centronics) 커넥터는 프린터 본체에 연결된다. 길이는 3m를 넘어서는 안 되며 프린터의 디바이스 드라이버를 설치하고, 리소스도 점검해 보아야 한다. 만일 중간에 스캐너가 있다면, 본체-스캐너-프린터 순서로 연결되어져야 한다. 병렬포트는 IEEE 1284에 규정이 있다.

EPP는 4-bits이며 단방향이며 half-duplex이다.
ECP는 8-bits이며 양방향이며 full-duplex이다. 당연히 ECP가 EPP보다 빠르다.

2. USB 프린터

요즘에는 많은 컴퓨터 장치들이 USB를 사용하고 있으며 프린터도 예외가 아니다. 새로 나오는 디지털 카메라, 프린터, 스캐너 등이 모두 USB 시스템을 쓰게 되어져 있을 정도이다. USB 프린터를 연결하려면 단순히 USB 포트에 해당 장치를 꽂기만 하면 된다. 핫스왑핑이므로 머신이 켜진 상태에서도 자동으로 장치가 감지된다. USB 외장형 허브나 루트 허브를 사용해서 여러 USB 장치들을 한 곳에 모아 연결할 수도 있다. 대부분은 스스로 전원을 공급하며 PnP를 지원하므로 별도의 세팅을 요구하지는 않는다. 하지만 문제가 잇다면 '제어판'-시스템- '장치관리자'로 가서 USB 컨트롤러가 나와 있는지, USB 장치에 문제가 없는지를 살펴보아야 한다.

3. SCSI 프린터

고속의 FireWire, USB가 나오기 전까지 사용되었으나 지금은 거의 사용되지 않는다.

4. 네트워크 프린터

네트워크상의 프린터에 접근하는 방법에는 2가지가 있는데, 하나는 진정한 네트워크 프린터로, 프린터 자체에 RJ-45 잭이 있어 어디서나 일반 노드(node)처럼 사용될 수 있는 형태이다. 고유 ip주소를 가지고 있으므로 웹상에서도 인쇄가 가능하다. 또 하나는 다른 컴퓨터에 붙어 있는 것을 공유시켜 네트워크 프린터처럼 사용하는 경우인데, 이는 프린터가 연결되어 있는 해당 컴퓨터(그 컴퓨터에서 보면 그 프린터는 자기의 로컬프린터이다)가 켜져 있어야 하며 공유되어져 있어야 한다는 단점이 있다-엄밀히 말해서 공유프린터라고 불려야 할 것이다.

또는 어느 한 컴퓨터를 프린터 서버로 만들어 거기에 여러 프린터를 붙여서 사용할 수도 있으며, 프린터 서버(일종의 프린터 공유기)라는 허브와 같이 생긴 박스(프린터 허브)에 여러 프린터를 연결해서 쓰는 프린터 분배 역할을 하는 장치도 있다.

5. FireWire 프린터

800M~3.2Gbps의 전달 속도인데, 그래픽을 인쇄하는데 사용하면 좋다.

6. 적외선 프린터

PDA와 같은 기기로부터 핸드헬드(handheld)에 이르기까지 프린트 장치를 향하게 함으로써 인쇄하게 할 수 있다. 물론 이들에게 맞는 프린터 드라이버가 프린터에 설정되어져 있어야 한다.

7. 무선프린터

IEEE 802.11의 무선 네트워킹에 의한 것인데, 블루투스를 사용할 수 있고 100m 이내로 제한된다고 하지만 실제로는 10m이내에 있어야 한다. 블루투스가 가능한 PDA나 휴대폰으로도 인쇄 할 수 있다. 물론 프린터 드라이버가 프린터에 설정되어 있어야 한다.

나. 프린터 서비스와 문제해결

프린터도 여러 부품으로 구성 되어있으며, 용지 공급, 잉크나 토너의 교체 등에 의해 변화가 잦은 기기이므로 고장이 나기 쉽고 어디서 고장이 났는지 알아내기도 어렵다. 다음은 일반적인 고장과 그에 대한 처리이다. 사용 환경도 중요한데 프린터는 열을 많이 내며, 레이저 빛을 내고, 코로나와이어는 오존(ozone)을 발생시키기도 하므로 취급 시 주의한다.

프린터의 메모리를 증설하거나 하드 디스크의 공간을 남겨두는 것, 프린터의 펌웨어를 업데이트하는 것, 청소를 잘 해두는 것, 정품 잉크나 용지를 사용하는 것 등이 프린터 관리에 속한다.

1. 용지공급과 출력

급지(paper-feed)에서 발생하는 고장으로 여러 장이 동시에 나오는 경우가 있는데 이때 딸려 나온 용지에 의해 용지 걸림(paper jam)이 생기기 쉽다. 그 원인으로는 용지함에 너무 많은 용지가 들어있는 경우거나 용지간의 정전기에 의한 경우가 있는데 용지함에 적절한 분량의 용지를 넣어야 하며, 용지의 정전기를 줄이기 위해서는 털어(riffling)주어야 한다. 간혹 너무 작은 분량의 용지를 넣으면 특히 위쪽에서 공급하는 트레이에서는 마찰 롤러(friction roller)가 용지의 끝에 닿지 않아 에러가 발생할 수도 있다. 도트프린터처럼 트랙터급지 프린터의 경우는 용지정렬이 잘 되어 있어야 하는데, 하나의 내용이 두 장에 걸쳐 분할되어 인쇄되는 경우가 있을 수 있다. 또 용지는 형광과 무게도 용지 걸림의 원인이 될 수 있으므로 유의해서 목적에 맞게 골라야 한다.

잉크와 토너도 가능한 한 프린터 장치에 맞는 것을 골라야하며 재생품을 쓰지 않도록 한다. 용지의 급지도 마찰식에서는 급지롤러(feed roller)가 닳은 것에 유의한다.

2. 페이퍼 잼(Paper Jam)

용지 걸림에는 여러 원인이 있을 수 있다. 적절치 못한 용지공급, 너무 얇거나 두꺼운 용지, 닳아진 프린터 부품 등이다. 이런 용지 걸림의 원인이 제거되지 않으면 인쇄가 제대로 되지 않으므로 꼭 해결해야 한다. 우선은 프린터 커버를 열고 용지를 잘 꺼내야 한다. 이때 절대로 세게 꺼내서는 안 되며, 롤러의 회전 방향과 반대 방향으로 꺼내서도 안 된다. 세게 꺼내면 찢어지기 쉽고 잘게 찢어진 조각 때문에 프린터를 분해해서 용지를 꺼내야 할 경우가 있을 수 있다. 롤러의 반대 방향으로 용지를 꺼내면 롤러부품에 나쁜 영향을 줘서 줄 간격이 맞지 않을 수가 있다. 계속해서 이런 용지 걸림이 생기면 용지의 두께나 무게도 고려해야 하며, 급지롤러(feed roller)의 교체도 고려해 봐야 한다.

3. 출력물의 질

보통 출력물의 질은 잉크, 토너나 레이저 드럼을 교체함으로써 해결되는 경우가 많지만 프린터의 디바이스 드라이버의 잘못된 설정으로 인한 것도 있을 수 있다.

1. 빈 용지(blank page)나 검은 용지(all black)가 나온다

하얀 빈 용지인 경우는 만일 도트프린터라면 소리를 잘 들어봐야 한다. 핀이 용지를 때리는 소리를 듣지 못 한다면 프린트 헤드를 갈든지 잉크리본 줄의 장력을 느슨하게 해줘야하며, 소리가 들리면 잉크리본을 잘 정렬하든지, 프린트 헤드와 롤러의 간격 등을 잘 조정해야 한다. 리본 테이프가 닳아졌을 수도 있다. 잉크젯이라면 잉크 카트리지에 문제가 있는 경우인데, 잉크가 남아있는지 보아야 하며, 노즐 막힘인 경우도 있으므로 무수 알콜(isopropyl alcohol)을 면봉에 묻혀서 노즐을 닦아주어야 한다. 레이저 프린터에서의 문제라면 토너가 우선 문제될 수 있으며, 드럼이 전위(charge)를 제대로 못해줘서인 경우도 있다. 토너 가루가 용지에 붙지 않은 경우나 레이저가 드럼의 인쇄지역에 방전(discharge)을 제대로 못해준 경우이거나, 전송 코로나와이어나 HVPS가 양전위를 용지에 주지 못한 경우일 수도 있다. 대부분은 드럼이나 토너의 교체로 해결된다.

온통 검은 용지라면 토너 카트리지가 제재로 작동되지 않고 있거나 HVPS가 망가진 경우이다.

2. 용지에 얼룩이나 반점이 생긴다

불규칙하게 얼룩 등이 인쇄되어 나오면 프린터를 청소해 준다. 원인은 리본 잉크나 잉크 카트리지, 토너 등의 가루가 프린터 내부에 떨어져 용지가 공급될 때 묻어나오기 때문이다.

규칙적으로 반점이 인쇄에 나온다면, 우선 청소를 해 주는데 급지롤러를 특히 깨끗이 해 준다. 드럼이 문제가 될 수도 있는데, 드럼이 cleaning 단계에서 남은 전위를 완전히 버리지 못한 경우이다.

3. 이전 내용이 희미하게 있거나 번지는 경우

이전에 인쇄한 내용이 다음 인쇄물에 희미하게 인쇄되어 나오는 경우(Ghost 이미지라고 한다)로 레이저 프린터인 경우에만 해당된다. Cleaning 단계에 문제가 있기 때문인데 드럼이 레이저 광선에 쏘일 때 자기의 전위를 잃지 않고 있었기 때문이다. 드럼에 문제가 없다면, 청소날(cleaning blade)이나 이레이저 램프(erasure lamp)에 문제가 있어 제 기능을 못했기 때문이다.

또 이미지가 번지는 경우는 용융기(fuser)가 잘못된 경우로 할로겐 빛이 망가진 경우이다.

4. 인쇄물이 잘못된 컬러를 표시한다

보통은 잉크젯 프린터에서 노즐이 막혔거나 컬러가 더러워진 경우로 무수 알콜을 면봉에 묻혀 건조된 잉크나 막힌 노즐을 닦아준다. 잉크가 부족한 경우도 이렇게 되는데 카트리지를 교체해 줌으로써 해결할 수 있다.

5. 출력물이 더러워지거나 수직선이 있는 경우

도트프린터인 경우에는 프린트 핀의 헤드를 먼저 바꿔야 하며, 잉크젯인 경우에는 잉크가 마르기 전에 만졌을 경우이다. 카트리지 노즐이 닳아진 경우일 수도 있다. 용지가 너무 희고 표면이 반질반질하면 잉크가 잘 마르지 않는다. 하지만 너무 용지가 시험지 같으면 번질 수 있다. 프린터를 청소해 주어야 하며, 잉크 카트리지를 바꿔 주어야 한다. 레이저 프린터인 경우는 용융 과정에서 문제가 있었기 때문이어서 용융롤러나 할로겐램프를 바꿔줘야 한다.

만일 수직으로 검은 줄이 나와 있으면 EP 드럼에 오물이 들어가 있거나 더러워진 충전 코로나 와이어때문이다. 수직으로 흰 줄이 나있다면 전송 코로나와이어에 이상이 있는 경우이다.

6. 출력물이 쓰레기인 경우

알 수 없는 문자(garbage characters)는 컴퓨터와 프린터의 통신에 문제가 있는 경우로 컴퓨터에서 정보를 받아 프린터의 구성요소가 이해할 수 있게 전환시켜주는 포매터 보드(formatter board)가 나쁜 경우일 수 있다. 응용 프로그램인 경우에는 다른 프로그램을 인쇄도 해 보고, 케이블이 잘 연결되어 있는지도 확인한다. 프린터를 끈 다음 다시 켜 보기도 한다. 프린터의 리소스를 확인 해보고, 디바이스 드라이버가 올바로 되어 있는지를 본다. 보통은 이 프린터의 디바이스 드라이버가 손상된 경우일 때가 많은데, 설치되어 있는 드라이버를 제거한 뒤 재설치 해 주는 것도 좋은 방법이다. CMOS에서 프린터 세팅이 옳은지 확인해보는 것도 좋다. 메모리가 적을 경우에도 종종 이런 일이 생긴다.

프린팅 작업을 할 때 스풀링(spooling)이라는 것이 있는데, 이는 하드 디스크의 공간이 있어야 한다. 적어도 하드 디스크에서 500MB 정도의 공간은 항상 남겨두는 것이 좋다.

4. 에러 메시지

컴퓨터와 마찬가지로 프린터에도 많은 에러 메시지가 있는데, 주로 일반적인 것이지만 간혹 독특한(proprietary) 에러 메시지인 경우도 있다. OS에서 보이는 일반 에러 메시지 외에는 따라온 지침서를 보고 에러 코드를 이해해야 한다.

1. 용지 부족 에러 메시지

용지를 더 공급해 줌으로써 해결할 수가 있다. 용지를 용지함의 끝에 닿도록 끝까지 잘 넣어줘야 한다.

2. I/O와 포트 모드 에러 메시지

"Cannot communicate with printer"나 "There was an error writing to LPT1"이란 에러 메시지가 나오는데, 이는 OS에서 보내는 에러이다. 컴퓨터가 켜져 있다면 재부팅으로 해결되는 수가 많다. 케이블의 연결과 드라이버의 바른 설정, 해당 병렬포트의 IRQ, I/O 주소 등의 리소스 관찰도 필요하다. 문제가 계속되면 제조사의 문서를 보고 올바른 설정모드(EPP, ECP, 일반, 양방향, 단방향 등)로 CMOS에서 해 주어야 한다.

3. "No Default printer Selected" 에러 메시지

이는 Windows에서 보이는 에러로 프린터가 설치되지 않았거나 기본 프린터가 없는 경우에 나타나는 에러 메시지이다. 제어판이나 '내 컴퓨터'에 들어가서 해당 프린터를 기본(default)으로 설정해 주면 되는데, 디폴트가 되면 검은 반달모양이 옆에 붙는다.

4. "Toner Low" 에러 메시지

이는 레이저 프린터에만 있는 경우인데, 부드럽게 잉크 카트리지를 잘 끼워주면 조금은 더 쓸 수는 있지만 곧 토너를 바꿔줘야 한다. 잉크 리필은 하지 않는 것이 좋다.

5. 프린트 스풀러(spooler) 문제

프린트 스풀러란 프린터가 필요로 하는 언어로 프린트 잡을 포맷해주는 서비스를 말하는데, 프린터에 작업을 보내기 전 잠시 저장되는 곳으로 이해하면 된다. 이 서비스는 '컴퓨터 관리'(바탕화면의 '내 컴퓨터' 오른쪽 클릭→ '관리')에서 '서비스 및 응용 프로그램'을 클릭하고 오른쪽 항목에서 Print Spooler를 찾아 오른쪽 클릭하면 설정 하게 해준다. 인쇄물을 직접 프린터에 보내는 것보다 프린터 스풀링하는 것이 좋은데, 출력물이 이상하게 나온다면 직접인쇄물을 보내서 스풀러를 검사해보는 것도 좋다.

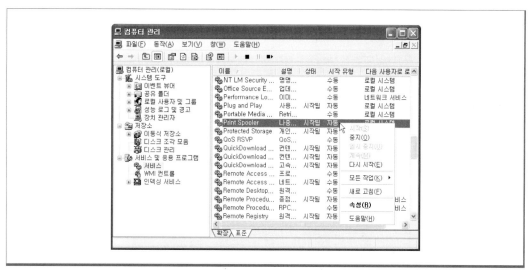

스풀링서비스 시작 설정화면

6. 프린트 포트문제

프린터는 적절한 드라이버, 스풀 세팅뿐만이 아니라 포트도 올바르게 설정되어 있어야 한다. 프린터의 '속성'으로 가서 'print to the following port'에서 머신에 직접 접속되어 있는 포트가 올바로 설정되어 있는지를 보아야 한다. 로컬연결에서는 보통은 LPT1 (혹은 USB)이며, 네트워크 프린터인 경우에는 'capture printer port'를 클릭하여 확인해 본다.

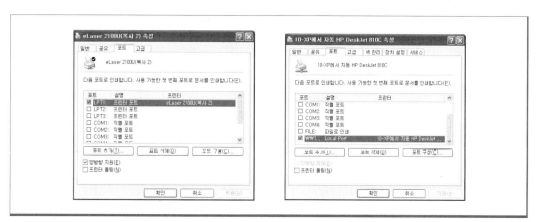

로컬 프린터의 포트   네트워크 프린터 포트

7. 안전 수칙 및 예방

프린터에는 이동 부품이 많으므로 긴 머리카락이나 보석류 등은 각종 롤러 근처에서는 조심해야 한다. 프린터 커버가 열린 상태에서는 프린터를 작동시키지 말아야하며, 레이저 프린터에서는 특히 레이저 광선이 눈에 해를 주므로 주의해야 한다. 용융램프는 200°F이므로 특히 주의해야 한다. 레이저 프린터인 경우엔 냉각할 여유를 충분히 주는 것이 좋다. 주기적으로 청소를 해 주어야 하며 압축 공기나 진공청소기로 정전기와 그에 따른 ESD를 일으키는 먼지나 달라붙은 미세물을 제거해 주는 예방도 중요하다.

다. 스캐너

스캐너는 사진, 필름, 인쇄물 등의 평면 이미지나 문서를 컴퓨터로 입력시키는 입력장치로써 아날로그방식 이미지를 디지털 이미지로 변환시킨다. 스캐닝의 원리는 복사기하고 비슷하다. 보통 백색광을 광원으로 사용하는데, 스캐너의 유리판 아래로 백색광이 지나가면 이 빛이 이미지에 반사되어 CCD(Charge Coupled Device)소자에게 세기 신호로 주어지고, 스캐너는 이것을 디지털 신호로 변환하여 컴퓨터로 전송해 주는 것이다. 이미지는 점집합으로 표현된다.

1. 스캐너 원리

스캐너를 이용하여 원하는 이미지를 읽어 들일 때, 스캐너에서 아주 강한 빛이 나오고 이미지를 만나면 반사된다. 이미지 중 어두운 부분은 조금 반사되고, 밝은 부분은 많은 빛을 반사하는 원리이다. 이미지로부터 반사되어 온 빛 정보는 광센서에 의해 아날로그 정보로 입력되고 증폭 과정을 거쳐, A-D변환기에 의해 아날로그 신호가 디지털 신호로 변환된다. 그리고 이 디지털 신호 데이터는 이미지 정보로 컴퓨터에 전송되며, 그래픽 소프트웨어나 스캐너용 프로그램에 의해 원래의 이미지로 가공되어 디스플레이 모니터나 프린터에 재생된다.

가장 흔히 쓰이는 플랫베드 스캐너는 스캔되는 원고를 통과하거나 반사된 빛이 필터를 통과하여 CCD(Charge Coupled Device)에 도달함으로써 스캐닝 작업을 수행한다. CCD란 빛의 강도를 디지털 신호로 변환시키는 입자들로 구성되어 있는데 이때 빛의 투과정도 (또는 반사정도)의 차이에 따라 이미지가 샘플링된다. 문서가 슬라이드 필름 등과 같이 빛을 통과시키면 빛의 투과도에 따라, 일반사진이나 인쇄물 등은 빛을 반사시키는 반사도에 따라 각기 다른 비율로 CCD입자에 빛이 전달된다. 읽은 내용은 전기적 또는 기계적으로 광전관과 CCD 센서 등에 의해서 전기신호로 변환된다. 그 후 방전관과 레이저를 사용하여 분해 필름을 작성한다. 레이저 주사 방식에는 원통 (drum)방식과 평면(flat bed) 방식이 있다.

인쇄업계에서 사용되고 있는 스캐너는 제판용 스캐너로 컬러용과 흑백용이 있다. 예전에는 스캐너라고 하면 컬러 스캐너를 가리켰지만 최근에는 흑백용 스캐너가 보급되어 단색 제판의 품질과 생산성이 향상되고 있다. 또 컴퓨터 문자 처리 시스템의 전산 사식, 전자 조판 시스템 등이 입력 장치로 사용되고 있다.

스캐너의 연결 인터페이스에는 프린터 포트에 연결하는 병렬방식과 SCSI방식이 사용되는데 병렬방식은 스캐닝 속도가 SCSI에 비해 매우 느리다. SCSI 방식의 스캐너가 대용량의 스캔한 데이터를 좀 더 빠르게 전송해 줄 수 있다. 기계적인 해상능력으로는 대부분 600dpi를 지원하지만 4800-, 9600dpi이라고 나오는 것은 소프트웨어적으로 더 낮게 혹은 더 높은 해상도로도 스캐닝할 경우이다. 4800dpi로 스캐닝이 된다고 하면, 이미지의 두 점 사이를 그라디언트(gradient)를 주어서 메우는 방식이다. 하지만 이렇게 높은 고해상도는 실질적으로 거의 사용되지 않는다. 그리고 해상도가 두 배 증가하게 되면, 스캐닝된 이미지의 파일 사이즈는 가로 두 배×세로 두 배 즉, 네 배 증가한다.

스캐너의 성능은 해상도에 있으며 단위는 dpi(dots per inch)이다. 해상도와 그림 사이즈에 대해 알아보자. 해상도가 높은 이미지를 인쇄해 보면 크기는 작게 나와도 그림 파일의 용량 매우 큰 반면, 해상도는 작지만 이미지의 사이즈가 큰 이미지는 인쇄해 보았을 때 그림도 크게 잘 나오고, 파일용량도 적당하게 나오는 것을 알 수 있다. 이러한 것들은 스캐닝 할 때에 설정해 줄 수 있다. 모니터에도 해상도가 있으므로 (모니터에 표시되는 그림들은 72dpi이다) 만일 스캐닝을 할 때 고해상도를 선택해서 200dpi에 100%로 스캐닝을 하게 되면, 화면에 엄청나게 큰 그림이 등장하게 된다. 모니터에는 인치당 72개의 점밖에 표시할 수 없는데 200개의 점을 표시하려 하니 그림이 크게 나오는 것이다. 하지만 인쇄를 하면, 처음에 스캐닝 할 때 100%로 했기 때문에 정확히 원본 사진 크기로 나오게 된다. 만일 사용하는 프린터가 720dpi를 지원한다면, 고해상도(300dpi정도)로 스캐닝 해서 뽑아야 잘 나올 것이다. 그리고 그림의 절대 크기(해상도가 아닌)를 키우고자 할 때에는 %를 조절하면 된다. 예를 들어 크기가 작은 증명사진을 좀 크게 뽑으려면, 해상도를 결정하고 스캐닝 확대비율을 150~200%(혹은 그 이상)로 해 주면 된다.

스캐너의 원리　　　평판 스캐너　　　바코드　　　X-ray handheld 스캐너

플랫베드나 필름스캐너에서 컬러원고를 스캔할 때 CCD 샘플링 방식에 따라 R.G.B색상요소를 따로 분리해서 3번에 읽어 들이는 쓰리패스방식과 한 번에 모든 컬러를 읽어 들이는 싱글패스방식이 있다. 최근에 발표된 스캐너는 거의 싱글패스방식을 지원하지만 일부스캐너는 쓰리패스방식만을 지원하기도 한다. 쓰리패스방식은 세 번으로 나누므로 속도가 느리고 스캔 도중 원고가 흔들리면 색상이 어긋날 수도 있다. 그러나 일부 고급 필름스캐너 중에는 보다 풍부한 색상깊이를 얻기 위해 쓰리패스 방식을 사용하기도 한다.

2. 스캐너의 종류

스캐너의 종류는 크게 처리방법과 입력형태에 따라 나눈다.

1. 처리방법에 따라 구분

1) 흑백 스캐너 – 텍스트 처리 등 단순한 용도로 쓰이는 데이터의 밝고 어두운 명암만을 읽어 이미지를 저장하는데 단점은 정밀한 화상을 얻을 수 없다는 것이며, 문자 인식 분야, 광파일링 시스템의 문서관리에 쓰인다.

2) 그레이 스케일 스캐너 – 고해상을 읽어 들이기에 적합한데, 흑백사진을 입력하거나 컬러사진에서 흑백효과를 얻을 때 흰색과 검은색 사이의 명암을 256단계로 나누어 표현한다.

3) 컬러 스캐너 – 고해상도 이면서 1화소당 26만 가지의 색상을 입·출력할 수 있는데, 이미지로 반사되는 빛을 적색·녹색·청색의 3패스(pass)라는 필터를 이용하여 이미지를 분리하고, 이들을 다시 화면에 재구성하는 방식이다.

2. 입력 형태에 따라 구분

1) Hand Scanner – 손으로 스캐너의 손잡이를 잡고 이미지 위를 지나가면 입력되는 것으로 장점은

가격이 저렴하고, 크기가 작아 휴대하기 편리하다는 것이며, 단점은 속도가 일정하지 않아 떨림이 발생할 수 있어서 이미지를 정확하게 입력 할 수 없다는 것인데 105mm이하의 이미지만을 입력할 수 있다.

2) Flatbed Scanner - 복사기처럼 평면 위에 이미지를 올려놓으면 빛이 나와 그것을 읽어 들이는 방식이며 비교적 정교한 화상을 얻을 수 있다. 가장 많이 사용되고 있는 스캐너이다.

3) Sheet-Feed Scanner - 팩시밀리처럼 한 장, 한 장의 이미지가 직접 움직이는 방식으로, 장점은 연속스캔이 가능하도록 자동 급지장치가 부착되어 있기 때문에 여러 장의 문서나 그림을 읽어 들일 때 사용되나 이미지 자체를 손상시킬 수 있기 때문에 정교한 이미지의 입력에는 부적당하다.

4) Over-head Scanner - 카메라형 스캐너라고도 불리며, 이미지나 물체를 평면위에 올려놓고 위에서 레이저 등의 빛을 비추면서 CCD(Charge Coupled Device) 카메라로 이미지를 받아들인다. 해상도가 높은 이미지를 얻을 수 있으며, 3차원 물체를 읽어 들일 수 있지만, 가격이 상당히 비싸다. 주로 금형이나 CAD/CAM분야에서 사용된다.

5) Film Scanner - 주로 35mm 슬라이드나 네가티브 필름, X선 필름을 고행상도로 A4 크기까지 읽어 들이는 데 사용되며, 전자출판, 사진 이미지 재구성, 프리젠테이션 제작, 그래픽 합성에 쓰인다.

6) Drum Scanner - 이미지 정보를 드럼에 고정시킨 다음, 드럼을 고속으로 회전시켜 그 편차를 계산해 이미지를 얻는 것이다. Flatbed Scanner보다 정교한 이미지를 얻을 수 있지만 가격이 비싸다. 대형 출판사나 인쇄용 제판소등에서 사용한다.

3. 스캐너 용어정리

스캐너에서 사용되는 몇 가지 용어를 정리해 두었다.

1) Charge-Coupled Device(CCD) - 스캐너에 사용하는 일종의 고체상태 센서로서 원본에 의해 반사된 또는 전달된 빛을 포착한다.

2) Dots Per Inch(DPI) - 프린트된 페이지의 해상도로서 1인치 당 프린터 점의 수로 나타내는데 스캐너의 해상도 역시 dpi로 비교적 정확하게 나타난다.

3) Optical Character Recognition(OCR) - 프린트된 문자를 ASCII 및 비트맵 텍스트 이미지의 특성으로 전환하는 과정이다.

4) Portable Network Graphics(PNG) - 무손실 파일 형식으로 제한적인 컬러 수와 같은 GIF의 부족함을 극복하기 위해 개발되었다.

5) Contact Image Sensor(CIS) – 해상도에 제약이 있는 소형 저가 스캐너에 사용되는 새로운 종류의 이미지 센서이다.

6) Automatic Document Feeder(ADF) – 스캐너에 연결하여 자동으로 한 번에 한 페이지씩 스캐너에 공급하는데 다량의 페이지 스캔이 가능하다.

7) Graphics Interchange Format(GIF) – 웹상에서 인기 있는 압축 이미지 형식으로 GIF는 초기에 일반적으로 사용된 이미지 형식이었으나 대부분 JPEG로 대체되었다

8) Optical Resolution(광학 해상도) – 스캐너의 해상도로서 스캔된 영역의 넓이를 CCD 내의 픽셀 수로 나누어 계산한다. 광학 해상도는 실제 해상도라고 부르며 보간법으로 픽셀수를 높이지 않는다.

9) Palette(팔레트) – 이미지를 만드는 데 이용할 수 있는 톤 또는 컬러의 집합을 말한다.

10) Tagged Image File Format(TIFF) – 그래픽 파일 형식으로 본래 스캐너를 위해 특별히 개발되었는데, 회색스케일과 컬러 이미지를 저장하는 데 사용될 수 있으며 현재 대부분의 애플리케이션과 프린터, 스캐너가 지원하는 그래픽 표준이다.

11) Thumbnail(작은 그림) – 페이지 또는 이미지의 작은 크기의 복사본으로 원본파일을 열거나 본래 크기의 이미지를 보지 않고서도 원본이 어떻게 보이는지 알게 해준다.

12) Resolution(해상도) – 이미지의 인치 당 픽셀 또는 점(dot) 수. 스캐너가 세부 사항을 분해할 수 있는 능력으로 높은 ppi 또는 spi 뿐만 아니라 고품질의 광학을 요구한다.

13) TWAIN – 스캐너와 다른 이미지 포착 장치들 사이의 소프트웨어 드라이버 인터페이스이며 또한 스캐닝 애플리케이션으로서 이미지를 스캔하고 이것을 Adobe Photoshop과 같은 애플리케이션으로 직접 전한다. 예전에는 각 기종마다 전용의 프로그램이 들어 있었으므로 한 프로그램으로 다른 스캐너를 구동할 수 없었다. 그래서 코닥, HP 등의 회사들이 모여 표준을 만든 것이 TWAIN인데, TWAIN호환인 장치들은 TWAIN을 지원하는 그래픽 프로그램에서 스캐너를 사용할 수 있게 된다.

14) Vector Image(벡터 이미지) – 각 라인의 시작점 및 끝점으로 정의되는 이미지이다.

15) Pixel(픽셀) – 이미지의 그림 요소로서 디지털 사진에서의 점 하나를 가리킨다. 사진은 수천개의 픽셀로 구성되어 있다.

16) Raster Image(래스터 이미지) – 픽셀의 행렬로 정의되는 이미지오 스캐너는 래스터 이미지로 이미지를 포착한다. 일부는 이를 벡터 이미지로 전환하기도 한다.

17) Pixels Per Inch(ppi) – 스캐너가 포착한 인치 당 픽셀 수. 스캐너는 픽셀을 포착하기 때문에 스캐너에 적용할 때 dpi보다 더욱 정확한 용어가 된다.

3. 복사기

스캐너와 복사기는 램프로 원고를 비추어 거울에 반사되는 빛을 광학 렌즈를 통하여 CCD의 광전변환소자로 모아 이미지 형태를 보여주며, 광전변환소자는 빛을 아날로그 전압 값으로 바꾼 뒤 신호보정과정을 거쳐 최종적으로 아날로그 신호에서 디지털 변환을 이용하여 데이터 값을 산출하게 된다. 컬러는 빛에 의해 각기 다른 파장을 갖는데, 예를 들어 빨간색은 스펙트럼이 짧은 파장이고, 보라색은 길다. 복사기의 CCD가 아날로그 신호를 파장 패턴으로 변환시켜 준다.

주변에서 많이 보이는 복사기는 건식 아날로그 복사기와 건식 디지털 복사기인데, 이 건식 아날로그 복사기는 OPC(Organized Photo Conductor)라 부르는 핵심부품이 드럼에 들어가 있다. 직경 30~80mm 쯤 되는 알루미늄 원통으로 예전에는 셀렌계열의 드럼을 많이 썼으나 환경 문제로 요즘은 사용하지 않는다. 디지털 복사기는 스캔한 상을 CCD(Charged Couple Device)로 보내어 이미지 데이터로 만들고 이것을 반도체 레이저로 드럼에 쏘아 만드는 것이 차이가 날 뿐 아날로그와 기본원리는 같다.

네트워킹

네트워크는 일반 가정 사용자나 기업체에게 멀리 떨어진 파일이나 기타 디스크, 프린터 등 자원 (resources)을 마치 자신의 로컬머신에 있는 것처럼 이용할 수 있게 해준다. 네트워킹의 목적은 자원을 공유하는데 있다. 여기서는 네트워크의 기본이론과 네트워크상에서 정보를 보내는 법, 네트워크 하드웨어, 네트워크 타입 등을 살펴본다.

가. 네트워크 개념

1970년에 처음 소개된 개인 컴퓨터(stand-alone(단독) 머신이라고 한다) 이후로 가장 큰 문제는 작은 용량의 하드 드라이브, 작은 용량의 메모리도 문제였지만 프린터나 서류를 공유하는 어려움이었다. 일일이 디스켓을 가지고 이리저리 다녀야만 했던 시절이었다(이를 SneakerNet라고도 한다). 결국 서로 통신하고 자원을 공유하려고 여러 머신을 묶어 놓는 네트워크는 생산성 향상에 많은 기여를 했다. 네트워크를 잘 사용하고 이해하기 위해서는 먼저 네트워크 개념과 그 물리적인 배치(topology), 케이블 타입과 프로토콜 등을 잘 알고 있어야 한다.

1. 기본사항

네트워크를 이해하기 위한 기본으로 LAN, WAN, NOS, 토폴로지(topology) 등을 알아야 하며 데이터 전송방식 등을 이해해야 한다.

1. LAN과 WAN

1970년대에 소개된 미니컴퓨터(minicomputer)는 IBM의 메인프레임(Mainframe)의 축소판이어서 모든 데이터 처리가 중앙처리(centralized processing)방식이었기 때문에 절차가 복잡했었다. 이에 따라서 다른 미니컴퓨터에 쉽게 액세스하기 위해서는 분산처리(distributed processing)가 필요하게 되었다. 이런 경우 상대 컴퓨터를 백엔드(back-end)라고 부르며, 사용자 컴퓨터는 프론트엔드(front-end)라고 부른다. 1980년대에 사람들이 PC를 많이 구입하면서 이동용 머신도 활기를 띄게 되자 자원의 접속과 공유가 더욱 시급해 졌을 때 PC LAN(Novell의 ShareNet)이 탄생했다. 이때는 30 유저까지만 사용할 수 있었고 거리제한도 있었다. 또, 한 번에 한 접속자만 리소스를 사용할 수 있었다(file-locking이라고 한다).

LAN(Local Area Network)이 단일 오피스(건물)사용자들을 위해 소개되었고 1980년 말쯤에는 지리적으로나 규모가 더욱 확대 된 네트워크가 필요해졌다. 사용자도 수천 명에 이르는 시스템에서 대용량의 메인프레임은 너무나 힘든 투자였으며 일부 비효율적인 면도 있었다. PC의 보급으로 머신들이 많아지자 다른 대안을 찾다가 WAN(Wide Area Network)이 고안되었다.

WAN은 LAN을 확장한 네트워크로 다른 지역에 있는 여러 LAN들과 연결해주기 위해서 도입되었다. 1980년대에서 90년대로 들어서는 속도도 T1(1.544Mbps)로 신장되었고 지금은 100 Mbps(archaic 하다고 한다)에서 1Gbps가 일반적이다.

2. 서버와 워크스테이션

서버(server)에는 여러 크기와 종류가 있는데, 클라이언트가 원하는 정보를 줄 수 있는 머신을 서버라고 보면 된다. 서버는 자원과 보안을 중앙제어로 통제하게 해준다. 파일을 주면 파일서버, 프린터를 이용하게 해주면 프린트서버이다. 한 가지 서버로만 사용되면 단일목적서버(single-purpose server)이며 여러 가지, 예를 들어 웹서버와 메일서버를 겸하는 식이면 다목적서버(multi-purpose server)라고 한다. 또 웹서버처럼 한두 가지 정해진 일만 수행하게 하는 전용서버(dedicated server)와 네트워크와 로컬에서 모두 사용하게 해서 서버라기보다는 워크스테이션(workstation)으로 볼 수도 있는 비전용서버(non-dedicated server)로도 분류할 수 있다. 비전용서버는 peer-to-peer 환경에서 파일, 프린트, e-mail 서버로 쓰일 뿐만 아니라 개인용 워크스테이션으로도 쓰일 수 있다. 워크스테이션은 사용자가 네트워크에서 작업하려고 사용하는 일반 머신을 부르는 용어인데 추가적인 리소스를 네트워크상에서 제공한다는 점에서 클라이언트(client) 컴퓨터라고도 한다.

3. 네트워크 리소스(resources)

네트워크상에서 프린터와 다른 장치들 (스캐너와 카메라 등), 디스크 저장소, 그리고 응용 프로그램 등이 리소스이다. 다른 장치를 공유해서 사용한다는 이점은 말할 것도 없고, 네트워크상에서 클라이언트 머신들은 파일을 자신의 컴퓨터에 저장하지 않아도 되어 저장 공간을 확보할 수 있고, 특정 프로그램을 자신의 머신에 일일이 설치하지 않아도 되는 이점이 있다.

4. NOS(Network Operation Systems)

일반 PC는 파일시스템과 응용 프로그램에 관여하는 OS만 설치하면 되지만 네트워크 서버에는 네트워크용 OS를 설치해야만 하는데, NOS는 서버에만 있으면 된다. Unix Solaris, Linux, MS Windows NT4.0/2000/2003/2008 서버 프로그램 들을 말한다.

2. 네트워크 리소스 액세스

네트워크에서 리소스에 액세스하는 방법으로는 peer-to-peer 방식과 client-server 방식이 있는데 어느 방식을 채택할 것이냐는 네트워크 규모, 보안, 소프트웨어와 하드웨어 수준, 관리자 수, 얼마나 많은 리소스를 처리하느냐 등에 달린 문제이다.

1. peer-to-peer 모델

이는 각 머신이 서비스 제공자이며 서비스 요구자이기도 한 시스템이다. 규모가 작고, 단순하며 저렴한 네트워크 구성이다. Windows 2000/XP/Vista, Linux, Mac 등이 여기에 해당되며 이들 머신들은 작업그룹(workgroup)으로 묶이지만 각각 머신은 독립적으로 관리된다. A머신은 B머신에게 자유로이 데이터를 요구하고, B머신이 요구하면 A머신은 자유로이 자료를 줄 수 있다. 사용자 A가 B머신에 로그온하려면 B머신에 사용자 A의 로컬계정이 있어야 한다.

2. server-client 모델

이는 서버베이스(server-based)라고도 하는데 10대 이상의 머신이 있을 때 사용되는 모델로 중앙관리식이다. peer-to-peer보다 더 나은 보안이 가능하고 관리자가 한 곳에서 모든 머신들을 관리할 수 있다. 서버머신은 클라이언트머신보다 하드웨어적으로 더 우수해야 하며 NOS를 사용해야 한다. 머신들은 도메인(domain)에 묶여있다. NOS가 있는 서버머신은 보안을 책임지는 서버라는 의미로 도메인컨트롤러(domain controller)라고도 불린다. A사용자는 도메인 컨트롤러에서 인증만 받으면 B머신에 자신의 로컬계정 없이도 액세스할 수 있다. 더 큰 규모의 네트워크로 확장이 가능한 유연성을 제공한다.

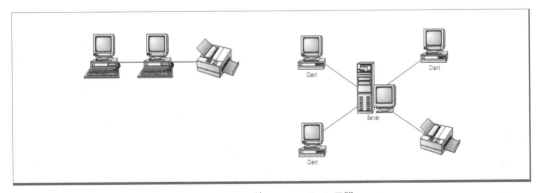

peer-to-peer와 server-client 모델

3. 토폴로지(Topology)

네트워크 토폴로지란 네트워크에서 컴퓨터나 기타 다른 장비(각각을 노드(node)라고 한다)들의 물리적인 배치를 말하는데, 물리적으로 스타(star), 논리적이며 물리적으로 링(ring), 논리적이며 물리적으로 버스(bus), 논리적이며 물리적으로 혼합(mesh), 그리고 물리적으로 하이브리드(Hybrid) 형이 있다.

1. Star Topology

이는 허브(hub)라는 장치에 의해 노드들이 연결되는데, 허브는 어느 컴퓨터에서 보낸 신호(signal: data packet라고도 함)를 잡아서 연결되어 있는 다른 모든 컴퓨터에 뿌려주므로(이를 broadcast 라고 한다) 데이터 전달 대역폭(bandwidth)도 총 사용 노드(node)로 나뉘게 된다(스위치(switch) 를 사용하면 머신 대 머신의 가상연결(virtual connection)이 이뤄져 전송속도도 빠르며 대역폭도 줄어들지 않는다). 물론 네트워크상의 모든 컴퓨터들이 이 패킷(packet)을 받기는 하지만, 해당 목적지 주소를 가진 컴퓨터만이 이 패킷을 받아 읽고, 다른 모든 컴퓨터들은 이를 무시해 버린다. 어느 하나의 컴퓨터에 문제가 있어도 다른 컴퓨터들은 영향을 받지 않으며, 새로이 컴퓨터를 네트 워크 시스템에 추가하고 빼는 것(이를 scalability라고 한다)이 쉽고 구성하기가 편하지만 허브가 망가지면 모든 네트워크가 불통이 된다. 허브는 불필요한 네트워크 트래픽을 야기시키며, 한순간 에 한 개의 컴퓨터만이 데이터를 보낼 수 있다.

어떻게 보면 허브는 연결기에 불과하다. 스타 네트워크는 주로 Ethernet에 사용되며 Ethernet LAN 카드와 STP나 UTP 케이블이 쓰인다. 케이블은 CAT 시리즈로 규정된다. Ethernet, ARCNet, Token Ring이 물리적으로 여기에 해당된다.

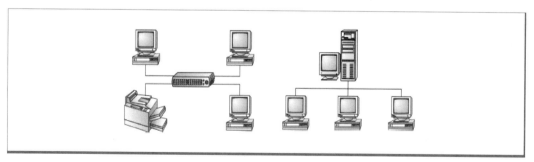

star topology   bus topology

2. Bus Topology

컴퓨터들이 하나의 케이블 백본(cable backbone: 주로 동축(Coaxial) 케이블이나 광섬유(Fiber-Optic))에 연결되어 있는 것으로 케이블이 가장 적게 든다. 이 백본은 연속적인 여러 케이블이 연결되어 사용되는데, 세 방향(three way) T-커넥터나 뱀파이어 탭(vampire tap)등을 이용해서 컴퓨터가 연결된다. 데이터 반향(data bouncing)을 막기 위해서 케이블 양 끝은 반드시 50Ω의 종단장치(terminator)로 막혀져 있어야 한다. 어느 컴퓨터가 데이터 패킷을 보내면 네트워크상에 있는 모든 컴퓨터들이 그 패킷을 받아보지만, 해당되는 목적지 주소의 컴퓨터만이 그 패킷을 받아들여 자신의 NIC의 메모리에 저장해서 CPU가 처리하게 하며 나머지 컴퓨터들은 이를 무시한다.

가장 단순한 구조로 설치가 용이하지만 스캘러빌리티(scalability)가 쉽지 않고, 한 머신의 고장은 다른 머신에게 영향을 미치지 않지만 터미네이터가 구성되어져 있지 않거나, 스타 토폴로지의 허브처럼 버스 토폴로지에서 백본(back bone)에서의 문제는 전체 네트워크를 다운시킨다.

버스 네트워크는 BNC LAN 카드와 동축 케이블을 사용하는데, 굵기는 RG 시리즈로 되어 있고 Thinnet와 Thicknet으로 구별된다.

3. Ring Topology

이는 한 머신의 양쪽에 한 대씩 연결되는 형태로 입력용 하나와 출력용 하나, 두 개의 NIC가 필요하다. 특징은 한 번에 하나 이상의 머신이 데이터 패킷을 보낼 수 있고, 데이터는 링을 따라서 한 방향으로만 흐를 수 있다. 역시 네트워크된 모든 머신들이 패킷을 받을 수 있지만, 해당 목적지 주소의 머신만이 데이터를 받아 읽을 수 있다. 나머지 머신들은 자기 것이 아니므로 데이터를 받아도 이를 무시해 버린다. 스캘러빌리티가 어렵지만 간섭(attenuation)은 적다. 비용이 비싸며 설치하기도 어렵다. 어느 한 컴퓨터가 망가지면 전체가 다운되므로 고장발생률이 가장 크다는 단점도 있다.

스타 토폴로지의 허브처럼 링 토폴로지에서는 MAU(Multistation Access Unit)가 허브처럼 쓰이기도 한다. 실은 이 링형은 물리적(케이블 연결형태)으로는 스타형이며 논리적(데이터의 흐름)으로 링형이다(현재는 IBM의 Token Ring만 존재한다). 장애극복(fault-tolerance)을 위해서 이중링의 토큰 버스(token bus: 한곳에 문제가 있으면 데이터가 반대방향으로 흐르게 한 이중 링)를 사용하기도 한다. 토큰을 가진 머신만이 데이터를 토큰에 실어 보낼 수 있다.

토큰 링 네트워크는 토큰 링용 LAN 카드를 사용해야 하며 케이블은 9-pin 토큰 링용 STP나 UTP케이블로 연결해서 사용한다. 이중 링(dual rings)을 사용하는 경우는 백본용 FDDI 광케이블을 사용하기도 한다. 실제로 이 링 토폴로지는 기업체 내부의 백본으로 사용된다. 보통 이 시스템은 하나하나의 순서가 정해져 있는 제조 생산공장의 컨베이어시스템(conveyer system)에 이용되어 자동차 조립공장이나 Pizza Hut, Berger King 같은 업소에서도 사용한다. 하지만 학교나 연구소에서는 Thicknet의 버스 토폴로지를 백본으로 쓰고, Ethernet으로 각 머신을 연결하는 방식도 많이 쓰이고 있다.

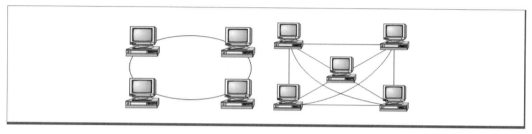

ring topology   mesh topology

토큰 링은 물리적으로는 스타이며 논리적으로는 링 토폴로지이고;
토큰버스는 물리적으로는 버스이며 논리적으로 링 토폴로지이고;
토큰패스는 링 토폴로지에서의 데이터 전달 방법이다.

4. Mesh Topology

서로가 2~3중으로 연결되어 있는 네트워크로 안정성은 있지만 구성이 어렵다. 백본으로 주로 사용되며 케이블이 가장 많이 든다. 서버계열에서만 제한적 목적으로 한정된 공간에서 쓴다. ×개의 노드가 있다면 [×(×−1)÷2]개 만큼의 케이블이 필요하다. WAN에서 WAN 링크를 가로지르는 여러 지점이 있을 때 사용된다. 최적의 경로는 라우터를 사용해서 찾아내는데 메인프레임에서 주로 사용된다.

5. Hybrid Topology

이는 목적에 따라서 여러 네트워크 토폴로지가 합쳐진 형태이다.

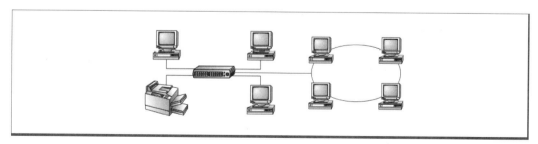

Hybrid Topology

4. 프로토콜(Protocols)

프로토콜은 일종의 네트워크 언어로써 이 프로토콜이 다르면 네트워크상의 컴퓨터들은 상호 통신 할 수 없다. 즉, 프로토콜은 노드간 통신을 규정한 규칙세트이다. 매우 많은 종류(TCP/IP, IPX/SPX, NetBIOS, NBT, ARP, RARP, DHCP 등)가 있지만 대표적인 몇 가지만 알아보자.

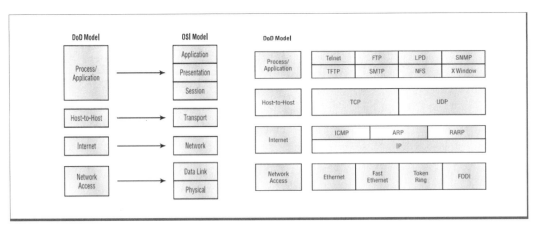

DoD와 OSI 계층   TCP/IP 계열의 프로토콜

1. TCP/IP

Transmission Control Protocol/Internet Protocol의 약자인 이 TCP/IP는 표준 네트워크 프로토콜이며 인터넷에 연결되기 위해서는 반드시 있어야 한다. 구성을 해 줘야하는 번거로움이 있지만, 가장 안정되고 튼튼한 프로토콜이며 대규모의 네트워크에서 이용한다. 다른 구조의 NOS (Network Operating Systems), 예를 들어 Unix와 Novell, Macintosh, Windows등과 서로 연결 될 수 있고, 다양한 프로그램에서도 지원된다. 경로찾기가 가능한데, 경로찾기란 브리지(bridge)나 라우터(router)에 연결된 서브 네트워크(sub-networks)나 다른 네트워크에도 데이터를 보낼 수 있다는 얘기이다. 이를 구성하려면 고유한 IP 주소, 작업그룹이나 도메인이름, 서브넷 마스크(subnet mask), 머신이름(host name) 등이 함께 구성되어 있어야 한다. 미 DoD(Department of Defense)에서 만들었으나 지금은 어느 한 회사에 종속된 프로프리에터리(proprietary)한 것이 아니다.

OSI 모델에는 각 층에 따라 역할과 프로토콜, 네트워크 장비, 서비스가 정해져 있다.

1) Application - 사용자 인터페이스의 역할을 담당하고 있는 계층이다. 즉, 사용자들이 이용하는 네트워크 응용 프로그램이라고 생각하면 된다. 메일을 보내려면 메일 프로그램, 인터넷 검색을 하려면 웹 브라우저를 사용하듯이 사용자 입장에서 네트워크를 이용할 수 있게 해주는 역할을 담당한

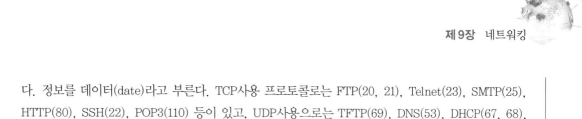

다. 정보를 데이터(date)라고 부른다. TCP사용 프로토콜로는 FTP(20, 21), Telnet(23), SMTP(25), HTTP(80), SSH(22), POP3(110) 등이 있고, UDP사용으로는 TFTP(69), DNS(53), DHCP(67, 68), SNMP(161), RIP(52) 등이 있다.

2) Presentation – 네트워크로 보내질 데이터의 형식(Format)을 결정해주는데 보낸 쪽과 받는 쪽이 정확한 데이터 형식을 사용할 수 있도록 해주는 역할이다. 문자 데이터 형식인 ASCII, EBCDIC, 유니코드 등과 멀티미디어 데이터 형식인 GIF, JPEG, MIDI, MPEG 등이 쓰이며 네트워크로 전송될 데이터를 압축, 암호화하고 해독하는 코드역할도 담당한다. 웹 브라우저나 메일 프로그램을 사용하여 웹 페이지나 메일의 내용을 확인할 경우 영어로 된 웹 페이지는 영어로 보여주고, 한글로 된 웹페이지는 한글로 자동으로 보여주는 기능이 이 계층의 역할로, 웹 브라우저나 메일 프로그램에서 내용을 확인할 때 알 수 없는 문자가 나타난다면 이 Presentation 계층의 역할에 문제가 발생한 것이다. ASCII, EBCDIC 등이 있고 정보는 데이터로 부른다.

3) Session – 네트워크 상에서 컴퓨터들이 서로 통신을 할 경우에 양쪽 컴퓨터 간에 최초에 연결이 되도록 하고 통신 중에 연결이 끊어지지 않도록 상호간에 연결 상태를 유지시켜주는 역할을 하는데, 특정 목적지 컴퓨터로 파일을 전송하는 경우 목적지 컴퓨터가 네트워크 상에 존재하는지 아닌지도 확인하지도 않고 바로 파일을 보내는 것이 아니라 목적지 컴퓨터로 파일을 보낼 때 받을 준비가 되었는지를 협상해야 한다. NetBIOS가 쓰이며 라디오(single mode), 무전기(half-duplex mode), 전화기(full-duplex mode)가 있다. 정보를 데이터라고 부른다.

4) Transport – 사용자가 보낸 데이터가 목적지에 정확하게 도착하도록 관리하는 역할이다. 효율적인 데이터 전송을 위해서 데이터를 전송하기에 적당한 크기의 패킷(Packet)으로 나누어 주는 역할을 한다. 10MByte의 파일을 상대방에게 전송하는 경우에 전송 도중 오류가 발생한다면 10MB의 파일을 다시 전송해야만 한다. 그러나 10MB의 파일을 한 번에 다 전송하지 않고 1MB의 크기로 나누어 전송을 한다면, 전송 도중에 오류가 발생하여도 오류가 발생한 해당 부분만 다시 재전송을 하면 되므로 효율적으로 네트워크를 사용할 수 있게 된다. 수신측 컴퓨터의 경우에는 수신된 각각의 패킷들을 순서에 의해 원래의 파일로 다시 재결합하는 역학을 한다.

각각의 패킷은 수신측 컴퓨터의 Transport 계층에서 다시 원래의 파일로 재결합되기 위해서 패킷의 헤더에 패킷 번호 정보를 가지고 있다. 웹 브라우저를 사용하여 그림이 있는 웹 페이지를 검색하는 경우, 원본 그림파일의 마지막 패킷까지 제대로 전송받지 못한 경우에는 그림의 위쪽 부분은 표시가 되는데 아래쪽 부분이 나타나지 않는 경우가 있을 수 있다. 또한 그림의 아래 부분이 위에 나타나고 위쪽 부분이 아래에 나타나는 경우는 패킷을 다 전송 받기는 하였지만 순서대로 재결합을 하지 못했을 경우이다. TCP(연결지향적), UDP(비연결지향적)가 있으며 정보를 세그먼트(segment)라고 부른다.

5) Network – 논리적인 주소를 담당하고 패킷의 전달 경로를 결정하는 역할을 하는데 논리적인 주소 (ip주소, ipx주소, host name 등)를 사용한다. Transport 계층에서 만들어진 패킷을 전달 받아 목적지 컴퓨터의 논리적인 주소를 네트워크 계층의 헤더에 추가하는 역할을 한다. IP, IPX, ARP 등 프로토콜이 쓰이며, 라우터와 L2 스위치를 사용한다. 정보를 패킷(packet)라고 부른다.

6) Data Link – 네트워크 카드의 물리적인 주소를 관리한다. 네트워크 상에서 각각의 컴퓨터들을 구분하기 위해서 논리적인 주소인 host name이나 ip주소를 사용하지만, 최종적으로 데이터가 목적지 컴퓨터로 전달되기 위해서는 네트워크 카드의 물리적인 주소인 MAC(Media Access Control)주소가 반드시 필요하다. Network 계층에서 전달 받은 데이터를 케이블에 보낼 데이터 형태인 프레임(Frame)으로 만든다. 프레임은 물리적 네트워크 구성이 Ethernet인지 Token Ring 인지에 따라서 그 크기와 내용이 결정된다. 프레임의 목적지 주소로 물리적 주소를 사용한다. 프레임의 목적지 주소는 전송 컴퓨터와 목적지 컴퓨터가 동일한 네트워크 세그먼트 상에 존재할 경우에는 목적지 컴퓨터의 MAC주소로 지정하고 송신 컴퓨터와 목적지 컴퓨터가 동일한 네트워크 세그먼트 상에 존재하지 않을 때는 해당 세그먼트에 존재하는 라우터의 MAC주소(게이트웨이로 사용)로 지정하여 아래 계층인 물리 계층으로 전달한다. 수신 쪽에서는 하위 계층인 물리 계층으로부터 전달 받은 프레임의 목적지 MAC주소가 자신의 MAC주소와 일치하는 경우 해당 프레임의 헤더를 제거한 패킷을 위쪽 계층인 Network 계층으로 전달한다. 브리지, 스위치가 쓰이며, SLIP, PPP 등이 있다. 정보를 프레임(Frame)으로 부른다. LLC 층도 여기에 있다.

7) Physical – 네트워크 통신을 위한 물리적인 표준을 정의하는데, 물리적인 표준으로 네트워크 카드들이 사용하는 케이블 종류, 데이터 송수신 속도, 신호의 전기 전압 등을 조절하며 허브, 리피터, 케이블 등이 쓰이며, RS-232, X.21 등이 있고, 정보는 비트(0과 1)로 부른다.

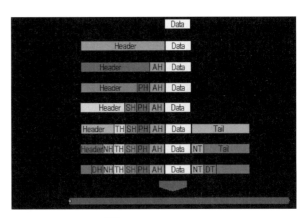

➡ OSI 층 내부과정

2. IP 주소

TCP/IP에서 각 장치는 유일한 ip 주소를 가지고 있어야 하며 고유한 ip 주소를 가진 장치를 호스트(host)라고 한다. ip 주소는 32-bits이며 192.168.10.55와 같은 형태이다. 각각은 8-bits(octet이라고 한다)인데 이진숫자(binary)로 쓰인 것이다. 192.168.10.55는 11000000(2^7+2^6).10101000 ($2^7+2^5+2^3$).00001010(2^3+2^1).00110111($2^5+2^4+2^2+2^2+2^1+2^0$)이 된다.

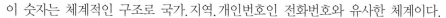

이 숫자는 체계적인 구조로 국가.지역.개인번호인 전화번호와 유사한 체계이다.

각 ip 주소는 network ID와 host ID를 가지고 있다. 네트워크 주소가 호스트 주소보다 먼저 옴으로써 호스트가 어느 네트워크에 속해 있는지를 알게 해준다. 32-bits 중에서 네트워크부분이 24-bits이면 나머지 8-bits가 호스트 부분이 된다.

어디서 호스트 주소가 시작되고 끝나는지를 알게 해주는 방법으로(같은 네트워크에 들어 있는 여부) 서브넷 마스크(subnet mask)가 있는데, 255.255.255.0과 같은 형태이다. 서브넷 마스크에서 1로 표시된 부분은 ip 주소에서 네트워크 주소에 해당되고 0으로 표시되는 나머지가 호스트 주소이다. 255는 모든 octet가 1(2^8에서 하나 제외; 0부터이므로)인 경우이다. 예를 들어 255.255.255.0은 처음 세 개의 octet가 네트워크 부분이며 나머지 한 octet가 호스트 부분이다. 그래서 ip 주소가 192.168.10.55라면 네트워크부분은 192.168.10.0이며, 호스트 부분이 55인 것이다.

예를 들어 172.16.10.1인 ip 주소에 마스크가 255.255.0.0이라면 네트워크 주소가 172.16.0.0이 되는데 만일 이 주소가 172.16.0.0에 있는 머신들에게(그 머신들이 자신과 같은 로컬에 있다고 여기기 때문에) 메시지를 보냈는데 만약 로컬에 없는 머신이 있다면, 메시지는 디폴트 게이트웨이로 가서 인터넷상으로 나가 사라질 것이다. 만일 모든 머신들이 한 로컬그룹에 묶여 있어 다른 네트워크와 연결 될 필요가 없다면 게이트웨이도 필요 없게 된다. 또 ip주소 172.16.10.1(서브넷 255.255.0.0)이 같은 로컬머신인 ip주소 172.16.10.2(255.255.255.0)에게 메시지를 보냈다면 서브넷 마스크가 달라서 다른 네트워크에 있다는 의미가 되므로 172.16.10.1이 보낸 패킷은 로컬에 있는 머신인 172.16.10.2에게 도달되지 않을 것이다. 또 ip 주소가 172.16.10.1에 마스크가 255.255.0.0인 시스템의 게이트웨이 ip가 172.16.1.1인 상황에서 만일 이 게이트웨이 주소가 어떤 이유로 172.16.1.100으로 설정되어 있다면, 로컬에 있는 172.16.10.2에게 메시지를 보낼 때는 문제가 없지만 인터넷이나 다른 네트워크상의 머신에게 보내면 time out에 걸려 실패하게 되는데 보낸 메시지가 라우터를 찾아 되돌아올 수 없기 때문이다(라우터 설정이 다르므로).

대규모 네트워크에는 ip 주소를 Class A, B, C로 나눠서 ip 주소를 할당한다.

1) Class A - 1~126사이로 넷 마스크는 255.0.0.0이며, 대규모 네트워크에서 쓰인다. 네트워크가 처음 한 octet라서 126개이고 나머지 세 octet가 호스트부분이므로 24-bit 만큼인 (2^{24}) 16,777,216(0과 127을 제외로 -2개수)개가 호스트에 ip를 부여할 수 있다. AT&T, HP, Apple, Xerox, Compaq, MIT, Columbia University 등이 Class A 주소이다. (MIT는 18.0.0.0이다)

2) Class B - 128~191사이로 넷 마스크는 255.255.0.0이며, 중간크기의 네트워크에서 쓰인다. 처음 두 octet가 네트워크이고 나중 두 octet가 호스트부분이다. 그래서 16,384(128^2)개의 네트워크에 각각 2^{16}인 65,534(역시 -2개수)개의 호스트 ip를 줄 수 있게 된다. MS, ExxonMobil, Prudue University 등이 Class B 주소이다.

The Computing Technology Industry Association

CompTIA A+

3) Class C – 192~239사이로 넷 마스크는 255.255.255.0이며, 처음 세 octet가 네트워크, 나머지 한 octet가 호스트 ip이므로 2,097,152(128^3)개의 네트워크에 각각 2^8인 254(역시 −2개수)개의 호스트 ip를 가질 수 있다. 대부분 회사가 Class C이다.

4) Class D – 224~239로 서브넷 마스크는 없고 멀티캐스트로 쓰인다.

5) Class E – 240~255로 서브넷 마스크는 없고 테스트용으로 쓰인다.

또 네트워크용으로 모두 0(브로드 캐스트)과 모두 1(네트워크 자신), 127은 사용할 수 없는데 127.0.0.1은 루프백 주소(loopback address)로 불리며 NIC의 연결테스트용으로만 쓰인다.

클래스	IP 주소범위	서브넷마스크	호스트 수
A	10.0.0.0-10.255.255.255	255.0.0.0	16.7 million
B	172.16.0.0-172.31.255.255	255.255.0.0	1 million
C	192.168.0.0-192.168.255.255	255.255.255.0	65,536

* IPv4와 IPv6
1973년 IPv4가 나온 이후로 더 많은 호스트에 ip 주소를 주고자해서 연구 한 것이 IPv6인데 128-bits이다. IPv4의 32-bits(2^8x4개)에 비해 엄청나게 많은 숫자(2^16x4개)의 ip를 가질 수 있게 했다. 이는 2001:0db8:3c4d:0012:0000:0000:1234:56ab 식으로 표시되는데 앞의 세 단위는 global profix이고, 다음 한 단위는 서브넷, 나머지 네 단위가 인터페이스 ID이다.

3. 포트

TCP/IP 프로토콜은 Process/Application 층에서 포트(port) 넘버를 사용해서 보내고 받는 정보를 구별해준다. 이 포트가 ip 주소와 결합 된 것이 소켓(socket)이다. 0~65535(2^16)개의 포트가 있는데, 0~1023(2^10)의의 포트는 well-known ports라고 하며 1024~49151은 registered ports라고 부른다. 49152~65535는 일반 응용 프로그램 벤더들에게 자유로이 허용된 번호이다. 다음은 주로 쓰이는 포트 몇 가지를 정리한 것이다.

서비스	포트	설명
FTP	20, 21	Optimized for file downloads
Telnet	23	Terminal emulation logging
SMTP	25	Sending e-mail
HTTP	80	Web (Internet) traffic
DNS	53	Resolves hostnames to IP addresses
DHCP	67	Automatically assigns IP to clients

| POP3 | 110 | Receiving e-mail |
| HTTPS | 443 | Secure Internet traffic |

4. DHCP와 DNS, WINS

네트워크에서 쓰이는 두 개의 중요한 서비스가 있는데 DHCP(Dynamic Host configuration Protocol)과 DNS(Domain Name System)이다. DHCP 서버는 자동으로 호스트에게 ip 주소, 서브넷 마스크, 디폴트 게이트웨이, DNS 서버 주소를 할당해 준다. DHCP 서버가 설정된 네트워크에 새로이 호스트가 들어오면 DHCP 서버를 찾는 시그널(이를 DHCP DISCOVER라고 한다)을 보낸 뒤 DHCP 서버로부터 주소 설정을 받게 된다(하지만 DNS 서버를 찾지 못할 때에는 DNS 서버를 수동으로 설정해 주어야 할 때도 있다). NIC를 설치한 후 먼저 해야 할 일이 IRQ, I/O 포트, 기본 메모리주소 등의 점검이며, 이어서 바로 TCP/IP 구성을 해주어야 하는데 호스트 주소와 DHCP 서버, DNS 서버의 ip 주소이다. 물론 자동으로 설정하게 해둘 수 있지만, 관리자는 수동으로 ip 주소 등을 설정할 때가 많다.

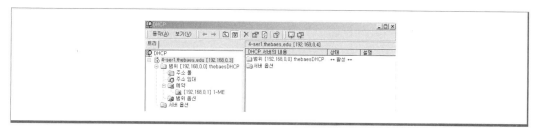

Windows 2000서버에서의 DHCP 설정화면

바탕화면의 '내 네트워크 환경'을 더블클릭해서 들어간 뒤 '로컬영역 연결'을 클릭해서 들어가면 '일반'탭에서 연결상태를 볼 수 있고, '지원'탭에서 설정된 ip 등을 확인할 수 있는데 문제가 있을 때 복구하게도 해준다.

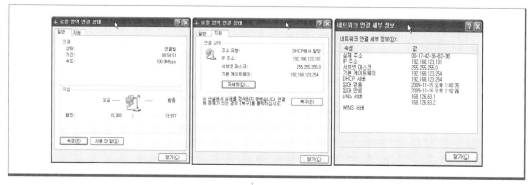

ip 연결상태 등 확인화면

또 '일반' 탭에서 아래에 있는 '속성'을 클릭하면 로컬연결 속성이 뜨는데 '인터넷 프로토콜(TCP/IP)'를 선택하면 '일반'과 '고급'탭이 있고 '일반'탭에서 DHCP나 DNS의 ip를 수동으로 정해줄 수 있다.

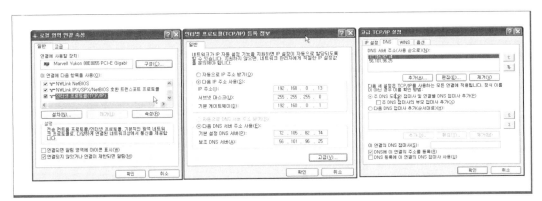

프로토콜, ip주소 설정화면

DNS(Domain Name Service)는 호스트네임을 ip 주소로 풀어주는 역할을 하는데, www.google.com이 이해하기 쉽지 그 ip 주소인 72.14.205.104를 알고 있기란 쉽지 않을 것이다. DNS 서버는 'ip주소-hostname' 레코드를 가지고 있는 데이터베이스며, 만일 자신의 DB에서 이름풀이를 못하면 다른 DNS 서버에 정보를 요청해서 사용자에게 풀어주게 되어있다.

WINS(Windows Internet Naming Service)는 DNS와 유사한 기능을 하지만, IP 주소를 컴퓨터의 NetBIOS이름으로 바꿔주는 역할을 한다. WINS는 NetBIOS의 이름 풀기의 한 방식인 NBNS(NetBIOS Name Server)를 사용한다. Microsoft사가 독자적으로 개발한 방식으로, WINS는 'NetBIOS 이름-ip주소'에 대한 매핑을 동적으로 관리하는 방식이다.

다음은 Windows 2000 서버의 DNS와 WINS 화면이다.

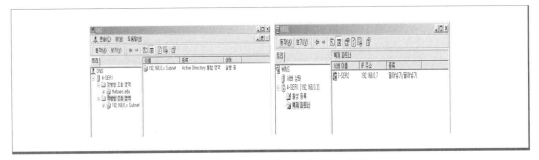

Windows 2000 서버의 DNS와 WINS 화면

정리하자면 DNS는 도메인 이름을 IP 주소로; WINS는 ip 주소를 호스트 네임인 NetBIOS 이름으로; ARP(Address Resolution Protocol)은 ip 주소를 MAC주소로 바꿔주며; RARP(Reversed ARP)는 MAC주소를 ip로 바꿔주는데 BootP라고도 부른다.

소규모 네트워크에서는 DHCP 서버를 설치할 필요 없이 Windows OS가 자동으로 APIPA 주소를 구성해주어서 머신끼리 통신하게 해준다. 보안 측면에서 DHCP는 라우터 밖에 있어서는 안 되며 라우터 안에 들어와 있거나, DHCP 서버를 사용하지 않거나, 라우터에 DHCP 서버를 설정해주어야 문제가 없게 된다. 혹은 DHCP proxy나 DHCP relay를 사용해서 설정할 수도 있는데, 이들은 DHCP 서버를 찾는 머신들의 브로드캐스트를 가로채서 DHCP 서버에게 직접 전해준다. 또 이 DHCP 서버를 찾지 못하는 머신들을 위해 APIPA(Automatic Private IP Addressing)는 ip 주소 169.254.0.0에 마스크 255.255.0.0을 갖게 하는데 이렇게 시작되는 주소를 가진 네트워크 구성을 zero configuration networking이나 address auto-configuration이라고 부른다.

또 NAT(Network Address Translate)라는 것이 있는데, 사설 ip 주소로는 네트워크에 나갈 수 없기 때문에 NAT에서 사설주소를 공식주소로 변환해준다. 또 외부에 내부 네트워크를 감추는 보안적인 측면으로도 NAT-enabled 라우터를 설정해서 이를 기본 게이트웨이로 설정하면, 외부에서는 각 호스트머신의 ip 주소가 이 라우터의 주소 하나로만 보여지게 되어서 내부의 실제 ip 주소를 모르게 하는 효과가 있다. NAT 라우터는 내부의 각 호스트의 주소를 모두 알고 있으므로(주소목록을 가지고) 들어오는 데이터를 해당 호스트에 제대로 연결시켜 줄 수 있다.

5. NetBIOS와 NetBEUI

NetBIOS(Network Basic Input/Output System)는 IBM과 Sytek에서 데이터 교환과 네트워크 액세스를 위해 세션층에 있게 한 프로토콜인데, 노드(node)끼리의 정보 교환이 로우레벨에서 이뤄지게 해준다. 로컬에서만 작동되며 인터넷 연결은 불가하다.

NetBEUI(NetBIOS Extended User Interface)는 작은 네트워크(머신이 10~20대 미만)에서 쓰이는데, MS로부터 IBM의 NetBIOS를 실행하기 위해서 만든 것으로 머신이름 외에는 별다른 구성이 필요 없다. 이 프로토콜은 MS의 NDIS(Network Driver Interface specification)을 통해서 통신하는데 네트워크 층이 없으므로 경로 찾기가 불가하며 안정적이지도 않다. TCP/IP보다는 빠른 데이터 전송을 할 수 있으나 Windows OS에서만 쓰일 수 있다.

6. IPX/SPX

Internetwork Packet Exchange/Sequenced Packet Exchange의 약자인 이 프로토콜은 Novell NetWare OS에서 쓰이는데 경로 찾기가 가능하며, 안정적이어서 TCP/IP와 비슷하게 대형 네트워크에 쓰일 수 있다. Novell은 1990년대 중반 Microsoft에서 Windows NT가 나올 때까지 네트워크 시장의 7~80%를 차지하고 있었었다. 하지만 인터넷 연결에는 쓰이질 못하는데도 Novell은 버전 5가 나올 때까지도 TCP/IP를 선택적으로만 설치하게 했었다. 이런 이유가 기존으로 네트워크시장을 선점하던 Novell의 OS NetWare가 침몰한 가장 큰 이유가 아닐까 싶다. Microsoft는 자사의 NetBEUI, NBT(NetBIOS over TCP/IP)가 있었지만 과감히 인터넷 접속에 쓰이는 TCP/IP를 표준 프로토콜로 채택하고 자신들의 프로토콜을 버렸다. MS에서 Novell과 통신하는 프로토콜이 NWLINK 이다. 주소는 00004567:006A7C11FB56 식인데 앞의 첫 부분은 네트워크 주소이며 뒤의 나머지 12-digit 부분이 노드의 MAC 주소이다.

7. AppleTalk

AppleTalk는 Macintosh머신을 위한 프로토콜로 UTP나 STP 케이블을 사용한다. 역시 CSMA/CA 기법을 사용하는데 네트워크에서 32개의 장치만 지원해준다. 지금은 TCP/IP를 탑재하고 있다. Novell과 Apple사 같은 회사도 인터넷의 대세에 따라 자사의 고유 프로토콜을 버리고 TCP/IP를 탑재하고 있으며, Motorola에서 CPU를 생산하던 Apple사도 Intel CPU를 탑재한 Mac 머신을 내 놓고 있다. AMD만 보급용으로 유일하게 (Cyrix, IBM, SUN도 있지만) Intel과 대항하는 CPU를 계속 만들어내고 있다. MS 머신에서 Apple 머신을 위해서 AppleTalk를 사용하게 했다.

8. 기타 프로토콜

1) SMTP(Simple Mail Transfer Protocol)은 포트 25를 사용하며 e-mail을 보낼 때 쓰인다.
2) POP(Post Office Protocol)은 최신 버전이 3이라 POP3라고 주로 하는데 포트 110을 사용하며 e-mail을 받을 때 쓰인다. 최근에는 포트 143을 사용하며 버전 4가 나와 있는 IMAP4(Internet Message Access Protocol)를 더 사용하는 추세이다. POP3은 메일을 다운 받게 하는데 IMAP4는 메일을 메일서버에 저장해 둔다. 또한 여러 사용자가 동시에 이용하게 해준다.
3) FTP(File Transfer Protocol)은 파일을 받거나 내보낼 때 사용되는데 포트 20은 내보낼 때, 21은 들어올 때 사용한다. 사용자명을 anonymous로 하고 패스워드는 e-mail 주소를 사용해서 FTP 서버에 연결할 수 있다. 실제로는 20은 21번 포트보다는 더 높은 대역포트(arbitrary port)를 사용하게 해서 방화벽과 같은 역할을 하게 해주기도 하는데 이를 stateful firewall라고 하며, 기존 21번 포트사용(이를 stateless firewall이라 함)와 연계되어 있다.

4) SSH(Secure SHell)은 암호화된 데이터를 두 머신 사이에 교환하게 해주며 포트 22를 사용하는데 Telnet를 대신하는 추세이다. 클라이언트는 OpenSSH를 사용한다. Telnet은 23번 포트를 사용하는데 일반 텍스트로 문장을 보내면 SSH가 암호화한 문장으로 덮어쓴다.

5) HTTPS(HTTP Secure)는 HTTP(Hypertext Transfer Protocol)가 안전하지 않은 이유로 대신 웹상에서 사용되는 프로토콜이다. HTTP는 포트 80을 사용하지만 HTTPS는 포트 443을 사용한다. 이 기술은 SSL(Secure socket Layer)나 TLS(Transport Layer Security) 기법을 사용한 것으로 http:// 에서 https:// 로 사용해도 된다.

6) ICMP(Internet Control Message Protocol)는 오류 보고 등의 목적으로 쓰이며 Ping에서 사용되는데 네트워크의 연결성을 알아보는데 쓰인다. *ping 호스트네임*하면 DNS덕택에 그 호스트의 ip주소가 뜬다. 물론 *ping ip*주소해도 된다.

7) SMTP(Simple Mail Transfer Protocol)는 메시지 전송으로 쓰인다.

8) a) *racert 호스트네임 (or ip 주소)*는 목적지까지의 경로를 알아보는데 쓰인다.

   b) *nslookup*은 DNS 서버명과 ip 주소를 보게 해준다.

   c) *netstat*은 사용머신의 입/출입 패킷 통계를 보게 해준다.

   d) *net*는 네트워크 관리에 사용한다. 만일 네트워크상에 공유된 드라이버를 내 컴퓨터의 M: 드라이버로 만들고자 한다면 *net use M: ‖server명‖share*명으로 쓰고(드라이브 매핑과 같은 식이다), 프린터를 공유한다면, *net use lpt1: ‖printer*명하면 된다.

   e) *ipconfig*는 /release, /renew, /all 등의 스위치로 DHCP서버로부터의 머신에 할애된 ip를 관리하게 해준다.

   f) *nbtstat*는 NetBT(NetBIOS over TCP/IP) 연결에서 사용되는 통계 및 이름 정보를 표시한다.

   g) *proxy*는 내부 호스트들과 외부 호스트들로부터 패킷을 분리해서 전체 네트워크를 대신 표시해주는 역할을 하는 데 여러 가지 형태로 설정할 수 있다. ip proxy, Web proxy, FTP proxy, SMTP proxy등이 있고 대부분 방화벽은 프록시 서비스를 함께 설정해서 사용하고 있다.

5. 네트워크 아키텍쳐(Architecture)

네트워크 아키텍쳐란 네트워크 구성을 말하는 것으로 하드웨어, 소프트웨어, 물리적인 배치를 말한다. 네트워크 아키텍쳐의 성능은 보통 대역폭(bandwidth)로 측정되어진다. 토폴로지와 케이블 타입, 프로토콜, 액세스 방법 등을 이용해서 수백의 서로 다른 네트워크 아키텍쳐를 이룰 수 있다. 또 연결방법과 확장성 등을 고려한 네트워크 설계, 그리고 방화벽과 같은 장비와 보안 설계, 네트워크 장비들도 네트워크를 구성할 때 고심할 부분이다. 회사라면 VoIP(Voice over IP)도 생각해 볼 수 있는데, 음성을 데이터 패킷으로 분해해서 TCP/IP 네트워크로 보내는 것을 말한다. 거리, 가격, 속도, 보안을 염두에 두고 설계하여야 한다.

1. Ethernet 네트워크

IEEE 802.3에 규정된 Ethernet는 네트워크에서 가장 일반적으로 쓰이고 있는 형태이며, half-duplex와 CSMA/CD(Carrier Sense Multiple Access/Collision Detection)를 사용하며(무선 LAN과 토큰링은 CSMA/CA(Carrier Sense Multiple Access/Collision Avoidance)을 사용한다), 10～100Mbps의 데이터 전송 속도를 갖으며, 꼬임쌍선, 동축, 광케이블이 다 쓰일 수 있다. 베이스밴드와 동축케이블을 사용해서 버스형 토폴로지를 이룬다. Ethernet은 Digital, Intel, Xerox가 합쳐 DIX Ethernet을 이룬데서 나온 용어이다.

LAN은 10Base5가 기본형인데 10은 10Mbps 전송속도이며, Base는 baseband를 줄인 것이며, 5는 500m를 의미한다. 베이스밴드(baseband)는 한 번에 한 시그널만이 전해진다는 것이며 브로드밴드(broadband)는 한 번에 여러 시그널이 전해진다는 뜻이다. 10Base5, 10Base2, 10BaseT가 있다. 10Base2/5는 동축케이블을 쓰며, 10BaseT는 꼬임쌍선을 사용한다. 10BaseF는 10Mbps의 속도로 하나의 B(Baseband) 채널 광섬유(F)를 쓰는 것을 말하며, 100BaseT는 100Mbps의 속도로 Ethernet의 꼬임쌍선(UTP)를 쓰고 100m를 연결할 수 있다는 의미이다. Fast Ethernet는 100Mbps를 전송하며, Gigabit Ethernet는 1Gbps로 전송하는 것을 말한다.

2. Token-Passing 네트워크

IBM의 Token Ring 기술을 사용한 토큰 패싱 방법을 쓰는 네트워크를 말하며 IEEE 802.5에 규정이 있고, FDDI(Fiber Distributed Data Interface), Token Ring, Token Bus를 일컫는다. 이는 물리적으로는 스타지만 논리적으로는 링 토폴로지이다. 동축, 꼬임 쌍선, 광섬유 등이 다 사용될 수 있다.

a) 토큰 링(Token Ring)은 4~16Mbps의 데이터 전송속도이고 꼬임쌍선 케이블을 주로 쓰며 half-duplex 방식을 주로 사용한다. 이 네트워크에 맞는 별도의 NIC를 써야하며, 허브대신 MAU를 쓴다.

b) 토큰 버스(Token Bus)는 IEEE 802.4에 규정되어 있는데, 토큰 링과 비슷하지만 동축 케이블을 주로 쓰며, 물리적으로 버스 토폴로지이다. 4Mbps를 전송한다.

c) FDDI는 IEEE 802.5에 의한 토큰 패싱 방법을 쓰는데 이중 링(dual-ring) 구조이고 광섬유를 쓰며, 100Mbps를 전송한다.

나. 네트워크 하드웨어

지금까지 네트워크 종류, 아키텍쳐, 네트워크 통신을 보아왔는데, 케이블이나 NIC같은 네트워크 하드웨어도 알아 두어야 한다.

1. NIC

NIC(Network Interface Card)는 컴퓨터와 케이블의 물리적인 연결을 이뤄준다. 데이터 보내기, 준비하기, 받기, 그리고 데이터의 흐름도 통제한다. 데이터를 병렬로 버스를 통해 보내는데 네트워크 케이블은 한 방향의 시리얼통신이다. 그러므로 컴퓨터의 데이터를 변환시켜 케이블에 시그널로 보내는 역할, 즉 컴퓨터의 디지털 신호를 케이블에 맞게 전기적 신호로 바꾸는 일을 하는 것이 NIC이다. 최대 데이터 프레임, 보낼 데이터 양, 전송 시간, 기다리는 시간, 카드가 지닐 수 있는 데이터 양, 전송 속도 등을 보내고 받을 NIC끼리 협상해야 한다. 만일 Ethernet과 Token Ring처럼 다른 미디어에 액세스하려면 별도의 소프트웨어가 없이는 접속이 불가하다.

또 데이터도 Full-duplex나 Half-duplex로 보내는데, Full-Duplex는 200%의 이용률로 동시에 양방향으로 데이터가 이동될 수 있고 전화와 같이 동시에 서로 말 할 수 있는 원리이다. 이는 스타 네트워크에서 주로 쓰인다. Half-duplex는 양방향이 가능하지만 한 번에 한 방향으로만 가게 하는 경우로 링 네트워크에서 주로 쓰인다. 무전기같이 한 사람만 한 번에 말 할 수 있는 원리로 100%의 이용률이라고 말 할 수 있다. Simplex는 데이터가 어느 한 방향으로만 가게 하여 50%의 이용률을 보이는데 머신 본체에서 모니터로 가는 경우와 같이 단방향(one-way)만 가능하며 역방향으로는 통신이 불가하다.

NIC 구성은 다른 하드웨어와 같이 IRQ, I/O 포트, 메모리 주소 등을 설정할 수 있지만 최근 OS는 자동으로 이것들을 설정해줘서 충돌이 일어나는 경우는 거의 없다. MAC 어드레스(NIC의 물리적 주소), 그리고 호스트네임이나 사설 ip 주소가 같아서 충돌이 생길 수도 있다. NIC 드라이버는 네트워크 리디렉터(redirector)와 어댑터와 직접 통신하게 하는데 OSI 모델의 데이터링크층의 MAC 층에서 작용한다.

2. 케이블과 커넥터

OSI의 물리층에서 사용되는 케이블은 여러 종류가 있지만 대표적인 세 가지가 꼬임 쌍선(twisted-pair), 동축(coaxial), 광(fiber-optic) 케이블, 그리고 무선이다. 또 서로 연결되는 장치끼리는 물리적으로 전기적으로 MDI(Medium Dependent Interface)가 서로 같아야 한다(RJ-45는 RJ-45로, CAT5는 CAT5식으로). 워크스테이션을 허브, 라우터, 스위치 등에 연결할 때(이기종)는 다이렉트(direct) 케이블로 하고, 워크스테이션끼리, 허브끼리 등과 같이 연결할 때(동기종)는 크로스오버(cross-over) 케이블로 해준다.

1. 꼬임쌍선(Twisted-Pair) 케이블(UTP/STP)

Ethernet과 Token Ring에서 가장 많이 쓰이는 형태이며 주로 스타 토폴로지를 이룬다.

1) 케이블타입

이것은 가장 많이 쓰이고 있는 케이블 타입인데, 요즘은 100BaseT에서 많이 발견된다. 이름처럼 속의 선이 서로 꼬여있다. 이렇게 선들을 꼰 이유는 서로의 신호를 촉진하며, EMI를 덜 발생시키기 위해서이다. 이들은 싸여있는(shielded) 경우가 많은데, 차폐 꼬임쌍선(Shielded Twisted-Pair: STP) 케이블은 절연층을 가지고 있어 데이터 손실이나 EMI를 막아주는 역할을 하고 비차폐 꼬임쌍선(Unshielded Twisted-Pair: UTP) 케이블은 STP보다 싸고 성능이 좋아서 거의 모두가 이 UTP를 쓰고 있다. 이 꼬임쌍선 케이블은 CAT(CATegory) 숫자로써 구별하는데, CAT3와 CAT5가 가장 널리 쓰이고 있다.

Ethernet에서 주로 쓰는 케이블은 RJ-45라고 하는데 전화선에서 쓰는 RJ-11보다 조금 크다. CAT1은 선이 2개이며, CAT3는 선이 4개이고, CAT5는 선이 8개이다. 전화선은 CAT1이지만, 이더넷용으로는 CAT3의 4줄, CAT5의 8줄이 모두 쓰일 수 있다. 다음 표로 정리했다.

Type	Speed	Common Use
CAT1	1 Mbps	Phone lines(RJ-11)
CAT2	4 Mbps	Token Ring
CAT3	16 Mbps	Ethernet(RJ-45)
CAT4	20 Mbps	Token Ring
CAT5	100 Mbps	Ethernet(RJ-45)
CAT5e	1Gbps	Ethernet
CAT6	1Gbps	Backbone

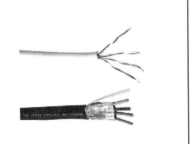

CAT 시리즈 UPT와   STP 케이블

2) 꼬임쌍선의 커넥터

BNC 커넥터는 UTP에 맞지 않으므로 RJ(Registered Jack)을 사용해야 한다. 전화선 보다 조금

큰데 4개의 꼬인 구리선을 가지고 있고 크림퍼(crimper)가 이들을 물어준다. 토큰 링에서는 IDC(IBM Data Connector)를 사용해야 한다. IBM 토큰 링에는 Type 1이나 2를 사용한다.

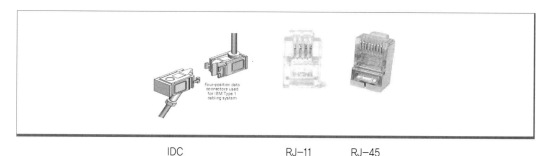

IDC   RJ-11   RJ-45

2. 동축 케이블(Coaxial Cable)

이 케이블은 네트워크뿐만 아니라 유선TV 등 여러 종류의 기기에서 사용된다.

1) 케이블 종류

꼬임쌍선과 동축케이블 겸용 콤보 NIC

동축(coax)이라고 불리는 이것은 유선 TV용에 쓰이기도 한다. 버스 토폴로지를 주로 이루는 네트워크에서 쓰이는데 가끔은 스타링 네트워크에서도 쓰인다. 중앙에 하나의 구리선이 절연층으로 싸여있고, BNC 커넥터를 가지고 있다. STP나 UTP보다는 EMI의 영향을 적게 받으므로 긴 케이블링이 가능하다. Thinnet(10Base2)와 Thicknet(10Base5)로 구별되기도 한다. 이 동축 케이블은 STP나 UTP의 CAT 시리즈처럼 RG(Radio Government) 시리즈로 구별하는데, Thinnet은 RG-58, Thicknet은 RG-8,9,11이며, TV용은 RG-59, 케이블 모뎀, 위성TV는 RG-6, ARCNet는 RG-62를 사용한다.

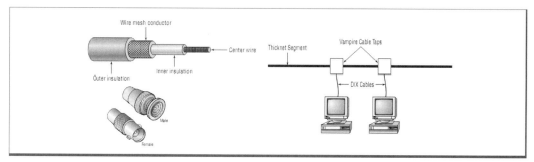

동축 케이블과 그 내부   뱀파이어 탭(vampire tap)

동축케이블을 표로 정리해두었다.

Type	Speed	Cable	Max Cable Length	Topology
10BaseT	10Mbps	Twisted-pair	100m	star
10Base2	10Mbps	Coax(Thinnet)	185m	bus
10Base5	10Mbps	Coax(Thicknet)	500m	bus
10BaseF	10Mbps	Fiber-optic	2000m	star
100BaseTX 100BaseT4	100Mbps	Twisted-pair	100m	star
100BaseFX	100Mbps	Fiber-optic	412m	star

2) 동축케이블 케넥터

주로 BNC 커넥터를 사용한다. Thicknet에서는 내부 컨덕터(conductor)에 접촉하게 하는 뱀파이어 탭(vampire tap)을 사용하기도 하는데, 또 다른 쪽은 15-pin AUI 커넥터(DIX 혹은 DB-15 커넥터라고도 함)와 연결시킨다.

3. 광(Fiber-Optic) 케이블

간단히 화이버(fiber)라고 하는 이 케이블은 LAN에서는 별로 사용되지 않고 먼 거리의 서로 다른 네트워크를 연결하는 WAN에서 주로 쓰이며, 백본으로 사용된다. 전기적 신호를 보내지 않고 빛을 보내기 때문에, EMI의 영향을 전혀 받지 않는다. 다른 타입보다는 월등히 빠른 데이터전송이 가능한데 100Mbps~10Gbps이며 유리로 구성되어 있다.

1) 케이블 형태

다중모드(MM; Multi-Mode)에서는 빛이 유리로 된 케이블 벽에서 반사되기 때문에 신호가 약하게 될 수 있어 케이블을 수직으로만 설치하며 LED(Light Emitting Diode)를 광원으로 사용한다. Gigabit Ethernet에서 사용했고 지금은 광원으로 레이저를 사용하기도 한다.

단일모드(SM; Single-Mode) 광케이블은 하나의 빛을 사용하며 다중모드보다 더 멀리 더 좋은 대역폭을 제공하므로 백본(backbone)용으로 사용된다. 주로 FDDI 링 네트워크에서 쓰이지만 버스 네트워크에서도 쓰일 수 있다. 가격이 비싸며 설치가 어렵다.

2) 광 케이블 커넥터

BNC가 동축에서 주로 쓰이듯이 SC(Subscriber Connector)가 광케이블을 연결할 때 사용되는데 ST(Straight Tip)가 더 많이 쓰인다. 이는 AT&T에서 만든 것으로 BNC 타입이다.

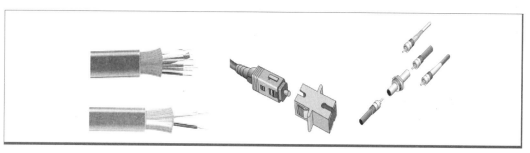

광케이블   광케이블 어댑터 SC와 ST

일반적으로 꼬임쌍선(STP, UTP)은 스타형에서; 동축(coaxial)은 버스형에서; 광(fiber)은 링형에서 주로 쓰인다. 동축케이블은 최대 500m, UTP는 최대 100m, 광케이블은 10,000m, 무선은 최대 450m의 거리이다.

4. 무선 네트워크

무선은 아직 케이블을 이용한 유선 네트워크보다는 빠르지 않고 효율적이지 못하지만 날로 인기를 더해가고 있다. 레이저, 전자파, 적외선 등이 공기를 타고 데이터를 전송할 수 있다. 가장 큰 단점은 느린 속도이기도 하지만 허술한 보안문제일 것이다.

3. 네트워크 장비

네트워크에는 여러 장비가 또한 필요하다. NIC는 머신에 기본으로 들어가져야 하는 것이며 케이블 또한 연결되어야 하므로 기본적인 것인데, 이제는 네트워크 확장에 관련된 장비를 보자.

1. 리피터(repeater)

리피터는 단지 네트워크의 거리를 연장해주는데 쓰이는 장비로 네트워크의 시그널을 증폭해주는 기능을 한다. 유사한 네트워크에서 입력신호를 강하게 해주어서 다시 내보내는 것으로 가격이 싸다. 시그널뿐만 아니라 잡음도 함께 증폭된다.

2. 허브(hub)

허브는 가장 흔히 사용하는 네트워크 기기인데, 물리층에서 작동한다. 단지 어느 포트로 들어오는 신호를 다른 포트들에게 보로드캐스팅해주는 역할이다. 멀티포트 리피터라고 보아도 된다. 패시브(passive) 허브는 모든 포트를 전기적으로 하나로 묶는데 자체 전원은 가지고 있지 않다. 액티브(active) 허브는 다른 포트로 신호를 내보낼 때 전기적으로 신호를 증폭하며 잡음을 제거해준다. 이런 면에서 지능형(intelligent) 허브라고도 하며 네트워크상에서 원격으로 제어 할 수도 있다. 더미허브, 컨센트레이트 허브, 스태커블 허브 등도 있다.

3. 스위치(switch)

스위치는 허브처럼 케이블이 한 곳으로 모아지게 하지만, 허브처럼 어느 포트에서 받은 신호를 다른 모든 포트에 브로드캐스트하지 않고, 데이터링크를 검사해서 가고자 하는 포트로만 신호를 전달해준다. 허브는 대역폭이 포트 수에 따라 나뉘어져 신호가 약해지지만, 스위치는 정해진 곳으로 가게 되어 있으므로 대역폭이 줄지 않는다. 스위치는 멀티포트 브리지나 라우터라고 볼 수도 있다.

4. 브리지(bridge)

브리지는 데이터링크에서 작동하는데 유사한 토폴로지를 묶어서 네트워크를 세그먼트(segment)로 분할시켜 준다. 브리지는 한쪽 트래픽을 다른 쪽으로 보내지 않아서 높은 트래픽에서도 고성능을 낼 수 있다. 만일 100명의 사용자가 한 곳에 있다면 브리지를 사용해서 50명씩 나눈 뒤 브리지로 두 그룹을 묶으면 효율적 네트워크가 운영된다. 브리지는 프로토콜을 구분할 수 없으므로 목적지의 MAC 주소를 안다면 패킷을 바로 보낼 수 있지만 그렇지 못하다면, 모든 세그먼트에 패킷을 보낸다. 브리지는 리피터보다는 영리하지만 브로드캐스트하며 경로를 찾지 못하는 단점이 있다.

5. 라우터(router)

라우터는 라우팅테이블에서 목적지의 경로를 찾아서 데이터를 정확하게 전달 해줄 수 있으며 네트워크층에서 작동한다. 브리지처럼 네트워크를 세그먼트할 수 있으며 LAN을 다른 네트워크에 붙일 수도 있다. WAN이 세워지면 적어도 두 개의 라우터가 필요하게 된다. 요즘은 작은 네트워크나 가정에서 무선 라우터를 사용한다.

리피터와 허브는 물리층에서, 브리지는 데이터링크층에서, 라우터는 네트워크층에서 작동한다. 사무실 내는 리피터나 허브, 사무실끼리는 지능형 허브나 컨센트레이트 허브, 건물과 건물은 브리지, 도메인 영역 내부와 외부는 라우터로 연결하면 된다.

다. 네트워크 타입

여기서는 네트워크가 연결되는 방법을 알아보는데 크게 유선과 무선방식이 있다.

1. 유선네트워크

케이블을 네트워크 카드에 끼운 방식으로 여러 가지 종류가 있다. 크게는 전화연결 네트워크와 브로드밴드 연결이 있을 수 있다.

1. 다이얼-업(PSTN, POTS)

가장 오래된 방식으로 AOL, NetZero, Earthlink 등과 같은 ISP(Internet Service Provider)에 전화로 연결하는 방식으로 56Kbps 모뎀을 사용한다. 이런 전화연결 방식을 POTS(Plain Old Telephone Service)라고 하는데 PSTN(Public Switched Telephone Network)라고 더 잘 알려져 있다. DSL이나 케이블 모뎀의 속도에는 훨씬 못 미치지만, 모든 곳에서 연결가능하며 가격도 싸다. ISP에 연결해서 사용자명과 패스워드만 주면 인터넷에 들어갈 수 있어 구성도 편리하다. MS도 ISP처럼 연결하게 하는 RAS(Remote Access Service)를 가지고 있다. RAS는 데이터링크층의 PPP(Point-to-Point Protocol)를 이용한다. 최고 56Kbps의 속도로 다운로드 시에는 40Kbps이며 업로드 시는 33.6Kbps 정도이다.

2. 브로드밴드

브로드밴드는 여러 데이터를 동시에 처리해서 속도를 높이는 방식이며 베이스밴드는 한 번에 한 신호만 허용하는 방식이다. 여기에는 DSL(Digital Subscriber Line), ISDN(Integrated Services Digital Network), 케이블, 광케이블, 위성 등이 포함된다.

1. DSL

DSL(Digital Subscriber Line)은 일반 전화선으로 빠른 속도를 낼 수 있게 한 방식인데, DSL 모뎀과 네트워크 카드를 RJ-45 케이블로 연결하고 전화선을 DSL 모뎀에 연결하면 된다. 아날로그선에 디지털을 사용함으로써 속도를 높인 것이다. 12~15Mbps의 다운로드와 1Mbps의 업로드 속도이다. 다른 사용자와 대역폭을 공유하지 않는다. 전화선에서 사용하므로 노이즈필터(noise filter)를 부착해서 음성과 데이터 전송 영역을 구분해준다(음성은 0~4kHz이며 ADSL은 데이터 다운로드가 25.875~138kHZ, 업로드가 138~1104kHz이다). 물론 라우터나 무선 라우터에 연결해서 쓸 수도 있다. 요즘엔 일반 전화선을 가정마다 갖지 않고 휴대폰으로 연결해서 쓰는 것도 점차 늘어나는 추세이다(이렇게 선이 없는 것을 naked DSL이라고 한다). 여러 머신을 사용한다면 라우터에 머신을 연결하고, DSL 모뎀을 라우터에 연결하면 좋다.

DSL에는 SDSL(Symmetric DSL), HDSL(High bit-rate DSL), VDSL(Very high bit-rate DSL), RADSL(Rate-Adaptive DSL), ADS(Asymmetric DSL) 등이 있다. 빠른 다운로드와 느린 업로드이기는 하나 대부분 다운로드만을 주로 하므로 ADSL을 가장 많이 사용한다. 1998년 처음 나왔을 때는 1Mbps였는데 곧 24Mbps로 늘었고 full-duplex로 전송한다.

2. 케이블 모뎀

DSL과 더불어 가정용으로 인기를 끌었던 것이 케이블모뎀이다. 일반전화선으로 인터넷에 연결해주는 DSL처럼 케이블 TV선으로 인터넷에 연결해주는(이 기술을 DOCSIS(Data Over Cable Service Internet Specification)라고 한다) 케이블모뎀을 사용하는데 DSL보다는 빠르지만 대역폭을 공유하므로 주변에 사용자가 많으면 속도가 떨어진다. 30~50Mbps가 다운로드 속도지만 400Mbps도 있다. 케이블 TV를 동시에 시청할 수 있는 혜택도 있고 라우터와 무선 라우터에 연결할 수도 있다. 하지만 동일 지역에 동시 사용자가 너무 많으면 속도가 떨어지기도 한다.

3. ISDN(Integrated Services Digital Network)

ISDN은 디지털이며, point-to-point 네트워크가 가능하다. 128Kbps가 일반적이지만 2Mbps까지도 가능하다. POTS처럼 2선의 UTP 케이블을 사용하고 디지털 전송을 한다. ISDN의 모뎀이라고 할 수 있는 ISDN TA(Terminal Adapter)를 사용하는데, 이는 실제로 아날로그를 디지털로 교환하는 모뎀은 아니다. 네트워크 종단장치(terminator)가 있어야 하지만 내장되어 있다. ISDN 라우터가 있어야 인터넷에 연결할 수 있다.

ISDN은 보통 두 개의 채널을 가지고 있는데 데이터는 B채널을 통해 64Kbps로 전달하며, 연결설정과 링크관리는 신호 혹은 D채널을 통해 전해지는데 이 채널은 불과 16Kbps의 대역폭이다. 전형적인 144Kbps의 BRI(Basic Rate Interface) ISDN은 두 개의 B채널과 한 개의 D채널을 가지고 있다. B채널 중 하나는 음성을 전달하며 나머지 하나는 데이터를 전송하는데 유럽에서 주로 쓰인다. 또 PRI(Primary Rate Interface) ISDN이 있는데 23개의 B채널과 한 개의 D채널을 가지고 있다. 대역폭은 1,536Kbps의 T1 속도로 미국에서 주로 쓴다. 유럽에서 E를 쓴다.

T1은 1.544Mbps, T3은 44.736Mbps, T4는 274.176Mbps, E1은 2.048Mbps, E2는 8.448Mbps, E3은 34.368Mbps의 속도이다.

4. 위성(Satellite)

브로드밴드를 지원해주는 무선타입이다. 이 서비스는 DirectTV나 DishNetwork처럼 서비스제공자가 지상에 있는 접시로부터 초단파를 보내면 하늘의 위성이 이를 받아서 데이터를 되 보내주는 형식인데 이동용 위성전화 혹은 이동용 위성안테나의 원리이다. 이런 방식을 point-to-multipoint 방식이라고 한다. 이동용 GPS에서 TV나 라디오 방송을 보고 듣는 것과 같은 이치이다. 단점은 속도가 느리다는 것과 항상 보이게 놓여있어야 한다는 것, 데이터 전송에 시차가 있다는 것 등이지만 무인도에서도 인터넷 이용이 가능한 장점이 있다. 거리는 35,000km도 가능하다. 다운로드는 256kbps~1.5Mbps이며 업로드는 128~256kbps 정도이다.

디자인	다운로드 범위	설명
POTS	2400bps~56Kbps	일반전화
DSL	256Kbps~12Mbps	기존전화선
Cable	128Kbps~50Mbps	저렴한 브로드밴드
ISDN	64Kbps~1.5Mbps	SOHO용
Satellite	128Kbps~1.5Mbps	외진 곳

5. 광케이블

엄청난 빠르기에 맞춘 광케이블 서비스가 개발되었는데 바로 FTTH(Fiber-To-The-Home)로 Verizon사가 FiOS를 선보였다. 이는 100% 광케이블로만 연결된 것으로, 50Mbps의 다운로드에 20Mbps의 업로드가 가능하다. 또 다른 서비스인 FTTN(Fiber-To-The Node)는 집에는 일반 동축선이지만 전화 회사에서 집 입구까지는 광케이블을 설치한 제품으로 25Mbps 정도의 속도를 낸다.

2. 무선네트워크

802.11x, 블루투스, 셀룰러, 적외선 등이 무선네트워크 방법으로 사용된다. 유선의 모뎀처럼 액세스 포인트(Access Point)라든가 Cellular WAN(cellular modem으로도 부름)이 있다.

1. 802.11x

WAN에서의 무선은 1997년 IEEE 802.11x 계열로 표준화되어 있는데 802.11도 802.16이나 802.20으로 대체될 전망이다. 현재는 802.11a, b와 g가 가장 많이 쓰인다. 허브나 라우터가 사용되는 순수한 무선 네트워크로 각 클라이언트는 SSID(Service Set IDentifier)를 가져야 한다. 무선 액세스 포인트는 다른 무선 액세스 포인트와 연결될 수 있다.

1) 일반

802.11x는 CSMA/CA 방법을 사용한 기법으로 공유 Ethernet으로 보면 이해가 쉽다. 패킷 충돌은 일어나지 않으며 WLAN에서는 1~2Mbps의 대역폭으로 2.4GHz의 주파수를 사용하며 FHSS(Frequency-Hopping Spread Spectrum)나 DSS(Direct-Sequence Spread Spectrum)를 데이터 인코딩으로 사용한다.

2) 종류

a) 802.11a는 WLAN 대역폭이 54Mbps로 5GHz 주파수 스펙트럼을 사용하는데 FHSS나 DSSS보다는 OFDM(Orthogonal Frequency Division Multiplexing) 인코딩기법을 사용한다.

b) 802.11b는 11Mbps를 2.4GHz 주파수 스펙트럼으로 사용하는데 이 표준이 WiFi 혹은 802.11 high rate라고 불린다. DSSS를 데이터 인코딩으로 사용하며 802.11a보다 보편적이다.

c) 802.11g는 54Mbps를 2.4GHz에서 사용하는데 OFDM 인코딩을 사용하며 802.11b와 호환되므로 보통 802.11b/g라고 쓰기도 한다. 802.11b는 802.11g와의 호환을 위해서 RTS/CTS(Request To Send/Clear To Send)라는 추가 신호를 보내서 액세스한다. 이 RTS/CTS에서는 클라이언트가 RTS를 액세스 포인트에게 보내고 액세스 포인트로부터 CTS를 받으면 데이터를 전송하는데, 다른 클라이언트가 CTS를 받으면 서로 간섭이 일어나 일정기간 다시 기다렸다가(back-off timing 이라고 부른다) 이 과정을 반복한다.

d) 802.11n은 현재 연구 중인데 54Mbps~600Mbps를 전송하는 표준이다. 2010년에 완성을 목표로 하고 있는데 MIMO(Multiple-Input Multiple-Output), 채널본딩(channel bonding), SDM (Spatial Division Multiplexing) 기술을 사용한다. MIMO는 여러 안테나를 사용하는 기법이며 채널본딩은 두 개의 중복되지 않는 채널을 묶어서 출력속도를 증가시키는 기법이다. SDM은 여러 데이터가 MIMO 지원을 받게 하기위해서 데이터 스트림을 공간 분할하는 기법이다. 802.11x는 802.11a/b/g와 호환되므로 2.4GHz~5GHz에서 작동된다.

802.11 동작에 블루투스, 무선 휴대폰, 휴대폰, 다른 WLAN, 전자렌지 등이 간섭을 일으킨다.

종류/주파수	전송량	사용모듈	실내	실외
2.4GHz	2Mbps	FHSS/DSSS	20m	100m
a/5GHz	54Mbps	OFDM	35m	120m
b/2.4GHz	11Mbps	DSSS	40m	140m
g/2.4GHz	54Mbps	OFDM	40m	140m
n/2.4/5GHz	300Mbps	SDM	70m	250m

3) 장치

이 802.11 계열에서는 USB나 PCMCIA Type II 모델이 무선 프린트 서버와 함께 주로 사용되는데, 가장 일반적인 것이 WAP(Wireless Access Point)으로 무선 허브와 같은 기능을 하며, 무선 라우터는 유선에서의 라우터와 같은 역할을 한다. WAP도 RJ-45 커넥터로 연결할 수 있으며 DHCP 서버로 작동하게 할 수도 있다.

WAP와 무선 라우터가 있다면 유선 시스템과 비슷하게 무선 네트워크를 운용할 수 있다.

WAP

4) 보안

무선의 가장 취약점이 보안인데 802.11x 라우터와 같은 무선 컨트롤러는 SSID를 사용해서 특정 액세스 포인트와의 통신을 허락한다.

보통은 무선 액세스포인트에 라우터 설정을 내장시키거나 웹으로 설정하게 해주는데 이를 SSID(Service-Set IDentifier)라고 한다. 구역 내의 모든 장비는 같은 SSID를 사용해야 한다. 액세스 포인트는 SSID를 브로드캐스트해서 범위내의 무선 클라이언트들이 사용가능한 신호를 잡아내게 한다. SSID 이외에도 몇 가지 보안 설정이 있는데 WEP, EPA, MAC 필터링이다. 무선 액세스 포인트를 설정할 때 귀찮다고 해서 기본설정을 그대로 사용하면 곤란하다. SSID를 암호화 키(보안 키)나 WEP 키를 사용해서 정하면 좋다.

a) RADIUS(Remote Authentication Dial-In User Service)는 네트워크에서 중앙화된 인증을 제공해주는데 RADIUS 서버를 무선 네트워크에서도 사용할 수 있다. 개인 SSID와 무선 SSID 브로드캐스트, 그리고 무선 MAC Filter를 설정해주게 된다. VPN 등의 터널연결에 쓰인다.

b) WEP는 Wired Equivalency Protocol의 약자로 무선장치의 보안 표준이다. 데이터를 암호화해서 보안을 높이는데 64-, 128-, 256-bit의 키를 사용하지만(WEP.64/128/256 식이다) 암호화 알고리즘이 약해서 깨지기가 쉽다.

c) WPA(WiFi Protected Access)는 WEP를 개선한 것으로 2003년에 개발되었다. 802.11i에 표준이 정해져 있고 현재 WPA2가 나와 있다.

d) MAC Filtering은 무선 라우터에게 특정 MAC 주소가 접속하지 못하게 하는 기법으로 해당 MAC 장치의 서비스 요청을 부인(deny)시킨다.

 WAP는 무선 액세스포인트로 인증을 담당하며, WPA는 WEP의 개선으로 보안을 담당한다. WEP는 암호화를 지원한다.

3. 블루투스(Bluetooth)

1998년 이기종 간 무선통신을 위해 블루투스기술을 발전시키기 위한 협회가 MS, Intel, Apple, IBM, Toshiba 등으로 구성되었고 IEEE 802.15.1에서 WPAN(Wireless Personal Area Network)을 규정해서, 컴퓨터와 모바일 통신, 음향가전을 묶어서 720Kbps를 전달하게 했다. 블루투스는 Ad-hoc 기법을 사용하는데 블루투스가 가능한 기종이 7개가 묶여 서로 직접적으로 통신할 수 있게 한 것으로 피코넷(Piconet)라고 부른다. 이때 하나는 마스터이며 나머지 6개는 슬레이브가 된다. 하지만 회전식이라서 즉시 다른 것이 마스터가 될 수 있다. 지금은 두 개 이상의 피코넷을 묶을 수도 있는데 스캐터넷(Scatternet)라고 한다. 이 때 한 두 장치는 피코넷 사이의 브리지역활을 하게 된다. FHSS(Frequency Hopping Spread Spectrum)을 인코딩으로 사용한다.

2003년에는 1Mbps를 전달했는데 버전 2이상에서는 EDR(Enhanced Data Rate)로 3Mbps를 2.4~2.485GHz 대역에서 작동하게 했다. 보안으로는 SAFER+(Secure And Fast Encryption Routine)을 채택해서 128-bits 알고리즘을 사용한다.

USB형 블루투스 어댑터와 프린트 서버

처음에는 휴대폰용 헤드셋(head-set)이 있었으나 지금은 키보드, 마우스, 프린터, 디지털 카메라 등이 있고 MP3 플레이어도 물론 있다. PDA와 핸드헬드(hand-held) 장치도 차량에서도 이용하게도 하며, USB나 PCMCIA Type II로 랩톱에서 사용하게도 한다. 아직은 휴대폰이나 WiFi처럼 광범위하지는 않지만 큰 성장세를 가지도 있다. Class 1은 산업용으로 100m 이내, Class 2는 모바일용으로 10m 이내로 일반적으로 쓰이고, Class 3은 1m로 잘 쓰이지 않는다.

Ad-hoc은 몇 개의 머신들이 묶여서 서로 네트워킹하는 것으로 무선네트워킹 중에서 매우 약한 형태이며, Infrastructure는 보통 우리가 회사나 단체에 설정하는 네트워크로 유선, 무선, 유-무선 결합 형태이다.

4. 적외선

적외선은 일반 빛 보다 파장이 더 길고 극단파(microwave)보다는 짧다. TV 등의 리모트 컨트롤에서 주로 사용되지만 야광 투시경, 의학용으로도 쓰인다. 1994년 IrDA(Infrared Data Association)가 형성되어져 face-to-face(즉 line of sight)기법으로 기술 개발을 해 나아갔다. 대부분 이동식기기에는 적외선 포트가 내장되어 있다. 현재는 16Mbps이상이며, 100~500Mbps도 곧 개발될 것이 예상된다. 전파(radio wave)를 사용하지 않으므로 신호간섭이 없다. 거리는 1m 이내로 되어있어야 하므로 보안엔 문제가 없다. 적외선은 벽을 넘지 못하고 포트가 30도만 기울어져도 데이터를 받지 못한다. PDA 키보드가 이 적외선 방식이며 대부분 리모컨이 여기에 해당된다.

5. Cellular WAN

휴대폰은 이제 거의 보편화 되어있으며 전화기능이 오히려 축소되어 있다. 셀룰러 네트워크는 메인 허브에 연결되어져 있는 셀 타워(cell tower)라는 중앙 액세스 포인트를 사용해서 연결하는데, GSM(Global System for Mobile Communications)와 Qualcomm의 CDMA가 표준이다. GSM은 900- ,1800-, 400-, 450-, 850MHz에서 쓰이는데 TDMA(Time Division Multiple Access)기법에 270Kbps로 35km 범위이다. GSM을 개선한 GPRS(General Packet Radio Service)는 171kbps를 전한다.

또 SDMA는 GSM처럼 시간을 나눠 쓰는 방식이 아니라 데이터를 분할해서 사용하는 방식으로 동시에 여러 전송이 일어나게 하는데, GPS에서 사용하는 방식으로 3Mbps를 전달하며 100km 범위 이내이다. 여기서 발전되어 W-CDMA(Wideband CDMA), CDMA2000, EVDO(Evolution Data optimized)도 나왔다. 휴대폰과 Blackberry가 대표적인 기기인데 셀룰러 모뎀(Cellular WAN)이 PC Card 형태로 쓰이고 있다.

무선 NIC를 설치했다면 Windows는 Wireless Zero Configuration Service라는 프로그램을 제공해서 IEEE 802.11 프로토콜인 WiFi로 무선연결히게 해준다. 바탕화면의 '내 네트워크 환경'을 오른쪽 클릭 후 '속성'으로 가서 '무선네트워크 연결'을 더블클릭하면 프로그램이 뜨면서 연결 가능한 무선 네트워크들을 보여주는데, 해당되는 것을 선택해서 더블클릭하면 연결해준다.

무선네트워크 연결설정 화면

6. VPN(Virtual Private Network)

VPN이란 무선, 유선의 범주가 아니며 LAN이나 WAN도 아니다. 간단히 말해서 VPN은 멀리 WAN에 있는 머신을 로컬 LAN에 있는 것처럼 사용하게 하는 네트워크 기술로 보안문제로 인해 사용되기 시작했다. 드라이브매핑과 비슷한 성격이다.

예를 들어 서울에 본사가 있고 영업부가 부산에 있다면 WAN을 이용해서 부산의 머신들이 서울의 머신들과 통신할 수가 있는데, WAN 연결이 보안에 취약하므로 부산지점의 허용된 머신들을 양쪽의 라우터를 통해 point-to-point로 직접 연결한 것(터널화(tunneled) 되었다고 함)처럼 VPN을 설정하는 것이다. VPN 라인이 세워지면 네트워크 관리자는 서울에 있는 서버에 외부로 부터의 액세스에 대해 제한정책을 걸어두고, 부산의 허용된 머신들만 서울의 LAN에 액세스되게 한다(중앙의 RADIUS인증을 사용). 그러면 부산에 있는 머신이 서울의 로컬 LAN에 나타나게 되어 서버를 이용할 수 있게 된다. 이것은 이동하는 영업 사용자들에게 도움이 된다. 라우터에는 이를 설정하게 빌트-인된 VPN Connecter라는 프로그램이 있는데 site-to-site VPN이다. Cisco 라우터는 100~10,000명의 사용자가 동시에 접속하게도 해준다.

라. 네트워크 액세스 방법

네트워크 액세스란 컴퓨터끼리 어떻게 통신하며, 메시지는 어떻게 전송하고, 데이터 충돌은 어떻게 처리 하는가 등에 대한 방법을 말하는 것이다. 가장 일반적인 것이 CSMA/CD와 토큰 패싱(token passing) 방법이다. 또한 이를 위해서 OSI 모델도 이해하고 있어야 한다.

1. OSI 모델

ISO(International Organization for Standardization)은 OSI(Open Systems Interconnection)를 소개했는데, 네트워크 프로토콜을 설명하는 기준이다. 총 7계층이 있는데 보내는 사용자의 데이터는 상위 계층으로부터 점차 하위계층으로 내려간 뒤 케이블(네트워크)를 통해 다시 상대시스템의 하위계층으로부터 상위 계층으로 전해져 올라가 받는 사용자에게 데이터가 전해진다는 모델이다. 앞에서 자세히 설명했으니 참조하라.

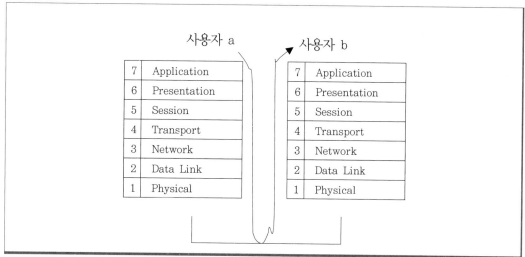

a에서 b에게로 데이터전송 단계

2. IEEE 802 표준

IEEE(Institute of Electrical and Electronics Engineers)는 네트워크 타입을 위해 표준을 만들었는데, 대부분의 프로토콜이 IEEE 802에 속한다. LLC(Logical Link Control)는 데이터 링크에서 통신이 이뤄지며 MAC에서 데이터 충돌과 물리적 주소를 관할한다. 중요한 것만 살펴보자.

802.1	Internetworking
802.3	CSMA/CD (Ethernet) LAN
802.4	Token Bus LAN
802.5	Token Ring LAN
802.9	Integrated Voice/Data Networks
802.10	Network Security
802.11	Wireless Networks

3. 이더넷(Ethernet)

IEEE 802.3 CSMA/CD(Carrier Sense Multiple Access/Collision Detection) 표준에 근거한 Ethernet는 50~75옴의 동축케이블로 베이스밴드를 사용하여 10Mbps의 데이터 전송을 하는 버스 네트워크를 규정한다. 데이터를 프레임으로 나누며 CSMA/CD 케이블 액세스방법으로 데이터를 케이블에 올린다. 지금은 10Gbps까지 속도를 내게 했다.

어느 컴퓨터가 데이터를 다른 컴퓨터에 보내려 할 때, 먼저 CS(Carrier Sense)를 보내서 'Listen'하며 다른 컴퓨터가 데이터를 보내는지 본 뒤(MA: Multiple Access), 다른 컴퓨터가 데이터를 보내려하면 'Wait'하고, 또 일정기간 동안 'Listen'해서 네트워크상에 다른 데이터 전송이 없을 때만 자기가 데이터를 보내는 방법이다. 이렇게 함으로써 동시에 두 개 이상의 컴퓨터에서 데이터를 네트워크상에 보냈을 때 일어나는 충돌(collision)을 막을 수 있다(CD: Collision Detection). 이런 방식은 커다란 네트워크에서는 잘 쓰이지 않고 작은 규모의 LAN에서 주로 쓰이는데 경쟁식 액세스 방법인 셈이다. UDP는 네트워크를 감지하지 않고 무턱대고 네트워크에 시그널을 보내는 방식이고 TCP는 네트워크를 먼저 감지한 후 보내는 CSMA/CA(Carrier Sense Multiple Access/Collision Avoidance) 방법(무선 LAN도 사용)을 주로 쓴다.

4. 토큰 패싱(Token Passing)

IEEE 802.5는 IBM에서 메인프레임과 미니컴퓨터 사이에 적용했었던 기술이다. CSMA/CD보다는 많이 사용되지 않는데, 어느 한 컴퓨터가 전기적 신호(여기서의 데이터 모임을 토큰이라 부름)를 만들어 전송할 때 데이터를 토큰 뒤에 넣어 보낸다. 이 토큰을 옆 컴퓨터에 보내고, 또 옆에 보내서 목적 컴퓨터에 이를 때까지 토큰 패싱이 계속된다. 다른 컴퓨터는 자기 주소가 아니므로 이 토큰을 순서에 의해 받아도 무시하고 옆으로 전달한다. 목적지 주소 컴퓨터가 받으면 토큰에서 데이터를 꺼내 읽고 빈 토큰을 케이블에서 뺀 뒤 수정해서 빈 토큰을 회선 상에 돌린다. 이제 새로운 데이터를 보낼 머신은 그 토큰이 오기를 기다려 자신의 데이터를 토큰에 실어 목적 컴퓨터에 또 보낸다. 동시에 두 개 이상의 머신이 네트워크상에서 토큰을 돌릴 수 있고 토큰은 늘 네트워크에서 돌고 있다. 대규모 네트워크에서는 토큰을 기다렸다가 데이터를 실어 보내기 때문에 시간이 많이 걸리므로 주로 백본용 작은 네트워크에서 이용한다. 동시에 여러 노드가 전송할 수도 있으나 충돌이 일어날 가능성은 없다.

5. 전화연결 네트워크(DUN: Dial-Up Network)

이는 NIC나 네트워크 케이블을 쓰지 않고 모뎀과 일반 전화선을 써서 인터넷이나 네트워크에 연결하는 방법인데 요즘에는 거의 사용하지 않는다. ADSL, VDSL, 케이블 등에서 별도 소프트웨어 설치 없이 인터넷 연결이 거의 자동적으로 이루어진다. 하지만 56K 모뎀을 사용할 때는 이런 과정(ISP(Internet Service Provider)에 가입하고 사용자명과 패스워드를 받은 후 ISP에서 제공한 설치 프로그램을 통해 ISP에 접속해서 인터넷을 사용하는 것)을 밟아야 한다.

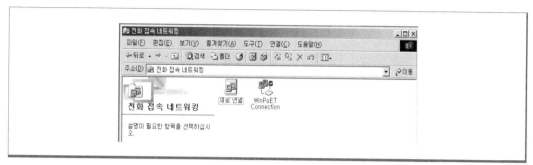

리거시한 DUN 설정화면

Windows XP에서는 '광대역 연결'로, Windows 2000에서는 여러 옵션 중에서 하나를 고른다.
Windows XP에서는 바탕화면의 '내 네트워크 환경'을 오른쪽 클릭 후 '속성'→왼쪽의 '새 연결 만들기' 클릭→'새연결 마법사'가 시작되며 광대역 연결이 완성된다

XP에서 인터넷 연결설정 화면

6. 케이블 직접연결

두 대의 PC를 단순히 병렬포트나 직렬포트를 통해서 연결시킬 수 있는데(3대 이상에서는 허브가 있어야 함), 여기에 연결하는 케이블을 FX 케이블, 혹은 패치(patch) 케이블, 널 모뎀(null modem)이라고도 한다. LPT 포트나 COM 포트용 케이블과 유사하게 생겼지만 용도가 다르므로 주의해서 구입해야 한다. 양끝 커넥터가 암컷으로만, 혹은 수컷으로만 되어있다. 시리얼 포트에서는 거리가 25m, 패러릴 포트에서는 8m가 최대 거리이다. 이 방식은 전송 속도가 느리기 때문에 최근에는 잘 사용하지 않는다. Windows 9x에서는 케이블 직접연결에서 역활에 따라 설정해 주어

야 했는데, 원하는 데이터를 가지고 있는 컴퓨터는 'host', 접속해서 데이터를 가져오고자 하는 컴퓨터는 'guest'로 설정해준 뒤, 직렬연결인지 병렬연결 인지를 정해주고, 마지막으로 '파일과 프린터 공유'를 설정해주면 된다. 하지만 Windows XP에서는 '시작'→프로그램→보조프로그램→시스템 도구→ '파일 및 설정 전송 마법사'를 실행하면 '새 컴퓨터'(guest)와 '이전 컴퓨터'(host)로 나누어 연결설정을 하게 했다.

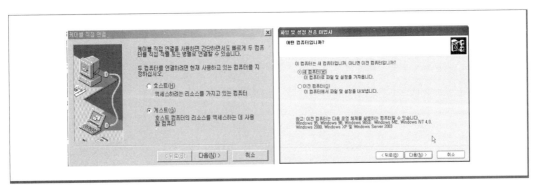

Windows 9x와 XP에서의 케이블 직접연결 설정화면

7. 적외선(Infrared) 네트워크

IEEE 802.11에 규정되어 있는 적외선 방식으로 네트워크나 PDA 등 두 개의 IrDA(Infrared Data Association)를 장착한 기기가 IrDA 포트로 데이터를 전송하는 방법을 말한다. 하나의 주파수 범위 내에 있는 데이터를 변조시켜 주파수로 전달하는 방법으로 이를 위해서는 머신이 적절하게 구성 되어 있어야 하며, IrDA 포트끼리 직면(face-to-face)하고 있어야 한다. 전달된 데이터는 바탕화면의 '내 서류가방'에 들어오게 된다. 네트워크 케이블을 쓰진 않지만 Ethernet방식이다. 전송 속도는 20Mbps인데 지금은 100Mbps까지도 가능하다. 무선 홈 네트워킹의 원조 격이다.

IrDA와 무선 액세스 포인트

마. 네트워크 설정 및 문제해결

사실 네트워크의 설치는 계획, 액세스 방법, 보안, 재난극복(fault tolerance), 네트워크에 추가 (scalability) 등을 고려해야하는 방대하고도 복잡한 일이다. 또 토폴로지(topology), 프로토콜 등도 고려해야하며 기타 라우터, 스위치와 같은 네트워크 장비 등의 기능이나 위치도 고려해야 한다. 장래 확장성 또한 염두에 두어야 한다. 여기에서는 기본적인 것들만 알아본다.

1. 네트워크 카드(NIC) 설치 및 구성

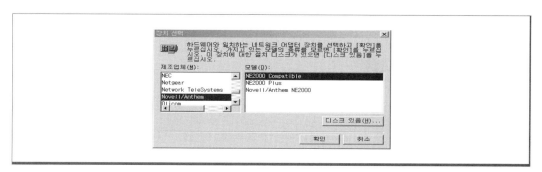

Novell의 NE2000 Compatible 드라이버

대부분의 모든 컴퓨터는 NIC(Network Interface Card)를 설치해야 네트워크에 연결될 수 있는데, NIC는 컴퓨터의 데이터를 신호로 바꿔주어 네트워크에 이동할 수 있게 해서 실제적으로 네트워크 트래픽(traffic)을 받고 보내는 일을 한다. 물리적으로 머신에 NIC를 장착하는 일은 쉬우며 (더군다나 요즘에는 PnP이므로), 필요시 NIC에 맞는 디바이스 드라이버를 설치해주고, 알맞은 프로토콜을 설치해주면 된다. 프로토콜로는 TCP/IP를 주로 설치하는데, 이때에는 고유한 ip 주소와 해당 머신의 호스트 네임, 그리고 가입된 작업그룹(workgroup)이나 도메인(domain) 이름이 필요하다. 파일과 프린터 공유도 필요한 설정이다.

Windows 2000에서는 TCP/IP는 OS설치 시 거의 자동적으로 설치되어 있을 것이다. 네트워크 드라이버를 찾는데 어려움이 있다면 내장된 드라이버 목록으로 가서, Novell을 찾아 NE2000 compatible로 설정 해 주면 거의 다 맞게 되어있다. TCP/IP에서 ip 주소 설정은 함부로 해서는 안되며 자신이 속해있는 시스템의 네트워크 관리자에 의해 이뤄져야 한다. 같은 부서 내에서는 작업그룹은 같게, 호스트 네임과 ip 주소는 다르게 설정되어야 하며 DNS 서버, 디폴트 게이트웨이의 ip 주소, 도메인 네임은 같게 정해주며, 서브넷 마스크도 같게 해주면 된다.

작업그룹(workgroup)은 같은 부서의 머신들이 peer-to-peer 식으로 공유레벨 보안으로 묶이는 것이며, 도메인(domain)은 Intranet이나 인터넷에서 server-clients로 사용자레벨 보안으로 머신들이 묶이는 것을 말한다. 컴퓨터를 도메인에 포함시킴으로써 각각의 컴퓨터가 서로를 쉽게 구별해주며 쉽게 액세스하게 해서 편하게 조직을 구성하게 해준다. 보통은 전체 회사 도메인 내에 각 부서별로 작업그룹을 정해 머신들을 묶어서 관리한다. 서브넷을 사용해서 도메인을 세분화 할 수도 있다. 예를 들어 microsoft.com이란 도메인에 하부도메인으로 sales.microsoft.com이나 develop.microsoft.com을 만들 수 있다.

참고로 Windows 2000 서버에서는 DNS, DHCP, WINS 서버뿐만이 아니라 RAS, RIS 서버와 Router, IPSecurity 등도 설정 해줄 수 있다.

2. 대역폭(Bandwidth)

대역폭이란 한 번에 네트워크상에 얼마만큼의 데이터를 전송 할 수 있는지를 나타내는 용량으로써, 예를 들어 10Base2에서의 10은 대역폭이 10Mbps이란 얘기이다. 네트워크의 속도가 느리다면 이 대역폭을 늘려주면 되는데, 10Mbps를 100Mbps로 늘리는 것과 케이블도 CAT 3에서 CAT 5로 올리는 것 등이다. 그러므로 네트워크 설계 시에 초기부터 확장성을 고려해야 한다.

베이스밴드란 케이블의 한 채널을 이용하는 방식을 말하며 네트워크에서 노드(nodes)가 하나의 케이블로 연결되는 경우이다. 브로드밴드란 여러 채널을 사용하는 것으로 TV에서와 같이 여러 방송 채널을 갖는 원리이다.

유니캐스트란 한 사용자에게만 데이터가 전송되게 하는 방식이며, 멀티캐스트는 데이터가 정해진 몇 명에게만 가게 하는 방식이고, 브로드캐스트는 무작위로 많은 사람에게 데이터가 가게 하는 방식을 말한다. IPv6에서는 Anycast로 사용한다.

3. 네트워크 연결

네트워크상에서 컴퓨터가 나타나지 않는다고 생각되면 우선은 Windows 바탕 화면의 '네트워크 환경'을 클릭하여 왼쪽의 '작업그룹 컴퓨터 보기'에서 다른 컴퓨터가 보이는지를 확인해 본다. 물론 이때 연결되어있지 않으면 "Unable to Browse Network"란 에러 메시지가 나온다. 머신을 켜고 조금 지나야 네트워크가 활성화 된다. 허브 등에 문제가 없는지도 봐두어야 하며 케이블 오류일 수도 있다. 여러 가지 경우를 고려해서 네트워크 연결문제를 해결해야 한다.

다음으로 NIC의 불빛을 보는데 푸른색으로 켜져 있어야 하며, 황색이면 문제가 있는 것이다.

다음으로 NIC를 클릭하여 IP 등의 설정을 하나하나 점검해 본다. 로그온 시 사용자명과 패스워드, 그리고 케이블 연결도 확인한다. 컴퓨터를 리부팅 해 보는 것도 좋은 방법이다. ip 주소 충돌도 주된 원인이 된다. NIC의 리소스 충돌도 확인해보는데, 계속 문제가 있으면 NIC를 교체하는 것도 고려한다.

한편 Windows 2000은 server-based 네트워크로 서버가 네트워크를 통제하며 다른 컴퓨터들은 서버에게서 로그온 인증을 받을 수 있다. 이를 사용자레벨 보안라고 하는데 서버에서 사용자 ID, 패스워드 등이 입증되어야만 서버에 로그온 할 수 있고 네트워크에서 다른 머신들과 통신할 수 있다. 사용자레벨 보안에서의 제한은 서버의 사용자 프로필(user profile)을 통해 이루어진다. Windows XP나 2000은 서로가 peer-to-peer 네트워크에게, server-based 네트워크에 가입될 수 있다. Windows 2000의 server-based에는 네트워크 세팅, 권한 등을 총괄할 수 있는 시스템 관리자를 둔다.

4. 네트워크 공유하기

서로 떨어져있는 컴퓨터를 연결한다는 의미는 서로에게서 필요한 리소스를 상호 이용하게 액세스할 수 있게 해주는 것을 말한다. 이런 리소스 공유는 사전에 네트워크 공유를 먼저 해 주어야 한다. Windows XP에서의 리소스 공유는 해당 드라이버나 폴더 등을 선택한 뒤 마우스 오른쪽 클릭 후 뜨는 팝업메뉴에서 '공유'를 선택하면 공유하게 하는 화면이 뜬다.

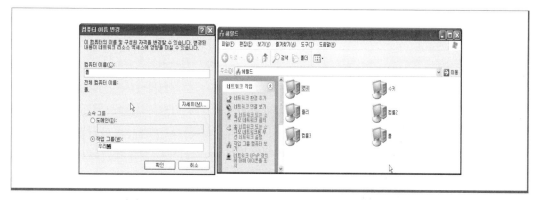

작업그룹에 가입 한 후 작업그룹의 머신들이 정상적으로 보인 화면

5. 디스크 공유

만일 하드 디스크나 CD-ROM 등을 공유해 놓으면 다른 컴퓨터에서 이것들을 마치 자신의 로컬 머신에 있는 것처럼 사용할 수 있게 된다. 사용하는 방법은 '내 컴퓨터'로 들어가서 원하는 디스

크를 오른쪽 클릭한 후 '공유'를 클릭해주면 되는데, 이때 읽기, 읽기-쓰기 등을 정할 수 있고, 공유 이름이나 패스워드를 정할 수도 있다. 공유가 되면 디스크 밑에 손바닥이 해당 디스크를 받치고 있는 모양이 된다. 이를 확인하기 위해서는 바탕 화면의 '네트워크 환경'을 클릭해서 다른 컴퓨터를 찾은 뒤, 그 컴퓨터를 클릭하면 공유된 디스크가 나타난다.

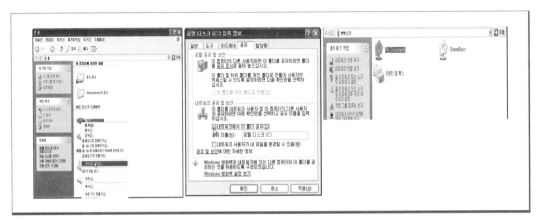

공유설정을 한 후 다른 머신에서 공유폴더를 본 화면

네트워크 드라이브 연결(drive mapping)을 이용하여 좀 더 빠르게 네트워크 디스크나 응용 프로그램 등에 액세스할 수 있다. 바탕화면의 '내 컴퓨터'를 오른쪽 클릭하면 팝업메뉴가 뜨는데 '네트워크 드라이브 연결'을 클릭하면 설정화면이 뜬다. 원하는 것을 선택한 뒤 '내 컴퓨터'에 들어가 보면 네트워크상에 매핑된 디스크나 응용 프로그램이 정해준 드라이브 명을 가지고 자신의 로컬 드라이브와 함께 나타나있음을 알게 된다. 이를 클릭하면 다른 네트워크를 일일이 찾아다니지 않고도 자신의 로컬 드라이브와 같이 쉽게 사용할 수 있다 (*net use M:* \ \ *상대머신명*\ *공유명* 해도 된다.)

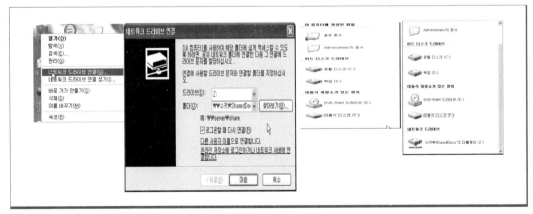

네트워크 드라이브로 설정한 후 '내 컴퓨터'에서 본 화면

네트워크 보안

10 네트워크 보안

Chapter

보안(security)이란 정확히 규정하기 어려운 문제이지만, 보통 컴퓨터에서는 서버에 누가 침투해서 전체 시스템을 못 쓰게 하거나, 바이러스와 같은 프로그램으로 데이터를 못 쓰게 하거나, 기밀을 빼나가는 것들을 예방하는 일 등이 모두 보안에 해당될 수 있다. 또 다른 문제는 누구나 보안을 원하지만 그로 인해 머신의 사용이 불편한 것을 원치 않는다는 것이다. 보안에는 하드웨어/소프트웨어 보안, 무선 보안, 물리적/데이터 보안이 있다. 보안은 최소한의 보안을 위한 설정이 우선하기 때문에 이 보안 베이스라인이 설정되고 유지되어져야 한다. 낮은 기준과 높은 기준을 항목에 따라서 적절히 유지하는 것이 중요하다. MS에서는 Microsoft Security Baseline Analyzer를 제공하고 있다. 또 바이러스 등을 위해 MS는 Windows Security Center가 노력하고 있다.

가. 인증 기법

인증(Authentication)은 시스템이 들어오고자 하는 사용자가 맞는지 사용 권한은 있는지 신원 확인을 하는 것으로 I&A(Identification and Authentication)를 말한다. 확인(Identification)은 보통 사용자명과 패스워드로 알아내고 인증은 누가 어느 자원에 액세스 할 수 있는가를 알아내는 것을 말한다.

1. 사용자명과 패스워드

사용자명과 패스워드는 로그온 과정에서 요구되는데 단지 텍스트이거나 암호화 될 수 있다. 이것을 통해서 OS와 네트워크에 자신을 알린다. OS는 자신의 보안 데이터베이스에서 이를 확인해서 권한(permission)과 권리(privilege)를 사용자에게 부여한다.

몇 가지 인증방법이 있는데 차례로 살펴보자.

1. PAP(Password Authentication Protocol)

이것은 진정한 보안이라고 볼 수 없는데 사용자명과 패스워드가 텍스트문장이기 때문이다.

2. CHAP(Challenge Handshake Authentication Protocol)

이것은 사용자명과 패스워드를 사용하지 않으며 로그온 요청을 서버에게 보내어 서버가 클라이언트에게 챌린지를 보낸다. 몇 단계를 거쳐 인증된다.

3. 인증서(Certificate)

인증서는 서버가 CA(Certificate Authority)를 발급해서 사용자를 인증해주는 방식으로 인증서는 전자서명으로 스마트카드 등에 보관되어 있다. 이를 규정하는 CPS(Certificate Practice Statement)가 있고 취소되었을 때를 관리하는 CRL(Certificate Revocation List)가 있다.

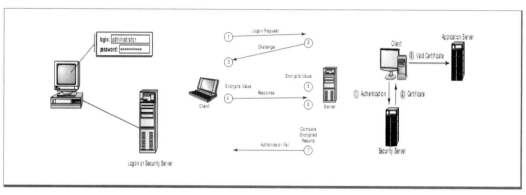

PAT   CHAT   Certificate

4. 보안 토큰(Security Token)

이것은 이 토큰(token)을 지닌 사용자가 할 수 있는 권리를 기록한 것으로 사용자에 대한 정보를 가지고 있는 작은 데이터이다. 하드웨어와 소프트웨어 토큰이 있고 사용자가 세션을 시작할 때마다 토큰이 만들어 진다.

5. 케버로스(Keberos)

이것은 지옥의 문 Hades의 세 머리를 가진 개에서 따온 이름인데 MIT에서 개발했다. 여러 네트워크에서 한 번의 서명으로 권한을 가지게 한다. KDC(Key Distribution Center)를 사용해서 사용자와 프로그램(혹은 시스템)에 관한 사용을 인증해주는 토큰(ticket)을 발부한다. 이 토큰은 다른 사용(다른 응용 프로그램 이용 등)에도 적용될 수 있다.

6. 혼합인증(multifactor authentication)

이것은 스마트카드와 비밀번호 등을 조합해서 인증 받게 하는 기법이다.

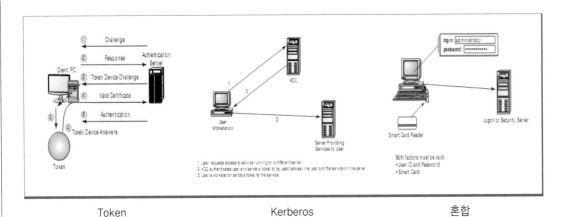

| Token | Kerberos | 혼합 |

나. 하드웨어/소프트웨어 보안

보안을 위한 여러 인증법도 있지만 하드웨어나 소프트웨어를 통한 데이터 보안도 매우 중요하다. 여기서 바이러스에 대해서도 알아본다.

1. 하드웨어 보안

하드웨어 보안은 주로 저장장치인 하드 디스크나 백업 테이프 등의 장치 처분에 관한 것으로 로우레벨 포맷을 하던지, 디가우스(degauss: 모니터의 자기적 성질을 죽임)해서 완전히 처리해 버려야 재활용되어 데이터를 빼가지 못하게 할 수 있다. 스마트카드(smart card)도 분실 시 문제가 생길 수 있다. Key Fobs는 인증을 위한 코드를 무작위로 생성해주는데 매 60초마다 인증코드를 바꾸어 PIN(Personal Identification Number)용으로 자주 쓰인다. 또 생체(Biometric) 장치는 지문인식, 망막(retinal)인식 등이 있는데 곧 DNA scanner도 있을 예정이다. 많은 랩톱에는 지문인식 프로그램이 내장되어 있다.

2. 소프트웨어 보안

소프트웨어보안은 데이터 베이스 침투, 응용 프로그램 침투, 이메일 침투 등으로 자료를 빼가는 것을 예방해주는 것을 말한다. 이를 위해서 .DOC, .PDF, .TXT, .XLS, .ZIP 확장자는 액세스 가능하게 하지만 .BAT, .COM, .EXE, .HLP, .PIF, .SCR은 액세스하지 못하게 해야 한다.

3. 악성코드

여러 가지 악성코드가 있는데 이것들은 데이터를 파괴하거나 몰래 머신을 엿보거나 유용한 정보를 빼내어 가려고 사용하는 것들로 매일같이 생겨난다.

a) Spyware는 다른 악성웨어(malware)와 다른데 서드파티로 위장해 적극적으로 활동한다. 바이러스나 웜처럼 자기복제를 하지 않지만 사용자의 활동을 지켜보다가 Adware를 보고 구매하게 한 다음 정보를 빼내는 기법을 주로 쓴다. MS는 Windows Defender로 이것에 대항하고 있다.

b) Rootkits는 작업관리자에도 나타나지 않으며 Netstat 명령어로도 보이지 않는데, OS에 숨거나 다른 프로그램으로 보이게 하기 때문이다. 사용자의 정보를 얻거나 안티바이러스 프로그램의 업데이트를 방해한다.

c) Spam은 원치 않는 귀찮은 e-mail을 말하는데 바이러스, 웜 등에 전염되어 들어오는 수가 많다. 스팸메일이나 이상한 사이트에 방문하면 걸리기 쉽다.

d) Grayware는 컴퓨터의 성능을 떨어뜨리는 어느 응용 프로그램이라도 될 수 있다. Spyware나 Adware도 Grayware에 속할 수 있다.

e) Trojan horses(트로이 목마)는 평범한 프로그램으로 시스템과 네트워크에 들어가 백도어를 만들어둔 다음, 나중에 해커가 침투하는 방법을 제공하는 프로그램이다. 어느 프로그램 설치 동안 유효 프로그램을 대체해서 백도어를 만든다. 시스템이 의심스러우면 포트스캔을 이용해서 열려있는 TCP나 UDP를 검사해보는 것이 좋다.

f) Worm은 자기복제를 하며 트로이 목마처럼 자신을 숨길 설치 프로그램을 필요로 하지도 않는다. 사실 대부분 언론에 나오는 것은 웜이다. 메모리를 채우며, 메모리에 살면서 TCP나 e-mail 등을 목표로 삼아 증식해 나간다.

4. 바이러스(Virus)

Virus는 많은 컴퓨터 문제들을 일으킨다. 바이러스에 의한 영향은 적을 수도 있고 심각할 수도 있고, 예상 가능한 것도 있으며 불규칙적인 것일 수도 있다. 진단과 제거가 어려울 수도 있다. 인터넷의 계속적인 사용으로 바이러스에 의한 문제는 점점 더 심각해진다. 컴퓨터 바이러스는 손상된 파일이나 내부 OS, 응용 프로그램에 의한 것 (이를 bug라고 한다)보다는 의도적으로 악의적인 목적으로 만들어진 프로그램에 의한 것으로, 컴퓨터에 문제를 일으키고 복제되어 다른 컴퓨터로 옮아간다. 바이러스가 컴퓨터에 끼치는 영향을 '플레이로드(play-load)'라고 한다. 바이러스 플레이로드가 미미한 경우는 어느 특정한 메시지를 보이거나 디스플레이 컬러를 바꾸거나하는 정도인데, 심각한 경우는 파일을 지우거나 실행 중인 응용 프로그램을 닫거나 하드 드라이버의 MBR을 지우기도 한다.

바이러스가 컴퓨터 시스템에 들어가게 되면 보통은 자신을 복제(replicated: copy)하여 메모리로 들어간다. 이곳으로부터 시스템에 있는 다른 파일로 복사되는데, 프로그래머에 의해 의도적으로 만들어진 것이 대부분이다. 이들 바이러스는 플로피디스켓이나 파일 다운로드, e-mail의 파일 첨부를 열 때 나타난다. 이를 막기 위해서 안티바이러스 프로그램을 쓰는데, 이는 시스템의 폴더나 파일 구조를 스캔해서 스냅 샷을 해둔 뒤, 기존에 설치된 파일이나 폴더의 크기, 위치, 설치일자 등과 비교해서 다른 새로운 파일이 있으면 이것이 바이러스 때문인지를 판단한다. 그래서 이런 안티바이러스 프로그램이 백그라운드에서 실행되는 시스템에 새로운 응용 프로그램을 설치하려 할 때 에러 메시지가 나오기도 한다. 이런 경우 안티바이러스 프로그램을 잠시 정지시킨 후 설치하라는 안내메시지가 나오기도 한다.

1. 종류

컴퓨터를 전염시키는 모든 것이 바이러스는 아니다. 진짜 바이러스는 실행 가능한 파일에 스스로 붙어있는 코드의 일부로 그 실행 파일이 실행될 때만 활성화 된다(웜은 그 자체가 프로그램이며 실행을 위해 일부러 응용 프로그램에 붙지는 않는다). 바이러스가 웜보다 일반적이며 어디에 숨느냐에 따라 다음과 같은 종류가 있다.

a) 파일 바이러스 : 실행 파일에 숨으며, 그 파일이 실행될 때 활성화된다.

b) 매크로 바이러스 : 응용 프로그램의 일부에 붙어서 매크로(macro)인 것처럼 가장한다. 매크로란 읽기, 데이터 필드의 자동 업데이트, 특정 텍스트를 찾아 포맷하기 등을 하는 응용 프로그램에서 자동화된 프로세스를 말한다.

c) 부트섹터 바이러스 : 하드 드라이브의 MBR에 숨어서 부팅 때 활성화된다.

2. 바이러스 타입

a) Armored : 보호파일로 가리고 있어 자신이 발견되기 어렵게 한다. 바이러스 검사를 할수록 더 빠르게 퍼져나간다.

b) Companion : 합법적인 프로그램에 붙어 다른 파일확장자를 가진 파일을 만들어내어 임시 디렉터리에 숨었다가 활동한다.

c) Macro : 많은 응용 프로그램에 붙어 있다가 자동으로 그 프로그램을 실행할 때마다 퍼져나간다. 엑셀이나 워드 프로그램이 주 대상이다.

d) Multipartite : 시스템의 부트섹터와 실행파일을 전염시키며 응용 프로그램을 파괴시킨다.

e) Phage : 응용 프로그램과 데이터베이스를 변형시킨다.

f) Polymorphic : 감지를 피하기 위해 형태를 바꾸며 시스템을 손상시켜 메시지를 만들어 낸다. mutation(변종) 바이러스가 이것이다.

g) Retroq : 안티바이러스 프로그램을 통과하는데, 자신을 안티바이러스라고 믿게 한다.

h) Stealth : 안티바이러스 프로그램을 속여 통과하는데 부트섹터에 주로 붙어 있다가 파일사이즈가 실제와 다르게 표시되게 한다.

유명한 바이러스로는, e-mail을 통해 퍼져서 멀티미디어 파일을 파괴시킨 'I Love You'와 데이터를 따라 퍼진 'Michelangelo', 그리고 'Oreo'같이 특별한 메시지를 보내는 바이러스와 컴퓨터의 시스템 파일을 파괴하는 'Good Times' 등이 있었고 계속해서 많은 것들이 만들어 진다. 또 백도어용으로 Back Orifice나 NetBus가 있다.

3. 증세

컴퓨터에서 응용 프로그램이 불규칙하게 혹은 예상치 않게 크래쉬(crash)되거나, 종료되거나, 저절로 실행되거나, 파일 손실이 있거나, 너무 느려지거나, 이상한 파일이 하드에 저장되거나, 프로그램 크기가 달라진다면 바이러스를 의심해 봐야한다.

서드파티 안티바이러스 프로그램으로 Norton Anti-Virus, McAfee Virus, PC-cillin 등이 있으며, Windows 2000에는 AV Boot라는 도구가 포함되어 있다. 대부분 경우 안티바이러스 도구는 특정 바이러스를 자동적으로 감지하여 제거한다. 그러나 새로운 바이러스가 계속 나오므로, 제조 회사로부터 늘 다운로드 받아서 바이러스 데이터베이스를 업데이트해 놓아야 한다. 치명적인 해를 입거나 바이러스를 제거할 수 없다면, 하드 디스크를 다시 파티션하고 포맷한 뒤 OS를 재설치 해주어야 한다.

5. 해킹 공격법

해커들은 특정 목적을 가지고 프로그램을 짜서 주 공격대상을 교묘하게 공격하는데, 여러 가지 공격방법이 있다. 컴퓨터 전문가라면 이것들을 알고 있어야 한다.

a) Backdoor attack : 프로그램 개발자가 프로그램 코드 등을 손보기 위해서 만든 프로그램의 출입문 인데 이 출입정보를 빼내어 해킹하는 것으로 Back Orifice나 NetBus가 유명하다.

b) Spoofing attack : 이것도 backdoor attack처럼 위험한데 로그온 프로그램으로 위장해서 정보를 빼내간다. ip spoofing, DNS spoofing 등이 있고 원하는 호스트에 DNS를 바꾸어 잘못된 곳으로 가게 한다.

c) Man-in-the-Middle attack : 서버와 사용자 사이에 몰래 프로그램을 두고 사용자가 서버에게 정보를 원해서 서버가 사용자에게 정보를 줄 때, 그 정보를 중간에서 가로챈다. 무선통신에서 많이 사용되는데, WEP나 WPA(Wi-Fi Protected Access)가 좋은 해결책이다.

d) Replay attack : 네트워크에서 인증서버에게 사용자가 정보를 제공할 때 man-in-the-middle 처럼 중간에 가로채 두었다가 나중에 사용하는 기법이다. Kerberos가 좋은 해결책이다.

e) Password Guessing attack : Brute-force attack와 Dictionary attack 방법으로 비밀번호를 빼낸다. 패스워드 잠금 정책이 해결책이다.

f) DoS(Denial of Service) attack : DoS는 전자상거래에서 권한이 있는 사용자가 어느 소스에 액세스하지 못하게 하는 것으로 특정 시스템이나 조직이 목표로 되어 있다. 여기의 전형적인 방법으로 TCP SYN flood DoS attack과 ping of death, buffer overflow attack이 있다. sPing, Good Red, Slapper, Slammer가 유명한 예이다.

g) DDoS(Distributed DoS) attack : DSL이나 케이블 사용자를 이용해서 어느 한 조직을 여러 머신이 공격하게 하는 형태이다(DoS는 한 사용자가 한 조직을, DDoS는 여러 머신들이 한 조직을 공격하는 것이다) Master Controller도 이런 공격의 한 종류인데, 순진한 사용자의 머신들이 사용자도 모르게 마스터컨트롤러 머신으로부터 지시를 받아 어느 조직을 공격하는데 사용된다. 이렇게 지시를 받아 이용당한 머신을 좀비(zombie) 머신이라고 한다. 또 TCP attack란 안정된 연결을 기초로 하는 TCP를 이용해서 공격하는 것으로, DoS는 TCP SYN flood attack를 말한다.

h) TCP SYN flood(or TCP ACK) attack : 서비스거부를 목적으로, 클라이언트가 유효하지 않은 ip 주소로 끊임없이 서버로 패킷을 보내서 서버로부터 ACK를 받는데, 서버는 끊임없는 클라이언트의 요청에 응답하느라 서버머신의 버퍼가 가득차 세션이 열리지 않게 됨으로써 서버 서비스가 멈춰버리고 만다.

i) TCP Sequence Number attack : 서버와 클라이언트가 연결되면 세션을 위한 순번을 발급하는데, 공격자가 이 숫자를 가로채서 사용자에게는 에러메시지를 보내고 자신은 서버에게 합당한 사용자로 들어가서 서버를 이용하는 것이다.

j) TCP/IP Hijacking : Active Sniffing이라고도 불리는데 네트워크상의 어느 호스트의 ip 주소를 가로채서 네트워크에 그 ip로 서버와 정당히 통신하는 방법이다.

k) UDP attack : UDP flooding으로 서버의 서비스를 넘치게 하는 DoS 식 공격으로 UDP의 비 연결 지향적인 성격을 이용한 것이다. 서버가 정상적인 서비스를 못하게 한다.

l) ICMP attack : ICMP는 echo에 쓰이는 프로토콜로 TCP/IP 네트워크에서 관리와 보고를 위한 용도이다. DoS와 결합해서 시스템을 파괴하는 Smurf attack와 ICMP tunneling으로 발전한다.

m) Smurf attack : IP Spoofing과 브로드캐스팅을 사용해서 네트워크 머신들에게 ping을 보낸 뒤

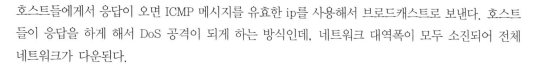

호스트들에게서 응답이 오면 ICMP 메시지를 유효한 ip를 사용해서 브로드캐스트로 보낸다. 호스트들이 응답을 하게 해서 DoS 공격이 되게 하는 방식인데, 네트워크 대역폭이 모두 소진되어 전체 네트워크가 다운된다.

n) ICMP Tunneling : ICMP 메시지가 timing과 route를 가지고 있음을 이용해서 ICMP traffic을 부인하는 방법으로, 두 머신(서버와 클라이언트) 사이를 터널로 묶여 서버가 다른 머신들과는 소통하지 못하게 한다.

o) Social Engineering — 기술이 아니라 사용자의 허점을 노리는 해킹기법이다.

6. 방화벽(Firewalls)

방화벽은 네트워크의 첫 번째 방어 관문인데, 독립형도 있지만 라우터나 서버에 설정하는 것도 있다. 하드웨어로만 된 것도 있고 소프트웨어로만 된 것도 있는데, 하드웨어에도 프로그램이 내장되어 있거나 펌웨어처럼 ROM에 소프트웨어가 들어있다. 방화벽은 패킷필터(packet filtering), 프록시 방화벽(proxy firewall), 상태검사(stateful inspection)를 통해 서버에서 설정될 수 있다. 방화벽은 외부(public side 즉 Internet)와 내부(private side 즉 Intranet) 사이(이를 DMZ라고 부른다)에 설치해서 서버의 포트를 정해진 규칙(허용, 거부, 암호화, 프록시 등)에 의해 패킷을 필터링하는 기법이다. 기본은 거부(deny)로 되어있다.

규칙설정은 ACL(Access Control List)로 해주는데 ip 주소, 포트 번호, 도메인명, 또는 이것들을 조합해서 정한다. 포트를 조정하는 규칙을 포트할당(port assignment)이라고 하는데, 규칙에 맞는 패킷이 네트워크로 들어오는 것은 포트포워딩(port forwarding)이라고 하며 이를 통해서 들어온 패킷이 정해진 포트로 나가게 하는 것을 포트트리거링(port triggering)이라고 한다.

a) 패킷필터 : ip 주소, 프로토콜, 포트를 사용하는 응용 프로그램을 막거나 통과시키는 설정이다. 패킷을 분석하는 것이 아니라 출발지-목적지 주소만을 본다.

b) 프록시 방화벽 : 자신의 네트워크와 외부로 나가는 네트워크 사이에 위치하게 해서 외부에서 들어오는 데이터를 검사한 후 일정한 규칙에 의해서 해당 데이터를 통과시킬지 말지를 결정한다. 내부로 들어오는 모든 패키지를 가로채서 일정 규칙에 의해 다시 내부로 돌리는데 ip 주소를 감출 수도 있다.

c) 상태검사 : 상태 패킷필터링으로 불리기도 하는데, 대부분의 네트워그 징비는 경로에 관한 징보를 추적하지는 않으므로 일단 패킷이 통과되면 패킷과 경로는 잊혀지게 된다. 이런 기록을 유지하는 것이 라우터의 스테이트 테이블(state table)로 모든 통신채널이 추적된다. 네트워크 방화벽은 외부 네트워크로부터 내부 네트워크를 보호하는 것이며 개인 방화벽은 방화벽이 설치된 해당 머신만을 보호하는 설정이다.

d) 또 VPN에서 데이터 인증과 암호화 서비스를 지원해주는 IPSec(IP Security)나 네트워크 장비나 개인 워크스테이션에서 실행되어 네트워크 동향이나 시스템 로그(log), 세션 끊기 등을 할 수 있는 IDSs(Intrusion Detection Systems), 그리고 TCP/UDP 포트를 검사해서 의심스런 호스트를 막아주는 Circuit-level 방화벽, 포트를 검사해주는 프로토콜 분석기(protocol analyzer) 등도 시스템 보호를 위해 사용된다.

7. 파일시스템 보안

MS의 초기 파일 시스템은 FAT(File Allocation Table)였고 이어서 FAT32로 발전되었다. 여기서는 파일에 대한 접속원한을 공유레벨(share-level)과 사용자레벨(user-level)로 주었는데, 공유레벨에서는 폴더에 권한을 설정하는 것이며 사용자레벨은 로그온 시 권한을 설정하는 것이다.

나중에 나온 NTFS(New Technology File system)는 자체적인 보안시스템을 가지고 있었는데, 사용자와 그룹에 허용된 ACL(Access Control List)를 추적할 뿐만 아니라 ACL의 각 엔트리에 어느 타입의 액세스가 가능한지도 설정하게 해주어 융통성이 커졌다. Windows Vista의 BitLocker는 드라이브 암호화 도구로 128-bits를 사용하는데 운영체제 볼륨과 시스템 볼륨 두 부분으로 나뉘어 암호화해준다.

다. 무선 보안

무선 네트워크의 가장 취약한 점 중 하나인 보안설정에 대해서 알아보자.

1. 개요

무선 시스템은 회선을 쓰지 않기 때문에 공기를 통해서 데이터가 전송된다. 하지만 전파(radio)는 가로채어지기 쉽다. 무선네트워크를 설치하기 전에 우선 지점검사(site survey) 등을 통해서 간섭이 있나 살펴볼 수도 있다. 무선 컨트롤러가 네트워크 카드에 설정된 SSID를 사용해서 특정 액세스 포인트하고만 통신하게 허용하는데, SSID를 구성한다고해서 무선네트워크가 모니터링되지 않는 것은 아니다. 무선 보안에 주로 나오는 WTLS(Wireless Transport Layer Security)와 WEP(Wired Equivalent Privacy), WAP(Wireless Access Protocol/Wireless Applications Protocol) 등을 살펴보자.

2. 종류

WTLS는 WAP의 보안층인데 무선 네트워크에서 인증, 암호화, 데이터 확인을 실행해 주며 PDA, 휴대폰 등 모바일 기기의 보안을 제공한다.

a) WAP(Wireless Access Protocol) : Motorola, Nokia 등에서 채택한 무선장치 기술 표준이며, WAP(Wireless Applications Protocol)는 무선 장치에서 TCP/IP의 역할을 하는 프로토콜로 HTML격인 WML(Wireless Markup Language)이 있어 'WAP-기기'는 인터넷 디스플레이가 가능하다. 또 JavaScript와 유사한 WMLScript도 있다. WAP 시스템은 WAP Gateway 시스템과 통신해서 HTTP와 WAP 사이에 오가는 정보를 전환하며 보안 프로토콜을 인코드/디코드한다.

b) WEP(Wired Equivalent Privacy) : 데이터를 암호화 해주는데 64-, 128-, 256-bits를 사용하며 무선장치의 보안 표준이다.

c) WPA(WiFi Protected Access) : WEP의 개선으로 802.11i에 기준이 정해져 있다. WPA와 WPA2가 있다.

IEEE 802.11x의 무선 프로토콜은 1~2Mbps의 대역폭으로 2.4GHz~5GHz에서 동작하는데, 802.11은 FHSS(Frequency-Hopping Spread Spectrum), DSSS(Direct-Sequence Spread Spectrum)를 사용하고, 802.11a는 OFDM(Orthogonal Frequency Division Multiplexing)을 사용한다. 802.11b는 11Mbps 대역폭으로 2.4GHz에서 작동하며 WiFi나 802.11 high rate로 불린다. 인코딩에 DSSS를 사용한다. 802.11g는 54Mbps 대역폭에 2.4GHz로 작동하는데 DSSS, FHSS, OFDM을 모두 사용한다. 전자렌지가 2.4GHz에서 작동하므로 802.11b/g에 치명적 간섭을 일으킨다.

3. 암호화

암호화(Cryptographic) 알고리즘은 암호화되지 않았거나 일반 텍스트 문장을 암호화 시켜주는데 해쉬(hashing), 대칭(symmetric), 비대칭(asymmetric) 기법이 쓰인다.

a) 해쉬 : 메시지나 데이터를 숫자 값으로 바꿔준다. 단방향과 양방향이 있는데 단방향은 메시지를 원래대로 돌려주지 못한다. SHA(Secure Hash Algorithm)은 메시지의 무결성을 확인한다. 단방향이며 160-bits값을 사용한다. 지금은 SHA-2도 있다. MDA(Message Digest Algorithm)는 단방향이며 MD2, MD4, MD5가 있다.

b) 대칭알고리즘 : 암호화된 메시지의 양 끝단에 같은 키를 부여하는 방법으로 사설키인 비밀키를 만드는데 인증되지 않은 사용자에게는 보이지 않는 키이다. AES와 IDEA가 예이다.

c) 비대칭알고리즘 : 두 개의 키가 인코딩과 디코딩하는데 쓰인다. 송신자만이 풀 수 있는 공개키와 수신자만이 풀 수 있는 사설키로, 서로에게는 사설키이다. 공개키는 두 사람에게는 감춰져 있는 키이며 사설키는 받는 사용자만이 알 수 있다. 만일 누가 공개키를 사용해서 메시지를 암호화해서 보낸다면, 받는 사용자는 사설키를 이용해서 그 메시지의 암호를 푼다.

4. 보안책

여러 가지 보안 해결책이 있는데, 그 중 몇 가지만 살펴보자.

BIOS 보안은 BIOS 화면에서 BIOS 변경이나 시스템 변경을 막아주는 패스워드를 설정하게 되어 있다. 또한 케이스 잠금장치나 케이스 침투(case invasion)도 경고하게 되어 있기도 하다. 또한 TPM(Trusted Platform Module)를 이용하기도 하는데, 이는 해쉬 키값을 만드는 것을 도우며 암호화 된 패스워드, 키값, 인증서 등을 저장하는 곳이다. 보드에서 지원하지 않으면 볼 수 없다. '시스템장치'에서 TPM이 있나 본다. 데이터 액세스도 통제할 수 있는데, 군에서 쓰이는 최고 통제의 Bell-La Padula 모델과, 정해진 레벨 이상의 데이터는 읽고 쓰지 못하게 해서 데이터의 무결성을 보장해주는 Biba 모델, 데이터를 특별한 프로그램을 통해서만 액세스하게 해주는 Clark-Wilson 모델이 있다.

또, 어느 장치에 데이터가 남았다면 완전히 없애야 하며, 패스워드도 주기적으로 관리해야한다. 워크스테이션도 때대로 잠그고 관리자 자격으로 사용여부를 확인해봐야 한다. 응용 프로그램과 OS, 장치 드라이버 등은 수시로 업데이트 해두어야 하며, 정책(암호, 권한설정 등)도 수시로 점검해 두어야 한다. 또 관리차원에서 성능모니터 보기, 이벤트뷰어 보기, 로그파일 분석 등을 잘 알아둬야 한다. 성능모니터를 한번 해보자. '시작'→설정→제어판→ '관리도구'로 가서 [성능]탭으로 간 뒤, '시스템 모니터' 화면에 마우스 오른쪽 클릭하고 '카운터 추가'로 가서 '%Processor Time' 카운터를 넣고 '닫기'를 클릭한다. 이제 '시작'→검색→파일 또는 폴더→ '모든 파일 및 폴더'로 가서 검색조건을 넣지 않고 그냥 '검색'을 실행시킨 뒤, 다시 시스템 모니터 화면으로 가보면 CPU가 바쁘게 움직이는 것을 볼 수 있다.

성능모니터 화면

안전 수칙

11 Chapter 안전 수칙

구성 요소가 교체되거나 재구성(re-configuration)되어질 때 발생하는 문제를 줄이려면, 그 처리 과정(procedures)을 잘 알고 있어야 한다. 보통은 컴퓨터의 구성품, 자연적 요인, 작업 환경 등으로부터 안전을 위협하는 요소가 있다. 전원 공급기나 모니터 등에 각별히 유의한다.

가. 예방적 처리 과정

정기적인 컴퓨터의 손질은 컴퓨터의 수명을 연장시킬 뿐만 아니라 문제가 발생되기 전에 문제를 막아줄 수 있다. 이때가 컴퓨터를 점검하는 기회가 될 수도 있다. 잠재적인 문제들과 먼지, 오물 등의 제거, 느슨해진 연결이나 녹이 나고 해진(worn-out) 케이블, 전원 선 등도 점검해 두어야 한다.

1. 액체 세척제

액체세제(liquid cleaner)를 어느 장치에 쓰기 전에 반드시 컴퓨터가 꺼져있는지 확인해 보아야 하며 재 시동하기 전에 완전히 말라있는지 확인한다. 컴퓨터본체 뿐만 아니라 모니터, 마우스 케이스나 트랙 볼(track ball)등도 미지근한 비눗물(mild or warm soapy water)이나 촉촉한 천(damp not wet cloth)으로 닦을 수 있다. 부품에 방울이 떨어지지 않게 조심한다. 키보드가 끈끈하면 일반 증류수로 닦아도 좋은데 이 물은 비눗기나 철분 등이 없어야 하며, 어떤 부품들은 물이나 비눗기에 의해 손상될 수 있기 때문에 완전히 마른 후에 본체와 연결해야 한다. CRT 모니터는 일반 유리세정제로 화면을 닦아줄 수 있지만 LCD에는 사용하지 말아야 한다. LCD 화면에는 깨끗한 천이나 종이 타월에 적은 양의 유리 세정제를 분사하여 모니터 스크린에 묻은 지문이나 다른 불순물들을 닦아낸다. 방울이 떨어지지 않게 조심한다.

2. 커넥터나 접촉부분의 청소

나쁜 연결은 부품의 작동이 좋지 않게 한다. 이때엔 무수알콜(isopropyl alcohol)을 면봉(cotton swab)에 묻혀 접촉점을 닦아준다. 흰색 연필 지우개로도 오염된 곳을 지울 수 있다지만 권할만하지 않다.

3. 시스템에서 먼지나 오물 제거하기

컴퓨터를 닦는 이유 중 하나는 쌓인 먼지를 제거하는 것인데, 특히 전원 공급기는 외부 먼지를 모아 내부 부품에게 분산시킬 수 있다. 먼지는 ESD와 과열을 일으키므로 마더보드, 컴퓨터 본체 바닥, 그리고 팬을 주기적으로 청소해 주는 것이 중요하다. 이를 위해서 압축공기(compressed air)를 쓰는 것이 가장 쉬운 방법인데, 통을 흔들어 쓰면 냉각화상(freeze burn)을 신체에 일으키며 컴퓨터의 부품에 손상을 줄 수 있다. 키보드, 확장 슬롯, 포트 등에 분사하면 된다. 진공청소기를 쓸 수도 있다. 때때로 검불이 없는 천으로 먼지 묻은 표면을 닦기도 한다. 오히려 새 천은 먼지를 더 끌어올 수도 있으며 정전기도 더 잘 일으키기도 한다.

압축공기

나. Power Protection과 안전 수칙

컴퓨터의 전원공급은 정비나 관리차원에서도 중요한 요소이다. 컴퓨터가 안정적인 전원을 받고 있는지 점검해서 컴퓨터가 늘 정상적으로 작동되고 있는지를 살펴야 한다. 컴퓨터의 여러 기능이 오히려 사람에게 해를 주기도 하는데, 고압과 레이저 등이다. 자신과 컴퓨터 부품의 안전에 주의를 기울여야 한다.

1. Power Protection

일반적인 전기 문제는 사무실이나 집에서 일시적으로 전력 크기가 줄어드는 것인데 이 경우엔 완전히 단전된 것은 아니지만, 전력 크기가 정상으로 돌아왔을 때 부품에 해를 입힐 수도 있다. 이를 'brownout' 이라 하며 마치 전등이 희미하게(dim)하게 조금 어두워지는 것과 같은 것이다. 'sag'가 났다고도 한다. 'blackout' 은 전원이 완전히 끊어진 상태를 말하는 것으로 이 기간이 몇 초에서 몇 시간 갈 수도 있다. 이때 컴퓨터에 저장되지 않은 데이터는 다 잃게 될 것이다.

옛날 머신에선 정전에서 정상으로 전력이 공급될 때 약간의 과전류를 가져오기도 했다. 'power surge'는 전기가 복구되었을 때 일어날 수 있는데, 정상적인 전기의 공급이 일시적인 기복을 가져올 수 있기 때문이다. 이때의 전력 증가는 그리 크지는 않다. brownout처럼 power surge도 그리 극단적이지는 않지만 부품에 해를 줄 수 있다. 전원 공급기는 AC를 DC로 바꿔주며 220~110V를 12~3V로 바꿔주는 역할을 하는데, 이는 모두 어느 정도의 과잉 전압을 저항기(resistor)가 방어해주기 때문이다. power surge가 일어나면 총 전압이 저항기의 한계를 넘어서게 되며 결과적으로 컴퓨터에 과전압을 공급하게 된다. 'power spike'는 power surge보다 더 큰 것이며 오래 지속되지는 않지만 특성상 컴퓨터 부품에 큰 해를 준다.

또한 긴 전선과 주변의 고압장치 때문에 EMI의 발생으로 인한 간섭(interference)이 생기게 한다. 전선이 길수록 EMI가 더 생긴다. EMI를 가지고 있는 전류를 'noisy' or 'dirty' line라고 부르는데 이는 컴퓨터에 전력의 기복을 가져와 해를 입힌다. noisy power는 자장 공간(magnetic field)을 만들어 내며 저장 공간-하드 디스크나 플로피 디스크, 테이프 디스크 등은 모두 자장 저장판으로 되어있다-에 해를 주게 된다.

정리하자면 전원이 기준 수준보다 조금 감소된 것을 brownout(or sag)이라 하고 많이 감소된 것을 blackout이라고 한다. 기준 수준보다 조금 증가된 것을 power surge라고 하며 많이 증가된 것을 spike라고 한다. ESD는 하드웨어적인 문제를 가져오며, EMI는 소프트웨어나 데이터에 해를 끼친다.

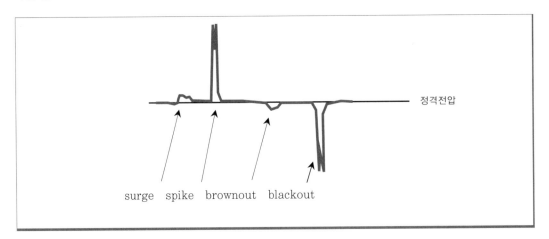

surge   spike   brownout   blackout

2. 전력 문제의 예방

UPS(Uninterruptible power Supply)는 컴퓨터의 전기 문제들을 거의 다 예방해준다. 전형적인 UPS는 배터리를 가지고 있으며 blackout시 사용자로 하여금 하던 일을 끝내고 저장할 시간적 여유를 주어 백업할 수 있게 일시적인 전력을 제공해 준다. SPS(Standby Power System)은 UPS의 일종으로 컴퓨터에 부착되어 있다.

off-line UPS는 전원공급이 끊어졌을 때 충전되어 있는 배터리에서 전원을 컴퓨터에 공급해 주는데, 이때 전원 선에서 배터리로 전환할 때 약간의 전력공백이 있을 수 있다. 하지만 On-line UPS는 효율적인 UPS로써 전원 공급기와 컴퓨터 사이에 위치하게 된다. 입력전력은 먼저 UPS 배터리를 충전하여 모든 컴퓨터 전력이 이 배터리에서만 나오게 해서 기존 전원 선에서 배터리로의 전환에 걸리는 시간 간격(gap)이 없게 된다. 전력이 끊어지면 UPS는 단지 배터리로 계속해서 전력을 공급하게 된다. 그러므로 SPS에서 발견되는 전력의 끊어짐이 On-line UPS에서는 없다.

power surge나 power spike에서의 문제를 예방하기 위해서는 서프레서(suppressor)를 쓰기도 하는데, 이 서프레서는 과도한 전력을 억제함으로 전력이 일정하게 흐르게 해 주는데, UPS와 연결된 것도 있고 개별적으로 장치에 붙어있는 것도 있다.

EMI의 해결책으로는 'noisy filter'라는 것이 있는데, 이는 전류에 있는 EMI를 줄여줌으로써 전류의 흐름을 조절한다. 서프레서처럼 이 noisy filter도 각 장치에 부착되어 있거나 UPS에 연결되어 있는 것이 있다.

UPS는 backup power로 brownout이나 blackout을 해결해 주며, 다른 모든 전력공급의 문제들을 해결해 줄 수 있다.
Suppressor는 power surge나 spike에 이용되어 과전류를 막아준다.
Noisy filter는 EMI에 대한 문제를 해결할 수 있는데 UPS로 이 noisy filter나 suppressor의 기능까지도 겸하게 할 수 있다.

surge protector와 각종 UPS들

2. 개인 안전 수칙

고압장치나 레이저 장치 등은 사람에게 잠재적인 해를 줄 수 있으므로 주의해야 한다. 인체에 해를 주는 것으로는 주로 전원 공급기나 레이저 프린터, CD-ROM의 레이저 광선 등에 있다.

1. 레이저

CD-ROM과 레이저 프린터를 이용하는 한, 컴퓨터에는 레이저가 있게 마련이다. 여기에 쓰이는 level 3 레이저는 우리에게 해를 주지 않으나, 직접적으로 보면 눈에 해를 가져올 수 있다. 커버나 케이스 없이 레이저 광선을 바로 보지 말아야한다.

2. 고압 장치

대부분의 컴퓨터 장치들은 매우 낮은 전압(12V~2.2V)을 쓰는데, 프린터와 같은 일부 장치는 부품뿐만 아니라 사람에게도 큰 손상을 가져올 수 있는 매우 높은 전압(100~500V)을 사용한다. 전원 공급기나 모니터는 사용하다 전원공급을 꺼도 꽤 오랫동안 잔류전기를 지니고 있으므로 컴퓨터를 꺼도 전원 케이블은 벽에 계속 꽂힌 채로 놔두어 플러그를 통해서 벽으로 전류를 방출시킬 수 있기 때문에 접지(ground)효과를 보기도 한다. 또다시 강조하지만 모니터나 전원 공급기를 만질 때 ESD를 사용해서는 안 된다.

3. 환경적(Environmental) 예방 조치

모니터는 납(lead)을 지니고 있으며 마더보드는 수은(mercury)을 지니고 있기 때문에 환경에 해를 줄 수 있다. 폐기 시에는 반드시 재활용되어져야 하며 올바른 방법으로 처리되어져야 한다. CMOS 배터리나 노트북에서 사용하는 AC 어댑터도 마찬가지이다.

1) 배터리와 토너 카트리지(Toner Cartridge)

배터리에는 환경에 해로운 물질인 리듐(lithium), 수은(mercury), 니켈 카드뮴(nickel- cadmium) 등이 들어 있는데, 그냥 버리면 땅과 주변 물을 오염시키므로 주의해야 한다. 프린터 토너 카트리지는 잠재적인 환경위험요소를 지니고 있으므로 역시 폐기 시에는 주의해야 한다. 배터리처럼 프린터 토너 카트리지도 재사용 될 수 있다.

2) MSDS(Material Safety Data Sheet)

어느 부품의 처리를 제대로 알지 못할 경우에는 MSDS를 참고하면 되는데, 이는 표준화된 문서로 어느 항목에 대해 '일반 정보'와 '화염과 폭발 경고' 뿐만이 아니라 '건강', '처리와 안전한 이동'에 관한 정보를 가지고 있다. 화학 솔벤트, 캔과 페인트 등에 관한 정보도 준다. 또 EPA(Environmental Protection Agency)를 참조해도 된다.

OSHA(Occupational Safety and Health Act)는 MSDS를 규정해 주는데 작업현장에서 생길 수 있는 위험한 상황에 대한 대처법, 환경에 유해한 부품의 처리 등을 알려준다.

4. 안전하게 부품 다루기

전원 공급기, 우리 자신, 환경 등에 대한 안전뿐만 아니라 컴퓨터 부품에 대해서도 해를 줄일 수 있게 해야 한다. 머신 내부의 여러 전원 선과 케이블, 시그널 선들이 그냥 놓이면 각종 팬에 닿아 전기적 문제와 부품에 문제를 일으킬 수 있으므로 타이(tie)를 사용해 정돈해 준다. 또 프린터도 고압의 EP 드럼 등이 있으므로 유의하고 토너가루 등에 주의한다.

1) ESD(ElectroStatic Discharge)

컴퓨터부품의 가장 큰 해 중의 하나가 ESD인데, 정전기를 말한다. 정전기는 우리 주변에 항시 있게 마련인데 특히 습기가 낮으면 더하다. 전구를 만진다던가, 스웨터나 재킷(jacket)을 입을 때 머리카락이 일어선다든지, 차를 열고 닫을 때나 문손잡이를 잡을 때, 모니터 화면을 만질 때 등에서도 이 정전기를 느낄 수 있다. ESD는 두 개의 물체가 고르지 못한 전압을 가지고 있는 상태에서 접촉함으로써 만들어진다. 전기는 높은 곳에서 낮은 곳으로 흐르는 성격이 있으므로 낮은 전압을 지니고 있는 우리 몸이 더 센 전압의 물체와 접촉할 때 우리가 이 정전기의 충격을 느끼는 것이다. 마찬가지로 우리 몸이 높은 전압을 가진 채 낮은 전압의 컴퓨터나 부품을 만지게 되면 컴퓨터는 정전기 충격을 받게 된다.

ESD가 1,000V 내외로 낮다면 별 해가 없다. 만일 우리가 정전기 충격을 느낀다면 정전기가 3,000V 이상일 때이며, 볼 수 있을 정도라면 20,000V 이상일 때이다. 그러나 컴퓨터 부품은 30V에도 피해를 입는다.

우리가 느끼거나 볼 수 없는 30V 내외의 정전기가 컴퓨터의 부품에 서서히 해를 주고 있는 셈이 된다. 이를 'hidden ESD'라고 하며, 컴퓨터 내부에 쌓인 먼지 때문에 주로 기인된다. 먼지와 외부 입자가 전기성을 띠어 주변의 부품에 서서히 정전기를 주게 되는 것이다. ESD로 인한 즉각적인 어느 부품의 작동불능을 'catastrophic'이라고 하며, 'hidden ESD'처럼 서서히 장치의 사용을 불가하게 이르게 하는 것을 'degradation'이라고 한다. catastrophic보다 이 degradation이 더 곤란할 때가 많다. 어느 장치가 catastrophic되면 즉시 사용이 불가하니 고창 처리의 판단도 빠르고 문제를 즉시 해결할 수도 있지만 이 degradation은 우리가 알지 못하는 사이에 어느 부품을 서서히 작동불능으로 만들어 작동이 되다 안 되다하게 하므로 문제의 구별도 그만큼 어렵다.

2) 일반적인 ESD 보호 장비

ESD로부터 컴퓨터의 해를 막는 여러 가지 방법이 있는데, 우선 ESD는 낮은 습도에서 발생하므로 습도를 50~80%(80% 이상은 안 됨)로 유지하는 것이 좋고, ESD 손목이나 발목 스트랩(strap), ESD 매트 등을 이용해서 작업하면 좋다. 지독히 추운 외부에서 따뜻한 방에 들어오거나, 카페트 위에서 작업할 때, 털옷을 입었을 때 등에서 정전기가 잘 생긴다. CPU, RAM, 확장 카드 등의 부품도 안티스태틱 백(anti-static bag)에 넣어 보호해야 한다.

a) ESD 스트랩은 우리 손목이나 발목에 맞게 커프(cuff)를 조정해 착용하며, 컴퓨터의 정전기를 우리 몸을 통해서 방전되게 해준다. 일부 ESD 스트랩은 클립(alligator clip)이 있어 책상 다리 등에 부착시켜 접지효과를 보게도 한다. 110V용 전기 플러그에는 세 개의 접촉점 red, neutral과 ground 가 있는데 이 ground에 ESD 스트랩이 연결되어 있어야 접지효과를 볼 수 있다.

b) ESD 매트는 비닐깔판처럼 생겼고 여기에 납 선(lead wire)과 집게(alligator)가 있어 적절히 접지 시키면 정전기를 방전시킬 수 있는데 컴퓨터에서 뺀 부품을 놔두거나, 각종 확장 카드를 놔두어도 좋다. 컴퓨터 내부에서 어느 부품을 빼기 전에 한 손으로 주변의 탁자 다리나 다른 금속을 만지거나 전원 공급기 주변을 만진 다음에 작업하면 접지효과를 봐서 우리 몸의 정전기가 빠져나가게 한다.

c) 또 다른 형태인 ESD인 안티스태틱 스프레이(spray)가 있는데, 우리 옷에 뿌려서 정전기가 빠져나가게 해준다. 옷뿐만이 아니라 우리 몸이나 카페트, 작업장이나 컴퓨터 부품까지도 정전기가 빠져나가게 해준다. 그러나 이를 컴퓨터 부품에 직접 분사하지는 말아야 한다.

ESD 스트랩   ESD 매트   ESD 백

3) 위험이 나게 하는 상황

우선 작업 시 무엇을 입었는지를 보아야 하는데, 털 옷 제품은 피하며, 신은 고무받침 신발을 신는 것이 좋다. 반지나 다른 패물을 하면 전기 스파크(electrical arc)를 발생시키거나 긁힐 가능성이 있으므로 착용해선 안 된다. 또 동시에 고압 제품과 다른 제품을 만져서는 안 되는데, 우리 몸이 그 중계 역할을 하기 때문이다.

4) 부품 저장소

컴퓨터 부품은 항상 서늘하고 건조한(정전기를 가질 만큼 습하지 않은) 장소에 놔두어야 한다. 열은 부품회로와 자기적인 저장 데이터를 손상시킬 수 있으므로 주의해야 하고 습한 환경은 부품이 부식(corrosion)되게 하므로 장착 시 쇼트(short)가 생기게도 한다. 플로피디스켓이나 테이프 드라이브 등의 자기적 저장소는 고압장치나 EMI 발생 장치, 그 외의 다른 자기발생 소스로부터 안전해야 한다. 이들 부품은 ESD 백에 넣어진 채로 이동되거나 보관되어져야 한다.

보통 하드 드라이브나 메모리 등은 구입할 때 ESD 백에 넣어져 있다. 이것들을 잘 보관해서 나중에라도 사용하면 좋다. 특히 머신을 가지고 장거리 여행을 갈 때는 공항에서 레이저 투시기에 데이터 자료가 손상되지 않도록 주의해야 한다.

5) EMI(ElectroMagnetic Interference)

EMI는 RFI(Radio Frequency Interference)라고도 알려져 있는데, 다른 원인에 의해 시스템이나 부품의 작동을 원활하지 못하게 하는 경우를 말한다. CRT 모니터나 전자렌지, 복사기에서도 EMI가 많이 발생하며 냉장고에서도 발생한다. 900MHz~5.8GHz을 사용하는 무선 휴대폰이나 2.4GHz에서 작동되는 블루투스 등 무선 네트워크도 EMI의 영향을 많이 받는다. USTP나 STP는 EMI에 영향을 받으며, 동축 케이블도 어느 정도 영향을 받지만, 광섬유는 영향을 안 받는다.

6) 처리(Recycling)에 유의해야할 부품들

배터리, 모니터 등의 처리에 유의해야 하는데, MSDS를 참조한다.

배터리로는 우선 늘 일상에서 사용하는 알칼라인(Alkaline)이 있는데 수은이 들어있어 환경에 해를 준다. 또 노트북 배터리로 주로 사용하는 NiCd도 위험한데 니켈은 그리 위험하지 않지만 카드뮴은 매우 위험하다. NiMH과 Li-Ion은 특별히 처리를 규정하지 않아 위험하지 않은 물품으로 여겨진다. 버튼형 배터리(button cell battery)도 수은을 함유해서 위험하다.

CRT 모니터에는 매우 위협적인 고압전기와 EMI 발생이 크며, 납과 비소, 베릴륨, 카드뮴, 크롬, 수은, 니켈, 아연들이 들어있어 처리에 유의해야 한다.

다. 고객대하기

일반적인 고객대하기를 간략히 알아보는데 상황에 따라 재치와 융통성, 자부심 그리고 서비스 정신으로 임한다.

- 현장에 도착하면 의뢰한 사람을 찾고 문제가 무엇인지를 물어본다.
- 고객이 하는 말에 주의를 기울이며 문제를 파악해 본다.
- 문제를 개인적으로 받아들이지 말라. 격한 어조로 불평해도 차분히 대한다. 이것은 일에 관한 것이지 개인에 관한 것이 아니라는 것을 잊지 말아라.
- 자신이 모르는 것이 있으면 솔직히 말하고 다른 이에게 물어봐도 되는지 확인한 후 동료에게 묻는다.
- 문제에 개인의 감정을 넣지 않도록 한다.
- 고객의 답답하고 급한 마음에 동조해 준다. 문제를 애써 사소한 것으로 여기지 않도록 한다.
- 해결책을 제공하며, 가능한 한 관련된 정보도 준다.
- 항상 긍정적이며 낙관적인 태도를 유지한다.
- 물 한 모금, 전화 한 통도 허락을 받고 사용한다.
- 시간약속을 철저히 지키며 문제가 있을 때에는 언제까지 간다고 다시 약속을 정한다.
- 고객과의 논쟁은 절대 금물이다.
- 솔직하고 공정하게 처세해서 고객의 신뢰를 얻는다. 문제가 무엇인 것 같다고 설명해주고 예방적인 것도 알려준다.
- 불평은 전문가답게 가능한 한 받아들여라. 잘못이 있었다면 책임을 받아들이고 불만을 다른 이에게 돌리지 말아라. 손님을 고객으로 만들어야 하는 것이지 말싸움에서 이기는 것이 아니다.
- 일이 끝나면 끝났음을 알리고 해결책을 일러준다. 쪽지에 메모를 해 주어도 좋다. 연락처를 반드시 남겨라.
- 전화가 오면 항상 전문가다운 자세로 임해라. 이름, 회사 등을 먼저 밝힌다.
- 만일 고객의 이름을 알고 있다면 고객이 매우 만족해 할 것이다.
- 고객의 기술적 레벨을 파악한 후 그 수준에 맞게 설명한다.
- 가장 중요한 것은 듣는 자세이다. 추측하거나 결론으로 급히 가지 말아라. 여러 질문을 먼저 던지고 문제를 좁혀나가야 한다.
- 불평도 같은 자세로 처리해야 한다.
- 고객이 만족했을 때에만 대화를 끝내도록 한다.
- 예의바른 태도로 전화를 마친다.

필수 KNOW-HOWs

1. Norton Ghost와 Power Quest의 DiskCopy

　　HDD를 다른 HDD에 통째로 복사해주는 프로그램으로, 예를 들어 10GB 의 하드 디스크에 있는 모든 데이터에 다 들어있는 상태에서 이를 20GB의 하드 디스크에 OS, 소프트웨어, 응용 프로그램들을 그대로 옮기고자 할 때 쓰인다. 최근에는 Ghost 2003이 출시되어 GUI화면으로 간단하게 작업하게 해주며 CD-R/W 등도 지원해준다.

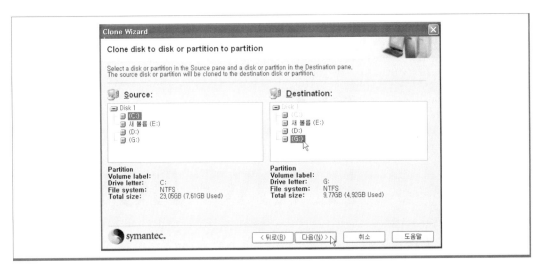

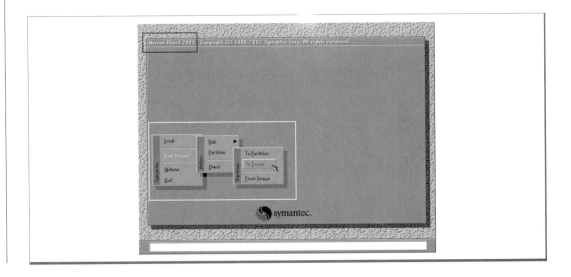

여기 예에서는 두 개의 디스크가 있다고 가정하며 disk1에서 disk2로 복사하는 것이다. disk1은 원본이며, disk2는 사본을 가지고 있게 되며 disk1보다는 용량이 커야한다. 또 disk2는 미리 포맷되어 있어야 한다.

1. Norton Ghost를 시작한다. 선택 메뉴에서 차례로 local→disk→to disk를 선택한다.

2. Select local source drive by clicking이라는 화면이 나오며 두 개의 하드 디스크가 차례로 보인다. 소스 디스크로 disk1을 클릭하면 조금 있다가

3. Select local destination drive by clicking이라는 화면이 나오며 두 개의 하드 디스크가 차례로 보이는데 disk2를 destination disk로 클릭한다.

4. Destination drive details가 나온다. 디스크 용량 등이 표시된다.

5. Proceed with disk clone?라는 질문이 나오는데, Yes를 클릭하면 디스크 복사가 진행된다.

2. RestoreIT

HDD의 부팅 섹터와 데이터를 복구해주는 프로그램으로 시스템 부팅 시 별도의 부트 섹터를 만들어 두어 이용하게 한다. 설치 시 미리 부팅 가능한 플로피 디스켓을 준비해 두어야 복구 디스켓을 만들어 둘 수도 있다. 디스크 복구에 매우 강력한 기능이다. 여기서는 여러 개의 논리 파티션이 있고 멀티 OS가 있는 하나의 하드 디스크에서 설치 시 여유 공간이 있는 D:를 데이터 이미지 위치로 정한 뒤 디프라그먼트 해 두었다. 설치는 불과 몇 초만에 끝나며, 리부팅을 요구한다. 다음 그림은 ResoreIT 설치 전에 Windows 2000을 이용해서 디프라그먼트 해주는 화면이다.

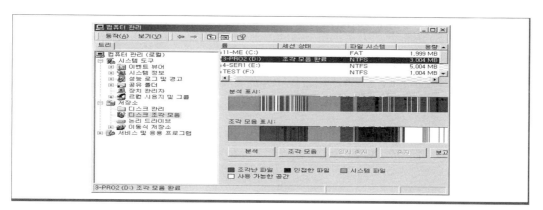

설치 전에 디스크 체크나 디프라그먼트를 해 두어야 하며 anti-virus 프로그램이나 다른 응용 프로그램을 닫아두어야 한다. 또 Static Restore Point가 위치할 충분한 공간의 디스크를 확보해 두어야 하는데 데이터의 이미지를 Norton image처럼 만들어서 저장해 둔다. 필요하면 백업 데 이터 저장 위치도 정해 주어야 한다. 특히 디프라그먼트는 필수적이어서 이것이 제대로 되어있지 않으면 아무리 여유 공간이 많이 남아 있어도 설치가 진행되지 않을 경우가 있다.

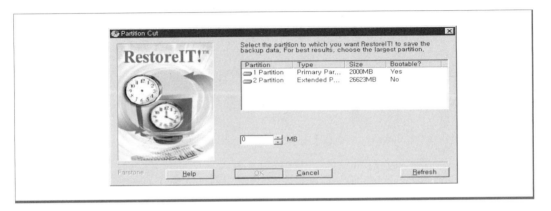

1. 머신을 재 시작하면 Build static restore point를 진행하는데, 위에서 정한 D:로부터 데이터를 복사해온다. 이것이 꽤 시간이 걸린다. 경우에 따라 다르지만 2~30분은 걸리는 것 같다.

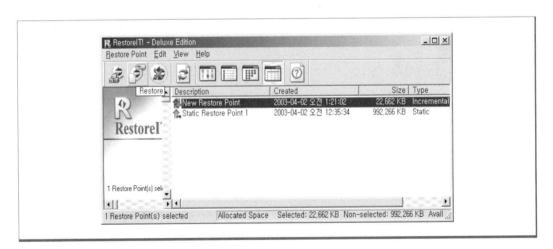

2. static restore point가 다 만들어지면, 머신을 재 시작할 것을 요구한다. 리부팅을 해주면, 초기 화 과정으로 creating new restore point를 만든다. 이것이 끝나면 리부팅을 또 요구한다.

3. 머신이 정상으로 부팅된다. 바탕 화면의 RestoreIt을 클릭하면 RestoreIT 창이 열린다. New Restore Point로 Incremental, Normal한 부분과 Static, Locked된 부분으로 보인다. Normal한 부분을 클릭하고 Restore를 클릭하면 어디를 복구할지를 물어 본다. 결정하고 Next를 클릭하면 머신은 확인하고 리부팅된다.

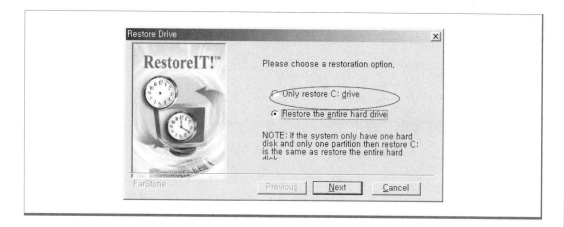

4. 초기 화면에서 이번에는 Restoring the data to D:라는 메시지와 함께 D:로 데이터가 복구된다. 이 역시 20분 정도는 걸린다.

5. 매번 정상 부팅 할 때도 이 프로그램이 먼저 시스템을 점검해준다.

6. 만일 머신이 부팅될 때 [스페이스 바]를 누르면 부트 디스크 이용이나 static point, incremental point, uninstall 등의 옵션을 묻는 화면이 나타난다. 여기서 원하는 옵션으로 들어 갈 수도 있다.

3. Partition Magic

데이터가 들어있는 디스크의 논리적 파티션을 위한 리사이즈(resize)나 FAT(16)이나 FAT32뿐만 아니라 NTFS, ext2/3 등의 파일 시스템을 상호 변경하게 해주는 매우 요긴한 프로그램이다.

여기서는 하나의 커다란 디스크를 resize 해주고, 또 NTFS 파티션을 FAT32로 변환하는 것을 보이겠다. 물론 파티션이나 포맷을 하지 않은 채로, 기존의 데이터를 모두 놔둔 채로 실행하는 것이다. 기존 데이터가 3GB만큼 있다면 resize는 3GB 이상으로 해 주어야 한다.

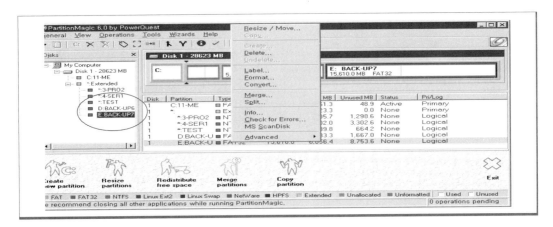

1. Partition Magic을 실행하면 현재 있는 물리적 디스크와 그 안에 있는 논리적 드라이브를 위 그림과 같이 보여주는데 이 중에서 원하는 디스크나 드라이브를 선택해서 마우스 오른쪽 클릭하면 메뉴가 뜬다.

2. Resize를 클릭한다. 여기서는 E: 드라이브의 15GB의 공간을 10GB와 5GB로 나누는 작업을 할 것이다. size영역에 원하는 크기를 타자해준다. 우선 10GB로 나눌 것이다.

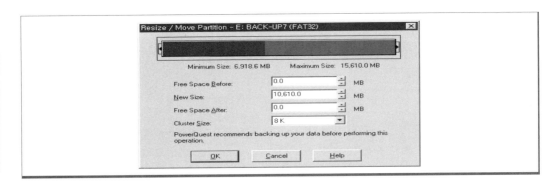

3. resize에 10GB로 타자해주고 OK를 클릭했다. 15GB가 10GB의 E: 드라이브가 되고 5GB가 새로 정해져야 한다. 이제 새로 만들어진 할당되지 않은 5GB를 논리적 파티션으로 만들어 주기 위한 설정화면이 나오는데, 여기서 파일 시스템을 정해줄 수 있다. 파티션 타입으로는 NTFS로 해주었다.

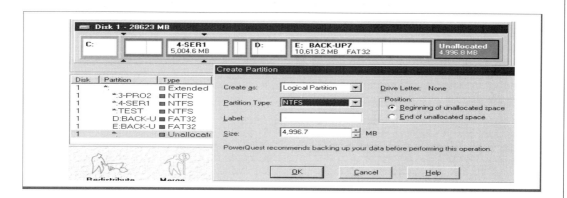

4. 아래 그림에서 보면 E:는 10GB가 되어졌고 새로이 5GB가 만들어 졌다. 이를 적용하기 위해서는 아래 Apply를 클릭하면 된다. 확인을 물으며 리부팅을 요구한다. 변환이 이루어지며 드라이브 명의 변화과정이 있을 것인데 시간이 조금 걸린다.

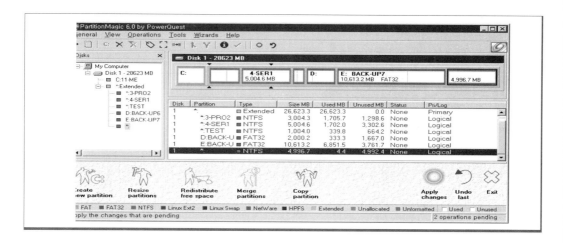

5. 이제 파일 시스템을 NTFS에서 FAT32로 바꿔본다. 여기서는 3-PRO2의 NTFS를 FAT32로 바꾸려고 한다. 물론 기존 데이터가 손상되어서는 안 된다.

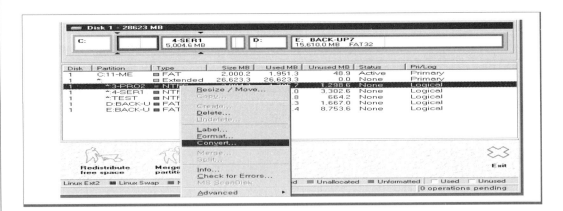

6. 3-PRO2의 드라이브명에 마우스 오른쪽 클릭하면 메뉴가 뜨는데, 여기서 convert를 클릭한다.

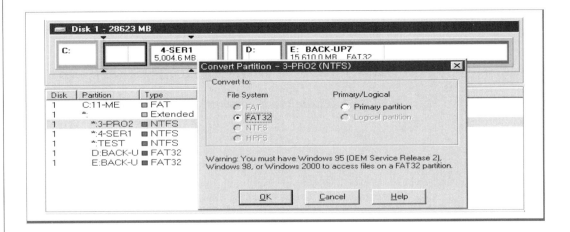

7. 변경화면이 뜨는데 FAT32를 선택해주고 OK를 클릭하면 확인을 묻고는 변환을 시작한다. 머신을 리부팅하게 된다.

4. HDD 컨트롤러 및 FDD 디스켓 플래터 교체

하드 디스크가 BIOS에 의해 인식되며, 바이러스 등의 문제가 없는데도 액세스되지 않는다면, 디스크에 배드 섹터가 나거나 다른 이유로 완전히 망가지지 않았을 때에는, 디스크 컨트롤러가 망가진 경우가 있을 수 있다. 이럴 때는 같은 제조사의 같은 모델의 하드 디스크를 구입해서 컨트롤러를 교환해주면 디스크에 액세스할 수 있는 경우가 많다.

여기서는 데이터가 저장된 하드 디스크의 컨트롤러를 제거한 후 같은 모델의 하드 디스크에서 컨트롤러를 빼서 교체해보자.

1. 하드 디스크의 표면에서 모델 넘버를 확인한 후 같은 하드 디스크를 준비해둔다.

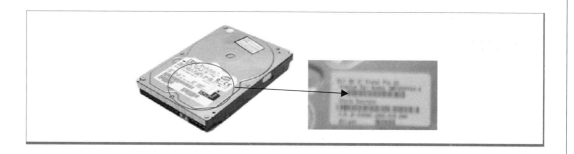

2. 뒷면에서 나사를 빼서 컨트롤러 판을 들어낸다.

3. 이세 같은 모델의 새 하드 디스크에서 컨트롤러를 같은 방식으로 뺀 후에 교체한다.

5. 백업 및 복구

　　이는 대단히 중요한 일로써 중요한 데이터를 ZIP 드라이브나 테이프 드라이브, CD-R/W 등에 저장하고 빠른 복구를 할 수 있어야한다. 일반적으로는 서버 머신에 테이프 드라이브를 사용하거나 어느 한 클라이언트 머신에 ZIP 드라이브, CD-R/W 등의 형태로 그때그때 필요한 파일을 백업해 둔다. 백업의 목적은 복구에 있다고 했다. 그러므로 수시로 백업을 해보고 가장 안전하고 빠르게 복구를 해두는 습관을 길러둬야 한다. 실제로 시스템 관리자의 가장 중요한 일 중의 하나가 이 백업 작업일 것이다. 또한 백업에는 시간이 많이 걸리므로 스케줄링에 의해 실행되게 설정해두는 방법도 잘 알고 있어야 한다.

　　여기서는 Windows 2000 Professional OS에서 간단한 데이터의 백업과 복구를 해 보겠다. 백업 전용 테이프 드라이브 등을 구입하면 별도의 프로그램이 사용될 수도 있다.

1. 백업하기

1. 백업 프로그램을 클릭하면 백업, 복구 등을 할 수 있는 화면이 뜬다. 여기서 백업을 클릭한다.

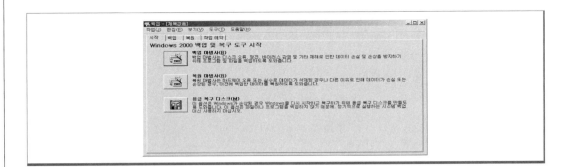

2. 백업할 데이터의 종류를 물어온다.

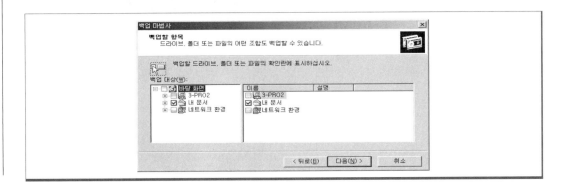

3. 백업할 데이터를 선택한다. 여기서는 '내문서'를 백업할 것이다(What to backup).

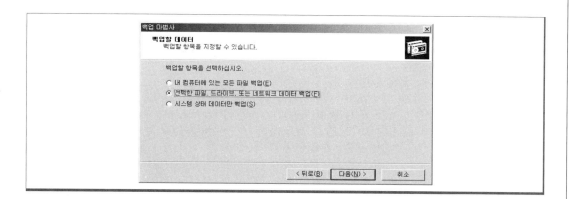

4. 저장할 위치를 묻는다(Where to backup). 'backup'이라고 이름을 정해 주었다.

5. '찾아보기'를 해서 정해주어도 된다.

6. 백업할 내용을 요약해주는 화면이 뜨고, 백업이 진행된 다음, 백업 완료 화면이 뜬다. 이 화면에 서 '고급'을 클릭해서 다른 설정을 해줄 수도 있다. 또한 백업 요약 화면에서 설정 변경 등을 다 시 조정해 줄 수도 있다.

2. 복구하기

1. 1번의 화면을 실행한 뒤 복구를 클릭한다. 복구 마법사가 뜬다. 백업과 반대이다. 백업한 것 중에 서 복구할 것을 선택 해준다. 여러 옵션을 줄 수도 있다.

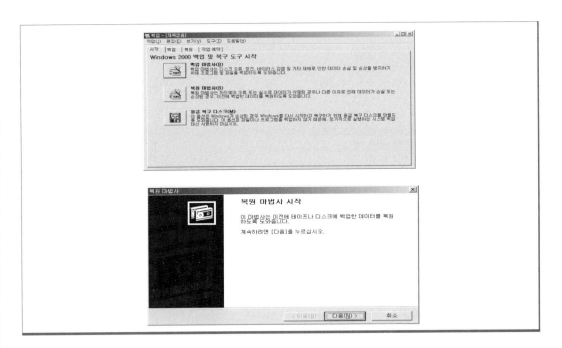

2. 이제 복구할 데이터를 선택해주는 화면이 뜬다. '찾아보기'에서 선택해 줄 수도 있다.

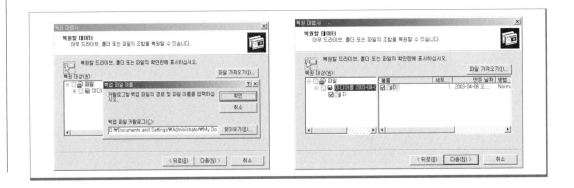

3. 복구 방법을 묻는 화면이 이어서 뜬다.

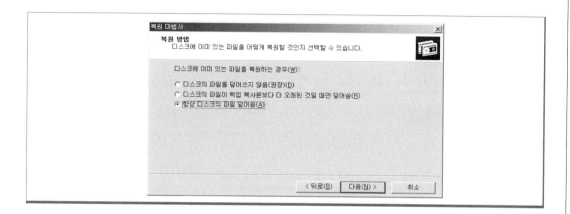

이때 '고급'을 클릭해서 다른 옵션으로 복원하게 해줄 수도 있다.

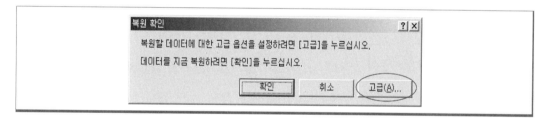

4. 복구가 진행되며, 완료 시 메시지를 보여준다.

5. 필요에 따라서 백업이나 복구를 '작업 예약'을 통해 예약해 둘 수도 있다.

6. VMware 사용하기

VMware는 기존의 OS가 있는 상태에서 별도의 화면에 새로운 OS가 나타나서(듀얼 부팅이 아님) 원하는 작업을 하게 해주는 매우 유용한 프로그램이다. VM은 Virtual Machine의 약자로 머신내의 또 다른 머신이 있는 셈이 다. 연구 실습에 더없이 좋다.

여기서는 Windows XP가 있는 상태에서 일반 프로그램 설치하듯이 VMware를 설치하고 그 속에 Red Hat Linux를 설치해보겠다.

1. VMware 설치하기

1. 일반 프로그램 설치하듯이 하면 된다.

2. 오른쪽이 설치 완료된 모습이다.

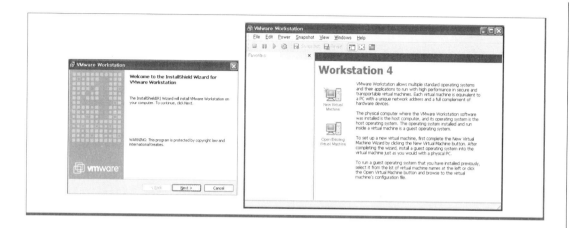

2. Linux 설치하기

1. 위 오른쪽 화면에서 'New Virtual Machine'을 클릭하면 설치 마법사가 나타난다. 설치 유형을 'Custom'으로 하면 여러 가지 운영체계 리스트가 나타난다. 이중에서 Linux를 선택했다.

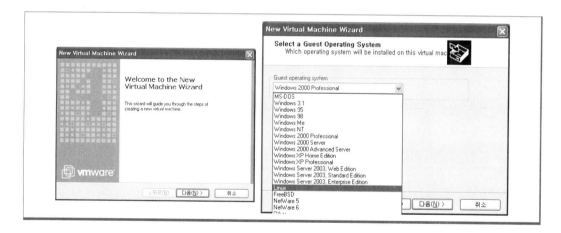

2. 이제 머신의 정보들을 보여준 뒤 Linux 설치가 시작된다.

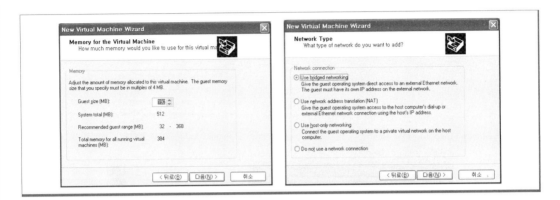

3. 설치가 완료되었다.

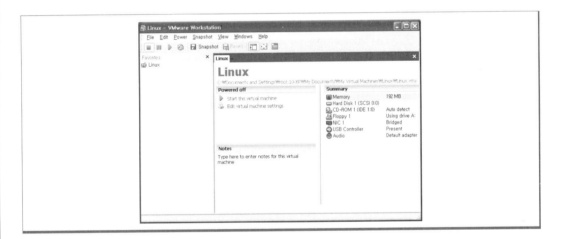

4. 이제 Linux 설치 CD를 CD-ROM에 넣고 설치하면 된다. 일반 Linux 설치과정과 같음을 알 수 있다.

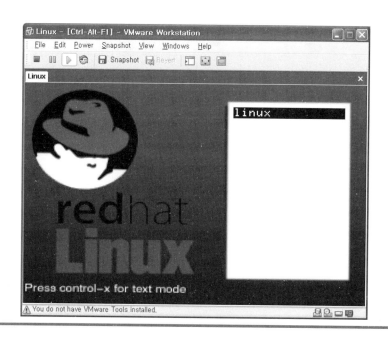

◉◉◯ 부품구별

1. 다음 중 어느 SCSI 타입이 단일 케이블에 어댑터를 포함해서 16개의 장치를 가질 수 있나?

   a. Ultra Wide SCSI   b. Fast SCSI   c. Ultra SCSI

   d. Fast Wide SCSI   e. Ultra 2 SCSI

2. SCSI ID 중에서 CD-ROM은 다음 중 어느 것인가?

   a. ID 0   b. ID 5   c. ID 2   d. ID3

3. CD-ROM에서 디스크에 액세스해서 장치를 읽어주는 부품을 무엇이라 하는가?

   a. Read/Write actuator   b. Mechanical Frame

   c. Head Actuator   d. Disk Spindle

4. 다음 중에서 40Mbps를 전송하며 케이블이 12m인 것은?

   a. SCSI-2   b. Ultra 2 SCSI

   c. Ultra Wide SCSI   d. Fast SCSI   e. Ultra SCSI f. Fast Wide SCSI

5. 다음 마더보드 타입은?

   a. BTX   b. AT   c. NLX   d. ATX

6. Baby AT와 ATX 마더보드의 가장 큰 차이는?

   a. Baby AT 보드는 두 개의 확장카드를 낄 수 있지만 ATX 보드는 하나나 두 개만을 낄 수 있다.

   b. Baby AT 보드에서는 CPU, RAM 그리고 확장카드 슬롯이 한 줄로 정렬되어 있지만 ATX 보드에서는 CPU와 RAM 슬롯이 확장카드의 오른쪽에 자리하고 있다.

   c. ATX 보드는 두 개의 확장카드를 낄 수 있지만 Baby AT 보드는 하나나 두 개만을 낄 수 있다.

   d. Baby AT 보드는 20-pin을 전원선을 갖지만, ATX 보드는 12-pin의 전원선을 갖는다.

7. AGP x8 확장카드의 클럭 속도는?

   a. 66MHz   b. 133MHz   c. 266MHz   d. 533MHz

8. 다음 그림에서 RAM을 끼우는 곳은?

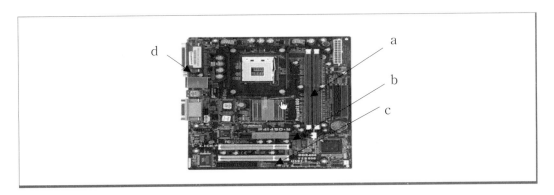

9. 다음 마더보드 중에서 IDE 커넥터와 관련된 것은?

   a. PCI 버스   b. 노스브리지   c. ISA 버스   d. 사우스브리지

10. 다음 그림에서 CPU를 끼우는 곳은?

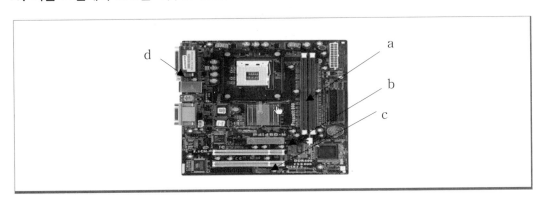

11. 마더보드에서 펌웨어를 업그레이드 해야 할 것은?

   a. BIOS를 flash한다.   b. CMOS 칩을 제거한다.

   c. BIOS를 교환한다.   d. CMOS를 재설정한다.

12. 전원공급기에의 출력을 매기는 방법은?

   a. Volt   b. Watt   c. Hz   d. Ohm

13. AT 보드에 전원공급기를 낄 때 P8/P9 커넥터에서 두 개를 꼭 나란히 끼워야 하는 전원 선은?

   a. 초록색   b. 흰색   c. 검정색   d. 갈색

14. 다음 중에서 3.4GHz Pentium 4에 쓰이는 소켓은?

   a. 소켓 423   b. 소켓 462   c. 소켓 478   d. 소켓 754

   e. 소켓 A

15. 2.8GHz Pentium IV에서 하이퍼 쓰레딩(Hyper Threading)을 사용안함(disabled)시키는 방법은?

   a. BIOS에서   b. 장치관지자에서

   c. 마더보드에서   d. 2.8GHz는 Hyper Threading을 지원안함

16. DDR SDRAM의 어느 메모리 모듈이 SGRAM(Synchronous Graphics RAM)에 적합한가?

   a. EDO RAM   b. VRAM   c. 표준(FPM) DRAM   d. SGRAM

17. 다음 중 어느 메모리 모듈이 8ns DRAM 칩이며 125MHz에서 작동하는가?

   a. PC66   b. PC100   c. PC133   d. PC300

18. 다음 중 DIMM에 해당되는 것 두 개를 골라라.

   a. 30   b. 72   c. 144   d. 168

   e. 184

19. 다음 중 메모리 모듈이 짝으로 설치되어져야만 하는 것은?

   a. 72-pin SIMM   b. 168-pin DIMM

   c. 184-pin DIMM   d. 184-pin RIMM

20. 다음 중 RIMM 모듈의 대역폭은?

    a. 8-bits   b. 16-bits   c. 32-bits   d. 64-bits

21. 다음 중 168-pin 16-bits 메모리 모듈은?

    a. SIMM   b. DIMM   c. RIMM   e. SODIMM

22. 다음 중 S-Video 커넥터는?

    a. a   b. b   c. c   d. d

23. DB-15 암컷 소켓으로 세 줄로 되어있는 것은?

    a. EGA/CGA 포트   b. 네트워크 transceiver 포트

    c. VGA/SVGA 포트   d. 조이스틱 포트

24. 다음 중 VGA 커넥터는?

    a. a   b. b   c. c   d. d

25. 다음 디스플레이 중에서 책상의 공간을 가장 적게 차지하는 것은?

    a. 단말기(terminal)   b. LCD   c. CRT   d. LED

26. AHA-1542 SCSI 어댑터에 연결되어 있는 내장과 외장 SCSI 장치의 설치가 끝난 뒤에 보니 아무장치도 작동되지 않고 있다면 무엇부터 점검해 보아야 하나?

    a. 모든 장치를 뽑고 다시 시작한다.   b. 어댑터를 빼고 새것으로 바꾼다.

    c. SCSI ID를 변경한다.   d. 어댑터의 종단장치(terminator)를 끼운다.

27. 다음 중에서 400Mbps에 63개의 장치를 지원해주는 것은?

   a. USB1.1   b. USB2.0   c. IEEE1394   d. Ultra SCSI 2

28. 머신에서 키보드의 포트 색상은 무엇인가?

   a. 분홍색   b. 파란색   c. 초록색   d. 보라색

29. 시리얼포트에 사용되는 커넥터는? (모두 골라라)

   a. DB-9 암컷   b. DB-25 숫컷

   c. DB-15 암컷   d. DB-9 숫컷

   e. DB-25 암컷

30. DB-25 암컷은 다음 중 어디에 쓰일 수 있나?

   a. 병렬케이블   b. SCSI 커넥터

   c. 병렬포트   d. EGA/CGA 포트

   e. VGA/SVGA 포트

31. 다음 중 마우스를 머신에 연결할 수 있는 방법은? (모두 골라라)

   a. 6-pin Mini DIN 커넥터   b. DIN-5 커넥터

   c. DB-9-to-25-pin 어댑터   d. DIN-9 커넥터

32. Mini-DIN 6 커넥터로써 마우스로 사용되는 포트의 색깔은?

   a. 분홍색   b. 파란색   c. 초록색   d. 보라색

33. 다음 포트 중에서 시리얼포트(COM 포트, RS-232포트)는?

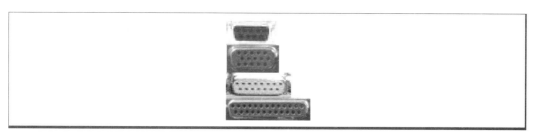

   a. a   b. b   c. c   d. d

34. 다음 포트 중에서 병렬포트(LPT 포트, IEEE 1284 포트)는?

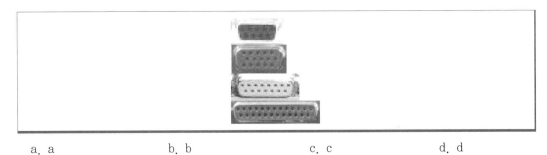

a. a   b. b   c. c   d. d

35. 다음 중에서 AT 키보트 포트는?

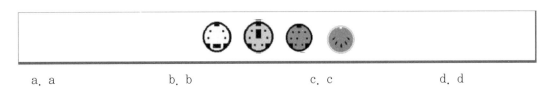

a. a   b. b   c. c   d. d

36. 다음 중에서 Apple Macintosh 머신의 시리얼 포트는?

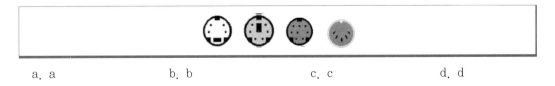

a. a   b. b   c. c   d. d

37. 머신에 CPU를 새로이 설치할 때 CPU에 직접 닿는 것은?

    a. 냉각 액체

    b. 더말 컴파운드(thermal compound)

    c. 히트싱크(heat sink)

    d. 팬

38. IDE 장치를 설치하려고 봤을 때 방향을 잡아주는 키가 없음을 알았다면, 이 경우에 케이블을 끼는 방법에 관해 옳은 것 모두를 골라라.

    a. 케이블의 붉은 줄무늬(stripe)를 찾아서 장치의 pin-1에 맞춘다.

    b. 어느 방향으로 끼워도 무관하다.

    c. 붉은 줄무늬가 없다면 파란 줄무늬를 찾아서 장치의 pin-1에 맞춘다.

    d. 새로운 케이블을 장만한다.

39. SCSI 장치를 설치할 때 반드시 해주어야 할 일은?

    a. 마스터/슬레이브 점퍼세팅

    b. 디스크를 로우레벨 포맷한다.

    c. 각 SCSI 장치에 고유 ID를 할당하게 해준다.

    d. CMOS 설정에서 드라이브 타입을 잡아준다.

40. 다음 중 IDE 장치에 관해 마스터/슬레이브의 연결에 대해 올바른 순서는?

    a. 케이스에 디스크를 장착하고 케이블을 연결한 뒤 드라이버를 잡아준다.

    b. 케이스에 디스크를 장착하고 40-pin 케이블로 연결한 뒤 케이블 끝의 장치를 마스터로 해주고, 케이블 중간에 연결한 장치를 슬레이브로 해준다.

    c. 케이스에 디스크를 장착하고 케이블의 꼬여있는 부분 뒤에 마스터 드라이브를 연결한 뒤 슬레이브 드라이버를 꼬여있는 부분 전에 달아준다.

    d. 위의 것 모두 아니다.

41. 두 개의 IDE 드라이버에서 마스터와 슬레이브를 정해주는 것은?

    a. 케이블의 꼬인 곳

    b. 어느 장치가 먼저 연결되느냐에 따라

    c. 점퍼세팅으로

    d. BIOS로

42. 두 번째 하드디스크를 연결했는데 머신이 인식하지 못했다. 케이블과 점퍼 세팅도 정상이었다면 어디서 이 문제를 풀어야 할까?

    a. 하드디스크가 포맷되었는지 확인

    b. MBR 업데이트

    c. 하드디스크가 활성화(active)되어 있는지 확인

    d. BIOS가 두 번째 하드 디스크를 감지하게 설정되어있나 확인

43. 랩톱에 이중 모니터를 설정하려고 한다. 바탕화면에 마우스 오른쪽 클릭하고 '속성'으로 간 뒤 '디스플레이 등록정보'로 가서 '설정'으로 간 다음 무엇을 해주어야 하나?

    a. 모니터 찾기를 선택 한다.

    b. '두 번째 디스플레이'를 선택하고 '화면에 맞게 확장'에 체크해준다.

    c. '화면 해상도'와 '색 품질'을 설정해준다.

    d. '이중화면' 보기를 선택 한다.

44. Windows XP에서 비디오 드라이버를 업그레이드했는데 이제 모신이 제대로 부팅되지 않는다면 무엇을 먼저 해봐야 하나?

    a. '마지막으로 성공한 구성'(Last Known Good Configuration)으로 되돌아간다.

    b. 복구콘솔(Recovery Console)을 실행한다.

    c. 안전모드에서 머신을 시작한 뒤 드라이버 롤백(Roll Back)해준다.

    d. 운영체제를 재설치 한다.

45. 새로운 멀티미디어 장치를 설치하려고 한다면 다음 중 어느 것을 고려해두어야 하는가? (두개를 골라라)

    a. 장치의 제조업체　　　　　　　　b. 장치의 물리적 크기

    c. 운영체제가 지원하는지 여부　　　d. 품질보증 기간

46. 하드웨어 업그레이드를 하려고 한다. 무엇을 먼저 염두에 두어야 하나?

    a. 모든 데이터를 백업한다.

    b. RAM의 용량을 정한다.

    c. 하드디스크 에러를 점검한다.

    d. 최신 BIOS와 드라이버를 다운받아 둔다.

47. 컴퓨터의 문제해결 과정에서 쓸데없는 노력을 줄이게 하는 가장 좋은 방법은 무엇인가?

    a. 수리활동과 수리결과를 기록해둔다.　　b. 문제와 해결책을 확인한다.

    c. 결과를 확인한다.　　　　　　　　　　d. 수리과정을 확인해본다.

48. 컴퓨터에 문제가 있다는 고객에게 문제해결을 위해 컴퓨터 전문가로써 물을 수 있는 질문들은? (있는대로 골라라)

    a. 문제를 보여주실 수 있습니까?　　　　b. 얼마를 주고 머신을 사셨나요?

    c. 최근에 어느 소프트웨어를 설치했었나요?　d. 어디서 머신을 사셨나요?

    e. 최근에 머신에 어느 변화를 주었나요?

49. 컴퓨터의 문제를 가지고 있는 사용자와 대화 한 후에 어떤 문제해결이 뒤따를 수 있나?

    a. 문제에 관한 정보를 모은다.　　　　b. 문제를 호소하는 사용자와 대화하기

    c. 문제의 가능한 원인을 찾아내기　　d. 가능성을 제거하기

    e. 알아낸 것과 해결책을 문서화하기

50. 모니터에 문제가 있다는 사용자에게 물을 수 있는 처음 두 가지 질문은?

　a. 모니터 전원이 끼워져 있나요?

　b. 컬러세팅을 확인해 보았나요?

　c. 밝기와 명암을 좀 낮춰보셨나요?

　d. 어느 타입의 머신을 가지고 있나요?

51. 두 번째 IDE 컨트롤러에 연결된 두 개의 새 장치가 작동하지 않는다면 어는 것이 문제일까? (해당되는 것 모두를 골라라)

　a. 두 장치가 모두 마스터로 설정되어서

　b. 리본케이블에 꼬임이 없는 것이라서

　c. 두 장치가 모두 슬레이브로 설정되어 있어서

　d. 케이블의 붉은 줄무늬 있는 쪽이 pin-1에 연결되어있다.

52. 전원공급기에 이상이 있을 때 처리하는 가장 좋은 방법은?

　a. 전기 수리센터에 보낸다.　　　　　　b. 스스로 고쳐본다.

　c. 전원공급기를 교체한다.　　　　　　d. 컴퓨터를 교체한다.

53. 머신에서 전원공급기의 팬이 돌지 않고 모니터가 하얗게 되어 있다면 무엇이 문제일까?

　a. 마더보드의 BIOS를 업그레이드해야한다.　　b. 모니터가 잘못되었다.

　c. 머신의 전원이 빠져있다.　　　　　　d. 전원공급기가 나쁘다.

54. 이제껏 잘되던 머신이 부팅시 짧은 비프beep)음을 한번 내더니만 모니터 스크린에 아무것도 나타나지 않고 있다면 무엇을 점검해 보아야 할까?

　a. 느슨해져있는 선을 점검해본다.　　　b. 모니터를 바꾼다.

　c. 비디오어댑터에 문제가 있다.　　　　d. 이것들 모두 아니다.

55. 새로운 IDE 하드드라이버가 인식되지 않을 때 점검해야할 첫 번째 일은?

　a. BIOS　　　　　　　　　　　　　b. 케이블

　c. 점피세팅　　　　　　　　　　　　d. 드라이브

56. 머신이 저절로 리부팅된다면 다음 중에서 무엇이 문제일까?

   a. CPU 과열

   b. 전원공급기 이상

   c. 불충분한 메모리용량

   d. 새로 설치한 소프트웨어

57. Windows XP 머신에 새로운 NIC(Network Interface Card)를 설치한 후에 머신이 계속해서 리부팅되고 있다면 무엇을 먼저 해보아야 하나?

   a. 운영체제를 재설치한다.

   b. NIC의 드라이버를 재설치한다.

   c. '마지막으로 성공한 구성' (last known good)을 사용한다.

   d. NIC을 제거한다.

58. 새로운 머신을 셋업한 후에 보니 USB 장치들이 작동하지 않는 것으로 보였다면, 다음 중에서 무엇을 먼저 해 보아야 하는가?

   a. USB 장치를 빼서 다른 머신에 끼워 테스트 해본다.

   b. USB 케이블을 바꾼다.

   c. 시스템 BIOS에서 USB가 사용함(enabled)로 되어있나 확인한다.

   d. 마더보드에 USB 케이블이 제대로 끼워있나 확인한다.

59. 어느 회사에 무선 802.11g 네트워크 어댑터가 달려있는 워크스테이션이 대 여섯대 있는데, 점심시간 때쯤이면 항상 연결이 나빠진다는 불만이 접수되곤 한다. 네트워크 관리자로써 무엇을 해보아야 할까?

   a. WAP를 802.11b WAP으로 바꿔본다.

   b. WAP 주변의 RFI(Radio Frequency interference)을 줄여본다.

   c. Ad-hoc 모드로 무선 워크스테이션과 WAP이 작동되게 조정해본다.

   d. WAP를 네트워크에 직접 연결해본다.

60. 하드웨어에 예방적 관리차원에서 해야 할 것 두 개를 아래에서 고르시오.

   a. 머신 주변을 점검해본다.

   b. 운영체제와 하드웨어 호환성을 확인한다.

   c. 케이블을 바꾼다.

   d. 바이러스 감염을 확인한다.

61. 모니터를 청소할 때 어떤 청소법을 사용해야 하나?

 a. 부드러운 솔

 b. 검불 없는(lint-free) 천

 c. 적신 스펀지

 d. 모니터 화면에 압축공기 분사

62. 정전기를 일으키는 곳에 있는 머신을 수리하고자 할 때 손목 스트랩(wrist strap)이외에 다음 중 어느 것들을 사용할 수 있나? (두개를 골라라)

 a. ESD 스트랩에 연결 된 ESD 매트를 사용한다.

 b. 작업대의 접지부분을 만진다.

 c. 적절히 접지되어져 있는 전원공급기의 금속부분을 만진다.

 d. 작업공간의 습도를 높인다.

63. 항상 조정을 해주어도 머신 재부팅 때마다 시각과 날짜가 항상 틀리다는 불평을 받는다면 컴퓨터기술자로써 다음 중 무엇을 수리해야 하는가?

 a. 새로운 보드로 교환해준다.

 b. 하드디스크를 점검한다.

 c. 새로운 디스크에 운영체제를 설치해서 달아준다.

 d. to CMOS 배터리로 교환해준다.

◉ ◉ ○ 이동용 장치

64. 랩톱에서 주로 쓰이는 메모리 모듈은?

 a. DIMM(Dual Inline Memory Module)

 b. SODIMM(Small Outline DIMM)

 c. SIMM(Single Inline Memory Module)

 d. RIMM(Rambus Inline Memory Module)

65. 여러 가지 PC Card 타입에서 다른 타입 모두가 끼워질 수 있는 타입은?

 a. Type I

 b. Type II

 c. Type III

 d. 이것들 모두 아니다.

66. 다음 랩톱의 포트들 중에서 시리얼 마우스를 길 수 있는 곳은?

   a. a   b. b   c. c

   d. d   e. e

67. 200-pin SODIMM 모듈의 대역폭은?

   a. 8-bits   b. 16-bits   c. 32-bits   d. 64-bits

68. 프린터, 키보드, 마우스 등을 랩톱에 무선으로 연결시키고자 한다. 다음 중에서 이에 가장 좋은 무선 네트워크 환경은?

   a. 802.11x   b. 블루투스   c. ADSL   d. IrDA

69. 랩톱의 메모리를 업그레이드 시킨 후에 터치패드는 작동하는데 키보드가 작동하지 않는다면 무엇이 가장 문제일까?

   a. RAM이 올바로 끼워지지 않았다.

   b. 키보트 커넥터가 교체되어져야 한다.

   c. RAM 타입이 맞지 않는다.

   d. 키보드가 제대로 연결되지 않았다.

70. 랩톱 비디오 카드에서 가장 일반적인 비디오 RAM은?

   a. DDR SDRAM   b. SODIMM   c. SIMM   d. DIMM

71. 랩톱의 내장 하드 디스크 드라이버는 다음 중 어느 것인가?

   a. SCSI   b. PATA   c. IEEE 1394   d. FireWire

72. 랩톱과 데스크톱에서의 프로세서의 가장 큰 차이는?

   a. 전력소모와 열발생   b. 이동성과 클럭 속도   c. L2 캐시와 클럭 속도

   d. 전력소모와 전면 버스 스피드   e. L2 캐시와 전면 버스 스피드

73. 랩톱이나 노트북 머신에 전원을 주기위한 방법으로 가장 좋은 것 두 가지를 골라라.

   a. 표준 AA 배터리   b. AC 전력   c. 도킹스테이션   d. 배터리

74. 랩톱이나 노트북에서 광학마우스처럼 보이는 지시장치로 일반 마우스의 작동법과는 다르게 사용하는 것은?

    a. 마우스   b. 트랙볼

    c. 터치스크린   d. 드로잉태블릿(drawing tablet)

75. Windows XP 랩톱에서 어디에서 Hibernation을 가능하게 할 수 있나?

    a. 화면보호기   b. 시스템 BIOS

    c. 전원관리   d. 전원구성표(power scheme)

76. 다음 중에서 배터리의 수명이 가장 짧은 것은?

    a. NiMH   b. NiCd   c. Ni-Li   d. Li-Ion

77. Windows XP 랩톱 머신에서 이동용 장치를 제거할 때 취해야 할 첫 단계는?

    a. '하드웨어 안전제거' 아이콘을 사용한다.

    b. 장치의 전원을 수동으로 끈다.

    c. 제어판의 '하드웨어 추가/제거' 애플릿을 사용한다.

    d. '장치관리자'에서 해당 장치를 사용안함(disabled)로 해놓는다.

78. 노트북에 연결된 무전원 4 포트 허브에 포터블프린터를 연결했더니 프린팅을 할 수 없었다. 무엇이 문제일까?

    a. 프린터 드라이버가 적절히 설치되지 않았다.

    b. 프린터에 USB 케이블이 없다.

    c. 프린터 카트리지를 청소해야 한다.

    d. 포터블프린터는 USB 허브를 통해서 더 전원을 많이 받아야 하므로 전원공급의 문제이다.

79. 무선 IrDA(Infrared Data Association) 프린터의 위치를 옮긴 후에 더 이상 랩톱에서 프린팅이 되지 않는다는 고객에게, 다음 중에서 가장 원인이 될만한 것은?

    a. 프린터가 랩톱에서 1m 이상인가

    b. 프린터 드라이버가 제대로 설치되어 있나

    c. 랩톱을 재부팅해보았나

    d. 프린터를 재설치 해 보았나

80. 하나의 Type II 커넥션을 가지고 있는 노트북에 1 cm 두께로 Type II와 그 이상을 사용할 수 있는 다기능 PCMCIA 카드를 사서 끼웠더니 이 PCMCIA 카드가 노트북 슬롯에 맞지 않았다면 무엇이 문제일까?

    a. 리거시한 Pentium 계열의 노트북은 한 가지 기능의 PCMCIA 카드만을 지원하기 때문이다.

    b. 이 노트북에 반드시 병렬포트가 있어야만 했다.

    c. 이 PCMCIA 카드는 두개의 Type II나 단일 Type III 슬롯을 필요로 하기 때문이다.

    d. 이 PCMCIA 카드는 Slot 1(SC242)을 가지고 있어야한다.

81. 두 개의 PCMCIA 슬롯을 가지고 있는 노트북을 가장 잘 지원해주는 구성은? (두개를 골라라)

    a. 두 개의 Type II PCMCIA 카드

    b. 하나의 Type III PCMCIA 카드

    c. 하나의 Type II와 하나의 Type III PCMCIA 카드

    d. 우개의 Type I PCMCIA 카드

82. 1.4GHz 랩톱이 800MHz에서 작동되고 있다면 가장 원인이 될 만한 것은?

    a. 프로세서 스로틀링(throttling) 기술이 사용되어서

    b. 맞지 않는 프로세서가 설치되어서

    c. 점퍼가 틀리게 설정되어서

    d. 하이퍼쓰레딩(hyper-threading) 기술이 사용되어서

83. 랩톱에 문자 등을 타이핑할 때 알수없는 이상한 글자들이나 숫자가 화면에 보인다면 무엇이 문제일까?

    a. Num Lock이 설정되어서

    b. Caps Lock이 설정되어서

    c. F Lock이 설정되어서

    d. Scroll Lock이 설정되어서

84. 어느 랩톱 사용자의 머신을 켰을 때 냉각팬에서 무척 소음이 났지만 5분 후에 사라졌다. 무엇이 문제였다고 생각하나?

    a. 팬은 전원을 켰을 때 시끄럽다가 나중에는 들리지 않게 되어있다.

    b. 팬이 잘못되었고 막힌 것을 불어 보냈으므로 더 이상 사용할 필요가 없어져서

    c. 랩톱이 서서히 워밍업되면서 자동적으로 팬이 켜졌다 꺼졌다 하기 때문이다.

    d. 팬이 완전히 멈췄고 랩톱은 열에 의해 손상을 입기 전에 수리를 받아야 한다.

85. LCD 모니터를 닦는 가장 좋은 방법은?

   a. 유리세정제를 부드러운 천에 분사한 뒤 부드럽게 표면을 닦아준다.

   b. 특수 방전 청소기(anti-static vacuum)이 화면에 닿아서는 안된다.

   c. 화면에 닿는 것을 피하기 위해 압축공기를 사용한다.

   d. 약간의 물을 뿌린 부드러운 천으로 표면을 부드럽게 닦아준다.

86. 랩톱의 과열을 막기 위해서 무엇을 해주어야 하나?

   a. 통풍구가 방해받지 않아야 한다.

   b. 머신이 켜져 있을 때 랩톱을 옮기지 말아야 한다.

   c. 머신을 30분간 꺼놔야 한다.

   d. 단단한 표면 위에서 머신을 사용해야한다.

87. 랩톱의 LCD 화면을 닦기 위해서 다음 중에서 어느 것이 가장 좋은 방법인가?

   a. 미지근한 비눗물   b. 암모니아 솔벤트

   c. 표백제나 할로겐 페록사이드(peroxide)   d. 알콜이 없는 세척제

88. 랩톱의 배터리가 충분히 충전되지 않고 있다면 무엇을 가장 먼저 해주어야 하나?

   a. AC 어댑터를 바꾼다.   b. 배터리를 바꾼다.

   c. 배터리량 측정기를 실행한다.   d. 배터리를 재충전한다.

89. 랩톱 배터리가 제대로 작동되지 않고 있다는 첫 증상은 무엇인가?

   a. AC 어댑터가 뜨거워졌다.

   b. 머신이 시작 때 비프(beep) 음을 낸다.

   c. 머신이 AC 어댑터에 끼워졌어도 시작되지 않는다.

   d. AC 어댑터를 뺏을 때 머신이 꺼진다.

90. 랩톱 내부의 먼지를 제거하기 위해서 어떻게 하는 것이 좋은 지 다음 중에서 두가지를 골라라

   a. 알콜 면봉

   b. 압축공기

   c. 약하게 먼지를 불어낸다.

   d. 시스템의 밖으로 먼지를 빨아들인다.

◉◉○ 운영체제

91. Windows 95 Home 컴퓨터에 하드웨어를 업그레이드 시킨 후 운영체제를 업그레이드 시키려
고 한다. 다음 중에서 어느 운영체제가 적절할까? (두개를 고르시오)

　a. Windows NT Workstation　　　　b. Windows 98

　c. Windows ME　　　　　　　　　　d. Windows 2000

92. 컴퓨터의 모든 드라이브나 일부를 할당해주는 과정을 무엇이라 부르는가?

　a. 포맷　　　　　　　　　　　　　　b. 수정

　c. 파티션　　　　　　　　　　　　　d. 이것들 모두 아님

93. Windows 95/98에서 시동 디스켓을 만들려고 한다면 어떻게 해야하나?

　a. DOS에서 시스템파일을 디스켓에 복사한다.

　b. '프로그램 추가/제거' 아이콘에서 '시동 디스크' 탭을 클릭해준다.

　c. '프로그램 추가/제거' 아이콘에서 '윈도우즈 설치' 탭을 클릭해준다.

　d. 이것들 모두 아니다.

94. Windows 2000에서 시동 디스켓을 만들 수 있는 곳은?

　a. '장치관리자'탭에서　　　　　　　b. '프로그램 추가/제거'탭에서

　c. '시스템 도구'의 '백업'에서　　　d. '컴퓨터 관리'의 '이벤트 뷰어'탭에서

95. 다음 중에서 FAT 32를 지원하지 않는 OS(운영체제)는?

　a. Windows 98　　　　　　　　　　b. Windows 95 버전1

　c. Windows 2000　　　　　　　　　d. 이것들 모두 아니다.

96. 레지스트리에서 파일 확장자를 가지고 있는 키는?

　a. HKEY_CURRENT_USER　　　　　b. HKEY_USERS

　c. HKEY_LOCAL_MACHINE　　　　　d. HKEY_CLASSES_ROOT

97. 레지스트리에서 동적으로 PnP(Plug and Play) 하드웨어 세팅을 가지고있는 키는?

　a. HKEY_CURRENT_CONFIG　　　　b. HKEY_LOCAL_MACHINE

　c. HKEY_CLASSES_ROOT　　　　　d. HKEY_DYN_DATA

98. 다음 중에서 Windows 98을 부팅시켜주는 시스템 파일은? (있는 대로 골라라)

   a. IO.SYS   b. AUTOEXEC.BAT   c. WIN.COM

   d. COMMAND.COM   e. MSDOS.SYS

99. Windows 98의 부팅과정에서 WIN.COM 파일의 용도는?

   a. 보호모드(protected mode)단계로 가게 한다.

   b. DOS와 Windows 3x 운영체제를 실행하게 하는 정보를 가지고 있다.

   c. AUTOEXEC.BAT 파일로부터 시스템 환경에 적합한 정보와 장치 드라이버를 가져온다.

   d. 부팅과정에서 특별한 프로그램을 실행하는데 사용된다.

100. Windows 2000 EIDE의 운영시스템에서 단일 운영체제 부팅에 문제가 있다면 어느 파일이 없을 때인가?

   a. HAL.DLL   b. WIN.COM

   c. NTBOOTDD.SYS   d. BOOTSECT.DOS

101. Windows 부팅 시 고급 옵션에 해당되지 않는 것은? (두개를 골라라)

   a. 명령어 사용 디버그 모드   b. 고급시작 옵션으로 F8 키 누르기

   c. 마지막으로 성공한 구성   d. 디렉토리 서비스 복원모드

102. '장치 관리자'에 들어가기 위해서 _____을(를) 오른쪽 마우스 클릭 후 _____을(를) 선택한 다음 '장치 관리자'를 클릭한다. (다음 중에서 두개 선택)

   a. 내 컴퓨터   b. 관리도구   c. 이벤트 뷰어

   d. 속성   e. 컴퓨터 관리

103. 하드웨어에 설정을 바꾸려고 한다. 어디를 보아야 하나? (해당되는 것 모두를 골라라)

   a. 장치관리자   b. 관리도구   c. 새 하드웨어 추가

   d. 성능   e. 이것을 모두 아니다.

104. Windows XP에 새로운 하드웨어 징치를 추가했을 때 스스로 하드웨어를 검색했다면 어느 기능 때문일까?

   a. 플러그 앤 플레이   b. 하드웨어 추가 마법사

   c. 장치 관리자   d. 제어판

105. Windows XP에서 Windows키와 L키를 조합하면 어떻게 될까?

    a. '시작' 메뉴가 열린다.   b. 현재 사용자를 로그오프시킨다.

    c. 바탕화면을 리프레쉬(refresh)한다.   d. 머신을 잠근다(lock-up).

106. 다음 중에서 Windows 구성파일은?

    a. INI 파일과 System Registry 파일들   b. AUTOEXRC.BAT

    c. CONFIG.SYS   d. 이들들 모두 아니다.

107. 다음 중에서 어느 것이 여러 파일들과 디렉토리들을 쉽게 복사하게 해주나?

    a. XCOPY.EXE   b. AUTOEXEC.BAT

    c. CONFIG.SYS   d. SMARTDRV.EXE

108. 다음 중에서 FAT 파일시스템의 특징은?

    a. 압축, 암호화, 디스크 할당량(disk quota), 파일소유권

    b. 시스템 리소스에 대한 파일레벨 보안

    c. DOS와 Windows 9x 듀얼부트(dual boot) 구성 지원

    d. 이것들 모두 아니다.

109. Windows 2000의 NTFS 파일시스템의 장점은? (해당되는 것 모두를 골라라)

    a. NTFS는 대용량 드라이브에 데이터 저장과 추출을 더욱 쉽게 해준다.

    b. NTFS는 FAT32보다 더 많은 RAM을 지원한다.

    c. NTFS로 업그레이드하면 파일 보안, 디스크 할당량과 디스크 압축을 지원해준다.

    d. FAT로 파일 전환이 가능하다.

    e. 이것들 모두 아니다.

110. Windows 2000 유틸리티 중에서 사용자가 단일 그래픽 모드에서 파일과 디렉토리를 관리하게 해주는 것은?

    a. 이벤트 뷰어   b. 파일매니저   c. Windows 익스플러

    d. 시스템매니저   e. 레지스트리

111. 사용자의 머신에 공유된 것들을 빠르게 볼 수 있는 곳은?

   a. 성능로그와 경고   b. 디스크 관리

   c. 로컬 사용자와 그룹   d. 공유문서

112. 부팅 가능한 CD로부터 부팅하기 위해서 반드시 사전에 해야 할 일은?

   a. 하드 디스크는 NTFS로 포맷되어 있어야 한다.

   b. BIOS에서 부팅 순서가 CD-ROM〉C: 〉A:등으로 되어 있어야한다.

   c. 부팅과정동안에 F8키를 눌러야한다.

   d. 부팅디스켓을 만들어야한다.

113. Windows NT 시스템을 부팅되게 하는 파일은?

   a. SYSTEM.INI   b. SETUP.EXE

   c. AUTOEXEC.BAT   d. BOOT.INI

114. Windows 98로부터 Windows 2000으로 업그레이드를 하는 방법으로 가장 적절한 것은?

   a. Windows 2000 설치 CD로 부팅한다.

   b. Windows 98에 들어가 Windows 2000 Setup을 실행한다.

   c. Windows 2000 설치프로그램을 하드 드라이브에 복사한 다음 재시작한다.

   d. 이것들 모두 아니다.

115. SETUP.EXE는 컴퓨터시스템에 무엇을 복사해 두는가?

   a. 머신을 시작하고 실행하게 해주는 메모리매니저와 설정파일

   b. XCOPY.EXE로 실행 될 파일들

   c. Temporary 파일들

   d. AUTOEXEC.BAT와 CONFIG.SYS 파일

116. Windows 2000의 최소설치 디스크 공간은?

   a. 320MB   b. 1GB   c. 2GB   d. 1.5GB

117. Windows 2000과 호환되는 드라이버는 다음 중 어느 것인가?

   a. Windows NT 드라이버   b. Windows 9x

   c. Windows 3x   d. DOS

118. Windows 2000의 Setup을 시작하게 해주는 것은? (해당되는 것 모두를 골라라)

   a. Install
   b. WINNT32
   c. Setup
   d. WINNT
   e. WIN.INI
   f. SYSTEM.INI

119. Windows XP는 얼마만큼의 RAM을 지원할 수 있나?

   a. 1GB
   b. 2GB
   c. 4GB
   d. 8GB

120. Windows 드라이버 서명을 거치지 않은 부품을 사용했을 때 어디서 문제가 발생될 수 있나?

   a. 파일 삭제시
   b. 장치에 손상을 입힘
   c. 파일이 조각화됨
   d. 시스템 안정이 문제될 수 있음
   e. 시스템파일이 크로스링크(vross-linked)화 되기 쉬움

121. Windows의 부팅에 문제를 주는 드라이버를 제거하고자 한다면 무엇을 해야할까?

   a. '장치관리자'로 가서 살펴본다.
   b. '시스템 관리'로 가서 해당 서비스를 중지시킨다.
   c. '안전모드'로 들어가서 해당장치의 드라이버를 제거한다.
   d. 이것들 모두 아니다.

122. Windows XP에서 시스템 메모리를 너무 사용하는 프로그램으로 인한 문제를 구별해 내는 방법은?

   a. 작업관리자에서
   b. 제어판에서
   c. 컴퓨터 관리에서
   d. 장치관리자에서

123. Windows 부팅 과정에서 화면이 멈추며 사용자로 하여금 '마지막으로 성공한 구성'으로 되돌아가게 해주는 운영체제는?

   a. Windows 2000
   b. Windows XP
   c. Windows NT
   d. Windows 9x

124. '안전모드' 에서 사용하는 기본 모니터는?

   a. CGA
   b. VGA
   c. XGA
   d. EGA

125. 머신 부팅 시 "Non-system disk or disk error"라는 에러메시지를 받았다면 무엇이 문제일까?

　　a. 부트섹터에서 설치된 운영체제에서 찾지 못해서이다.

　　b. 메모리 크기가 잘못 인식되어서 이다.

　　c. BIOS가 잘못 설정되어서 이다.

　　d. 외장 장치의 하나에 문제가 있어서 이다.

126. 다음 중에서 전형적인 부트프로세스 실패의 증상은?

　　a. 자동 재부팅　　　　b. 머신 록업(lock-up)　　c. 빈 화면(blank screen)

　　d. 파란색 에러화면　　　e. 이것들 모두

127. "Kernel file is missing from disk" 에러 메시지를 받았다면 다음 중 그 원인은?

　　a. NTLDR.COM파일이 없다.

　　b. NTBOOTDD.SYS파일이 손상되었다.

　　c. NTDETECT.COM파일이 손상되었다.

　　d. BOOT.INI파일이 손상되었다.

128. 다음 중 SCSI 부트장치를 검색해주는 파일은?

　　a. BOOT.INI　　　　　　　　　　　　b. NTDETECT.COM

　　c. NTBOOTDD.SYS　　　　　　　　　d. NTLDR.COM

129. 다음 중에서 Windows XP 시스템을 부팅하지 못하게 하는 원인은? (해당되는 것 모두 골라라)

　　a. NTLDR파일 손상

　　b. CONFIG.SYS파일 손상

　　c. BOOT.INI파일 손상

　　d. AUTOEXEC. BAT파일 손상

　　e. WIN.COM파일 손상

130. 다음 중 새로운 폴더를 만드는 DOS 명령어는?

　　a. REN　　　　　　b. MD　　　　　　c. MSCDEX　　　　d. SCANREG

131. 컴퓨터의 하드드라이버를 검사해주는 명령어는?

　　a. SCANDISK　　　　b. DELTREE　　　　c. COPYDISK　　　d. FIND

132. Windows 9x에서 파일 문제나 디스크 에러를 점검하게 해주는 유틸리티는?

　　a. SCANDISK　　　　b. SCANREG　　　　c. FDISK　　　　d. REGEDIT

◉ ◉ ○　　프린터와 스캐너

133. 다음 중에서 레이저프린터에서 발견할 수 있는 것 두 개를 골라라.

　　a. HVPS(High Voltage Power Supply)　　　b. 잉크 리본

　　c. 토너 카트리지　　　　　　　　　　　　d. 데이지휠(daisy wheel)

　　e. 솔레노이드(solenoid)

134. 충격식 프린터에 대한 설명으로 맞는 것은?

　　a. 프린트헤드가 있다.　　　　　　　b. 토너가루가 있다.

　　c. 잉크리본이 있다.　　　　　　　　d. 잉크 카트리지가 있다.

135. 다음 중 페이퍼 프린팅 프린터는?

　　a. 레이저　　　　　b. 버블젯　　　　　c. 도트　　　　　d. 휠

136. 프린트헤드와 잉크서플라이(ink supply)를 사용하는 프린터는?

　　a. 레이저　　　　　b. 버블젯　　　　　c. 도트　　　　　d. 휠

137. 페이퍼 레지스트레이션 롤러(paper registration roller)가 있는 프린터는?

　　a. 데이지 휠　　　　b. 도트 매트릭스　　　c. 레이저　　　　d. 잉크젯

138. 다음 중 토너의 흐름을 더 좋게 해주는 것은?

　　a. iron oxide particles　　　　　　b. polyester resins

　　c. carbon　　　　　　　　　　　　d. laser

139. 다음 중 토너가 전기적으로 더 민감하게 해주는 것은?

　　a. iron oxide particles　　　　　　b. polyester resins

　　c. carbon　　　　　　　　　　　　d. laser

140. 다음 중 토너에게 색상을 주는 것은?

  a. iron oxide particles
          b. polyester resins

  c. carbon
          d. laser

141. 용지에 이미지가 나오게 하는 레이저는 프린팅 과정에서 어떻게 이 일을 하나?

  a. 드럼과의 전위차 이용
          b. 토너의 화학성분 이용

  c. 레진(resin)의 용융과정 이용
          d. 이것들 모두 아니다.

142. 다음 중에서 EP 프로세스에 의해 사용되지 전에 토너를 이동시키는 장치는?

  a. 드럼
          b. 디벨로퍼(developer)

  c. 토너카트리지
          d. 코로나 와이어(corona wire)

143. 다음 중에서 전위(charge)와 전송 코로나어셈블리(corona assembly)에게 전압을 주는 것은?

  a. 컨트롤러 회로(circuitry)
          b. HVPS(High Voltage Power Supply)

  c. DCPS(DC Power Supply)
          d. 전송 코로나

144. 다음 중에서 용지에게 전위를 주어서 토너가루가 붙게하는 부품은?

  a. HVPS
          b. 레이저

  c. 드럼
          d. 전송 코로나

145. 다음 중 용지의 전위를 없애주는 부품은?

  a. 정전기제거 스트립(static-charge eliminator strip)

  b. 고무 클리닝블레이드(rubber cleaning blade)

  c. 토너의 금속입자(iron particles)

  d. HVPS

146. 최근 프린터의 인터페이스(interface)형태로 무엇을 주로 사용하고 있나?

  a. 시리얼
          b. SCSI

  c. USB
          d. 병렬포트

147. USB 케이블을 통해 Windows XP 머신에 프린터가 연결되어 있는데 머신은 프린터를 인식하지만 프린터가 작동되지 않고 있다면 무엇이 가장 문제일까?

   a. 프린터가 잘못된 포트에 연결되어 있다.

   b. 장치 드라이버가 설치되지 않았다.

   c. 머신을 재부팅해야 한다.

   d. 프린터가 Windows XP와 호환되지 못하고 있다.

148. 한 번에 여러 장을 복사(multi-part forms)할 수 있는 프린터는?

   a. 도트매트릭스   b. 잉크젯

   c. 레이저   d. 버블젯

149. 만일 프린터가 완전한 색상을 내지 못하고 있다면 무엇을 우선 해주어야 하나?

   a. 프린트 헤드를 청소한다.

   b. 드라이버를 재설치한다.

   c. 컬러 카트리지를 교환한다.

   d. 계속해서 여러 장을 복사해본다.

150. 잉크젯 프린터로 인쇄를 했더니 인쇄물이 희미하고 선명하지 못하다면 무엇을 해보아야 하나?

   a. 용지를 더 공급한다.   b. 프리트 헤드를 청소한다.

   c. 전원을 점검한다.   d. 드라이버를 재설치한다.

151. 프린팅에서 낮은 해상도를 설정할 필요가 있는 경우는?

   a. 질이 나쁜 용지를 사용할 때

   b. 인쇄품질보다는 속도가 우선시될 때

   c. 토너카트리지의 토너량이 부족할 때

   d. 컴퓨터 시스템이 불안정할 때

152. 프린터에서 테스트페이지를 인쇄한 후 Windows로부터 인쇄를 하지 못하고 있다면 무엇부터 점검해 보아야 하나?

   a. 장치 드라이버   b. 케이블

   c. 토너 카트리지   d. 용지함

153. 프린터에 숫자로 된 에러코드가 뜨고서는 인쇄가 멈췄다면 무엇을 해주어야 하나?

a. 테스트페이지를 인쇄해본다.

b. MS Windows Help파일을 본다.

c. 프린터의 서비스 매뉴얼을 본다.

d. 기본설정(default setting)으로 구성해준다.

154. 퓨징 어셈블리(fusing assembly)에 문제가 있을 때 일어나는 현상은?

a. 픽업(pick-up)어셈블리가 닳는다.

b. 용지가 번져나오며 토너가 문질러져 있다.

c. 급지(paper feed) 에러로 표시된다.

d. 용지가 걸린다(paper jam).

155. 버블젯프린터에서 용지걸림은 주로 닳아진 픽업롤러에 의해 일어나는데 또 어떤 경우에 자주 발생하는가?

a. 용지에 과도한 잉크가 흐를 때

b. 용지의 규격이 잘못 되었을 때

c. 용지에 여러장이 동시에 들어가질 때

d. 프린트헤드가 급지 롤러에 닿았을 때

156. 고스트이미지(ghost image)는 이전 인쇄물의 이미지가 희미하게 나오는 경우를 말하는데 이것의 원인이 되는 것 두 가지를 골라라.

a. 불량한 이레이저 램프(eraser lamp)   b. 용지규격 오류

c. 불량한 클리닝블레이드(cleaning blade)   d. HVPS 불량

e. 전송 코로나와이어(corona wire)

157. 무선 IrDA 프린터를 옮기고 난 후에 랩톱에서 더 이상 프린팅을 못하고 있다면 다음 중에서 가장 문제가 될 만한 것은?

a. 프린터가 랩톱과 1m이상 떨어져 있다.

b. 프린터 드라이버가 제대로 설치되지 않았다.

c. 랩톱을 재부팅해보아야 한다.

d. 프린터 드라이버를 바꿔야 한다.

158. 인쇄물이 번져서 나온다면 무엇이 문제인가?

   a. 토너가 거의 없다.

   b. 토너 카트리지에 문제가 있다.

   c. 토너가루가 정전기를 잃어버렸다.

   d. 퓨저(fuser)가 충분히 열을 받지 못하고 있다.

159. 스캔된 문서의 일부나 모든 문자를 인식해서 변형할 수 있는 문자로 사용하게 해주는 것은?

   a. MCR(Multivariant Curve Resolution)

   b. OMR(Optical Mark Recognition)

   c. OCR(Optical Character Recognition)

   d. OCH(Optical Character Sharing)

160. 스캐너에서 사용되는 일반 드라이버는?

   a. PDF   b. RAW

   c. PNG   d. TWAIN

◉ ◯ ◯   네트워크

161. T1 인터넷 연결의 최대속도는?

   a. 1.544Mbps   b. 2.048Mbps   c. 44.736Mbps   d. 274.176Mbps

162. 다음 중에서 모뎀이 아닌 것은?

   a. ISDN   b. CSU/DSU   c. 케이블   d. DSL

163. 사설네트워크용으로 정해진 ip 블록은?

   a. 190.0.x.x   b. 240.0.x.x   c. 127.0.x.x   d. 192.168.x.x

164. 단일회선을 통해서 양방향으로 데이터를 전송할 수 있지만 동시에는 불가한 것은?

   a. 양방향(bi-directional)   b. 하프듀플렉스(half-duplex)

   c. 풀듀플렉스(full-duplex)   d. 다방향(multi-directional)

165. 다음 중에서 전송속도가 가장 빠른 것은?

  a. FireWire(IEEE1894b)   b. FireWire(IEEE1394)

  c. USB2.0   d. Ultra3 SCSI

166. 네트워크의 호스트들에게 자동으로 ip 주소를 할당해 주는 서비스는?

  a. ARP   b. DNS   c. DHCP   d. WINS

167. 인터넷에서 호스트나 도메인의 이름풀이(name resolution)를 해주는 것은?

  a. DHCP   b. DNS   c. WINS   d. NAT

168. Ethernet에서 사용되는 액세스 방법은?

  a. Token passing   b. Full-Duplex   c. CSMA/CD   d. CSMA/CA

169. 다음 Ethernet 케이블 중 200Mbps를 넘는 속도를 지원해 주는 것은?

  a. CAT3   b. CAT4   c. CAT5   d. CAT6

170. 다음 중에서 가장 긴 거리를 지원해주는 연결은?

  a. 동축(coaxial)케이블   b. 광(fiber-optic)케이블

  c. 꼬임쌍선(UTP)케이블   d. 무선(wireless)

171. 1000Base-TX네트워크의 최소케이블 등급은?

  a. CAT3   b. CAT5   c. CAT5e   d. CAT6

172. 두 개의 워크스테이션이 있는데 각각 100Base-T 네트워크카드에 물려있다. 이들을 허브나 스위치 없이 바로 연결시키고자 한다면 사용할 수 있는 케이블은?

  a. CAT3 크로스오버(crossover)   b. CAT5 크로스오버(crossover)

  c. CAT3 스트레이트(straight)   d. CAT5 스트레이트(straight)

173. 라우터 하나로 된 네트워크가 잇는데 확장을 위해서 누 번째 라우터를 연결하고자 한다면 이 라우터들끼리의 연결은 어느 방식이 좋겠는가?

  a. 패치(patch) 케이블   b. 크로스오버(crossover) 케이블

  c. CAT5 케이블   d. 이 둘을 서로 직접 연결할 수 없다.

174. 다음 중에서 가장 EMI(Electro-Magnetic Interference)에 약한 타입은?

    a. CAT UTP케이블   b. RG-8 동축케이블

    c. 싱글모드 광케이블   d. 멀티모드 광케이블

175. 100Base-TX 케이블의 최대 서비스 지원 길이는?

    a. 25m   b. 75m   c. 100m   d. 182m

    e. 550m

176. 다음 중 동축케이블을 사용하는 시스템은?

    a. 10BaseT   b. 10Base5   c. 100Base-CX   d. 1000Base-T

177. Gigabit Ethernet을 사용할 때 쓰이는 케이블은?

    a. CAT6   b. CAT5e   c. CAT5   d. CAT4

178. 10Base-2에 쓰이는 케이블 커넥터는?

    a. RJ-11   b. BNC   c. RJ-45   d. RJ-58

179. 1000Base-TX에 쓰이는 케이블은?

    a. MT-RJ   b. ST   c. RJ-11   d. RJ-45

180. IEEE 1394의 커넥터 핀 수는?

    a. 4-pin   b. 5-pin   c. 8-pin   d. 9-pin

181. 두 대의 Windows XP 머신을 라우터에 의해 브로드밴드 인터넷에 연결해서 사용한다면, 라우터를 어떻게 구성해야 하나?

    a. 모니터와 키보드를 라우터에 연결시킴으로써

    b. 둘 중 한 머신에서 '내 네트워크 환경'폴더로 들어가

    c. 제어판의 '네트워크연결' 애플릿에서

    d. 둘 중 한 머신에서 인터넷익스플러를 실행함으로써

182. 서로 다른 네트워크를 연결해주는 것은?

    a. 모뎀   b. 스위치   c. 게이트웨이   d. 브리지

183. 최고 54Mbps의 전송속도를 갖게하는 무선 표준은? (있는대로 고르시오)

    a. 802.11   b. 802.11a   c. 802.11b   d. 802.11g

184. IEEE 802.11g의 작동 주파수는?

    a. 2.4GHz   b. 4.0GHz   c. 5.0GHz   d. 10GHz

185. 다음 중에서 제일 느린 전송속도는?

    a. 802.11a   b. 802.11b

    c. 802.11g   d. 블루투스(bluetooth)

186. 다음 중 IEEE 802.11g 무선 네트워크에 가장 큰 간섭을 일으키는 것은?

    a. 블루투스 장치   b. TV 리모컨

    c. 전자렌지   d. IEEE 802.11a 장치

187. 네트워크카드(NIC)의 물리적 주소를 무엇이라 부르나?

    a. SPX 주소   b. UID   c. ip 주소   d. MAC 주소

188. 10명의 랩톱과 노트북 사용자를 가진 무선네트워크 환경에서 브리지나 라우터를 사용해서 인터넷에 연결해야 한다면 Ad-hoc과 인프라스트럭춰(infrastructure) 중에서 어떻게 하는 것이 관리에서나 사용자들에게 좋을까?

    a. Ad-hoc으로 한다.

    b. 각 5명씩을 두 그룹으로 해서 Ad-hoc으로 한다.

    c. 인프라스트럭춰로 한다.

    d. 각 5명씩 두 그룹으로 해서 인프라스트럭춰한다.

189. WLAN과 LAN을 연결하는 방법으로 어느 것이 좋은가?

    a. 브리지   b. 게이트웨이   c. 모뎀   d. 액세스포인트

190. 200대의 머신들이 허브에 묶여있는 네트워크에 네트워크 성능향상을 위해 업그레이드가 필요하게 되었는데 다음 중 어느 방법이 좋을까?

    a. 무선네트워크 어댑터   b. 스위치

    c. 라우터   d. 브리지

191. Windows XP 머신이 연결된 무선네트워크에서 속도와 신호의 크기를 알고 싶다면 어떻게 해야하나?

    a. 무선 액세스포인트의 '설정'에 들어가 본다.

    b. 무선 네트워크어댑터를 검사한다.

    c. 무선 네트워크어댑터의 '속성'으로 들어가 본다.

    d. 무선연결 마법사를 실행해본다.

192. 네트워크 관리자로써 두 대의 Windows XP 머신이 ip 주소 충돌을 일으킨다면 문제를 일으키는 머신을 어떤 명령어로 알아낼 수 있나?

    a. ping   b. arp -a   c. ipconfig /all   d. tracert

193. 네트워크 관리자로써 어느 워크스테이션과 서버의 연결을 확인해야할 필요가 있다면 어느 명령어를 사용하면 될까?

    a. ping   b. arp -a   c. ipconfig /all   d. tracert

194. 네트워크 관리자로써 새로운 머신에 NIC를 설치한 후 네트워크에 연결했더니 NIC의 신호 lcd 불빛이 바쁘게 계속해서 움직였다. 무엇이 문제일까?

    a. 데이터 전송이 일어나는 중이다.

    b. 전송 충돌이 일어났다.

    c. 네트워크 케이블이 나쁘다.

    d. 네트워크가 다운됐다.

195. 회사 인트라넷의 웹사이트에 연결할 수 없어서 호스트명으로는 해보았더니 웹서버에 연결할 수 있었다면 무엇이 문제일까?

    a. 워크스테이션의 HTTP가 다운됐다.

    b. DHCP 서버가 다운됐다.

    c. DNS 서버가 다운됐다.

    d. 웹서버가 다운됐다.

196. DNS 서버가 다운되었을 때 어떻게 웹사이트에 액세스할 수 있나?

    a. 웹서버의 MAC 주소로   b. SSL을 사용해서

    c. IPSec를 사용해서   d. 웹서버의 ip 주소로

197. Ethernet 인터페이스의 activity light이 켜져 있다면 이는 무엇을 의미하나?

   a. 머신에 전원이 들어왔다.

   b. 데이터 전송 중이다.

   c. 에러가 감지됐다.

   d. 네트워크 케이블이 빠졌다.

◉◐○ 네트워크 보안

198. 스마트카드를 사용해서 두 가지 요소로 인증을 받아야하는 장치는?

   a. 라우터

   b. 스위치와 브리지

   c. RAS(Remote Access Server)

   d. 모뎀

199. 네트워크 관리자로써 모바일 사용자를 위해 회사 서버에 원격접속하게 하는 방안을 고려하고 있는데 모바일 사용자들은 Ethernet어댑터의 랩톱을 이용해서 공유파일과 메일을 확인할 수 있어야 한다면 어떤 해결책을 사용해야하나? 랩톱의 반만 모뎀이 있다.

   a. ISDN(Integrated Services Digital Network)

   b. DUN(Dial-Up Network)

   c. SSL(Secure Sockets Layer)

   d. VPN(Virtual Private Network)

200. 회사의 네트워크 관리자.로써 VPN을 세우려고 한다. 어느 보안책을 고려해야 하나?

   a. 침입자가 VPN 트래픽을 가로채는 man in the middle식 공격에 대비

   b. 한정된 암호 키가 있으므로 캡춰된 데이터의 암호가 쉽게 깨질 것에 대한 대비

   c. 터널화된 데이터(tunneled data)는 RADIUS로 인증되므로 안심할 수 없다는 사실에 대비

   d. 일단 VPN채널에 들어가면 방화벽이 트래픽을 검사하지 못한다는 사실

201. 네트워크 활동에 대해서 다음 중 어느 기술이 네트워크 장치에서 실행되어 워크스테이션과 네트워크 장치를 모니터해서 보안문제가 발생하면 경고가 울리게 구성될 수 있나?

    a. IPSec(IP Security)

    b. 패킷필터링(packet filtering) 방화벽

    c. IDSs(Intrusion Detection Systems)

    d. 서킷레벨(Circuit-level) 방화벽

202. 회사의 네트워크보안 책임자로써 외부로 나가는 HTTP만 허용하되 허용된 사용자들만이 웹을 검색할 수 있게 하는 정책에 따라야 한다면 어떻게 해야 하나?

    a. 패킷필터링(packet-filtering) 방화벽을 사용

    b. 프로토콜분석기(protocol analyzer)를 사용

    c. 프록시서버(proxy server)를 사용

    d. 스테이트플(stateful) 방화벽을 사용

203. 회사의 무선 액세스포인트에 권한 없는 사용자가 연결될 것을 우려한다면 네트워크 관리자로써 어떻게 처리해야하나?

    a. 무선 액세스포인트를 DMZ(DeMilitarized Zone)에 둔다.

    b. 침입감지시스템(Intrusion Detection System(IDS))을 설정한다.

    c. 무선 액세스포인트에 MAC 주소 필터링을 설정한다.

    d. 무선 액세스포인트에 SSID 브로드캐스트를 사용안함(disabled)으로 설정한다.

204. 회사의 네트워크 보안책임자로써 리피터(repeater)를 액세스포인트로 사용하고 있는 무선 네트워크를 안전하게 하기 위해서 어느 해결책을 고려해보아야 할까?

    a. 사용자들이 복잡한 패스워드를 사용하게 강제한다.

    b. 사용자들의 머신에 인정된 무선 카드만을 사용하게 한다.

    c. WEP(Wired Equivalent Privacy)를 설치한다.

    d. 사용자들이 Ad-hoc 모드를 사용하게 강제한다.

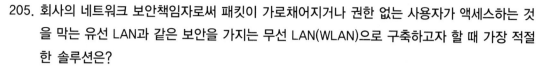

205. 회사의 네트워크 보안책임자로써 패킷이 가로채어지거나 권한 없는 사용자가 액세스하는 것을 막는 유선 LAN과 같은 보안을 가지는 무선 LAN(WLAN)으로 구축하고자 할 때 가장 적절한 솔루션은?

    a. WEP(Wired Equivalent Privacy)

    b. ISSE(Information Systems Security Engineering)

    c. ISDN(Integrated Services Digital Network)

    d. VPN(Virtual Private Network)

206. 서버와 클라이언트가 보안된 상태로 연결되게 하는 프로토콜은?

    a. TLS(Transport Layer Security)   b. ESP(Encapsulating Security Payload)

    c. SSL(Secure Socket Layer)   d. WAP(Wireless Application Protocol)

207. 무선 네트워크의 사용자중의 한명이 잘못된 WEP 키로 무선 장치에 들어왔다면 어떤것을 겪게 될까?

    a. 데이터를 보내긴 하지만 받지는 못한다.

    b. 네트워크에 액세스하지 못한다.

    c. 데이터가 보내지진 못하나 받을 순 있다.

    d. 네트워크는 SSID(Service Set IDentifier)를 사용해서만 액세스될 수 있다.

208. 무선네트워크를 구성하기 전에 반드시 사전에 해야 할 일로 올바른 것은?

    a. Ad-hoc 모드가 모든 액세스포인트에서 가능하게 되어져 있어야 한다.

    b. 모든 사용자는 강력한 패스워드를 가지고 있어야 한다.

    c. Wi-Fi(Wireless Fidelity) 장비만을 사용해야 한다.

    d. 현장조사(site survey)를 먼저 실시해야 한다.

209. 회사의 네트워크 관리자로써 회사의 성장이 무척 빠르게 진행되고 있을 때, 현재와 같은 수준의 보안을 유지하면서 네트워크 확장에 순응해가는 방법은?

    a. RBAC(Role Based Access Control)로 사용자들에게 보안정책을 정해준다.

    b. WNMS(Web-based Network Management System) 관리에 의한 자동 액세스포인트를 지원하는 WLAN로 업데이트한다.

    c. 초기화하는 동안에 TFTP 서버로부터 그들의 펌웨어를 로드하는 액세스포인트를 구성해준다.

    d. WLAN 가변관리프로그램(change management program)에 WLAN을 포함시킨다.

    e. 장비단계에서 보안 체크리스트를 만들고 유지한다.

210. 회사의 네트워크 관리자로써 802.11g WLAN에 802.11b ip 폰의 로밍(roaming) 지원을 설치 하려고 한다. 로밍(roaming)하는 동안에 신호가 지연되거나 떨어지는 것을 막기 위해서 어 떻게 하는 것이 가장 경제적으로 좋을까?

  a. 랩톱머신에서 WLAN 프로토콜 분석기를 사용한다.

  b. WIPS(Wireless Intrusion Prevention System)지원 WLAN 스위치를 사용한다.

  c. 802.11a/b/g지원 WLAN 스위치를 사용한다.

  d. WIDS(Wireless Intrusion Detection System) 오버레이시스템과 자동 액세스포인트를 사용한다.

  e. RF 플래닝(planning) 도구에 결합된 하이브리드 WLAN 스위치를 사용한다.

211. 회사의 네트워크 관리자로써 회사에 출근하기 보다는 주로 노트북으로 집과 보안된 곳에서 무선으로 WLAN을 통해 회사 네트워크에 들어간다. 데이터를 보호하기 위해 다음 중 어느 두 가지 무선 보안정책이 설정되어져 있어야 하나? (두개를 골라라)

  a. 원격연결을 위해 IPSec VPN을 사용한다.

  b. 전용 HTTPS를 사용한다.

  c. 랩톱에 개인 방화벽을 설치한다.

  d. WLAN 트래픽을 빼어가려는지 확인하기 위해서 프로토콜 분석기를 사용한다.

  e. 회사 네트워크에 연결하기 위해 802.1X/PEAPv0을 사용한다.

212. 다음 중 WLAN 보안정책을 얻기 위한 두 가지 요소는?

  a. SSID가 텍스트로 보내지는 것을 막기 위한 암호화

  b. 802.11 표준에 정해진 회전식 암호화 키 메카니즘

  c. 보안솔루션에 관한 사용자 훈련

  d. 모든 무선장치들이 네트워크 코어에 연결되어 있는지 확인

  e. 소셜엔지니어링(Social Engineering: 기술이 아니라 사용자의 허점을 노리는 해킹기법) 완 화법 도입

  f. 오용을 막기 위해 IT 기술자들에게만 알려지게 한 보안정책도입

213. WEP(Wireless Encryption Protocol)이란 무엇인가?

  a. 무선 액세스포인트에 접속하기

  b. 로컬 네트워크에 설정된 보안

  c. IEEE 802.11x 네트워크에 적용된 데이터 암호화

  d. IEEE 802.2 네트워크에 설정된 개인 암호키

214. 무선 암호화에 일반적으로 사용되는 방법은?

   a. EFS(Encrypting File System)

   b. WPA(Wi-Fi Protected Access)

   c. WEP(Wired Equivalent Privacy)

   d. PAP(Password Authentication Protocol)

   e. SAP(Service Access Point)

215. 회사 서버룸의 문이 받침대로 열려놓은 채 있다면 어떻게 해야할까?

   a. 문을 안전하게 해놓고 보안점검에 기록한다.

   b. 문의 비밀번호를 교체한다.

   c. 문을 닫고 다른 기술자들에게 나갈 때 문단속을 주의시킨다.

   d. 환기를 위해 자주 열어둔 채 놔둔다.

216. 회사의 네트워크 보안책입자로 있는데 회사의 무선 네트워크를 사용실태파악을 하던중에 권한 없는 사용자가 재정부에 근무하는 A씨의 머신으로부터 들어왔었음을 알았다. A씨에게 알렸더니 A씨는 이를 부인하면서, 최근에 친구가 회사를 방문했다는 사실을 알려주었다. A씨의 친구가 회사에 했을 법한 공격의 형태는?

   a. SYN flood 공격

   b. DDoS(Distributed Denial of Service) 공격

   c. Man in the Middle 공격

   d. TCP flood 공격

   e. IP Spoofing 공격

   f. 소셜엔지니어링(Social Engineering) 공격

   g. Replay 공격

217. 회사의 대규모 무선 네트워크를 안전하게 하는 일차적인 조치로 다음 중에서 어느것이 가장 적절한가?

   a. 보안 방화벽설치

   b. 생체접근(biometric access) 설치

   c. 신호의 세기를 줄이기

   d. SSIP 브로드캐스트 사용 안함(disabled)으로 해놓기

218. 회사 인트라넷에서 SSL(Secure Socket Layer) 인증서가 더 이상 유효하지 않다면 어떻게 해야 할까?

  a. 새로운 SSL 인증서를 만든다.

  b. 새로운 SSL 캐시(cache)를 만든다.

  c. SSL 캐시를 없앤다.

  d. 임시인터넷 파일을 삭제한다.

◉◉○ 안전

219. 회사 서버룸에 많은 물이 쏟아져있다면 무엇을 먼저 해야하나?

  a. 물에 신문지를 덮어놓는다.

  b. 밑창이 고무로 된 신을 신고 바닥을 걸레질 한다.

  c. 안전위협상황(safety hazard)을 시스템관리자에게 알린다.

  d. 서버룸의 모든 머신을 끈다.

220. 서버룸의 천장에 틈이 있는 것을 알게되었다면 어떻게 조치해야 할까?

  a. 양동이를 아래에 대고 회선관리자(line manager)에게 알린다.

  b. 양동이를 아래에 대고 작업을 계속한다.

  c. 건물관리자와 시스템관리자에게 알린다.

  d. 서버룸의 모든 머신을 끈다.

221. MSDS(Material Safety Data Sheet)에서 발견할 수 없는 것은?

  a. 화학품 이름   b. 위험 등급   c. 1차 안전조치   d. 비상전화번호

222. 전자제품에서 화재가 발생했을 때 사용하는 소화기는?

  a. 'A-등급'   b. 'B-등급'   c. 'ABC 등급'   d. 'D-등급'

223. 랩톱 배터리를 처리할 때 올바른 방법은?

  a. 소각한다.   b. 재사용을 위해 재충전해본다.

  c. 위험물질 처리방침에 의거해 처리한다.   d. 쓰레기통에 버린다.

◉ ◉ ○ 전문성

224. 문제 있는 머신에 대해서 고객과 이야기를 나눈 후에도 문제의 원인에 관해 확신이 서지 않을 때 기술자는 어떻게 해보아야 하나?

a. 가장 문제라고 생각했던 것을 수리한다.

b. 고객에게 문제를 다시 만들어보게 한다.

c. 다른 곳에 문의하라고 한다.

d. 고객에게 문제를 다시 설명해주어서 문제의 원인에 대해 확신을 갖는다.

225. 수리를 하면서 고객에게 해서는 안될 것은?

a. 그래픽이나 차트를 통한 시각적 설명

b. 추론과 예를 통한 설명

c. 기술적 용어와 전문용어사용

d. 고객이 알만큼만 설명해주기

226. 고객으로부터 전화를 받았을 때 기술자가 할 일은?

a. 고객으로부터 문제에 관한 정보를 알아내고 대화를 주도해 나간다.

b. 문제가 해결될 때까지 전화에서 기다리게한다.

c. 고객에게 문제를 설명하게하고 모든 정보를 기록해둔다.

d. 고객에게 문제를 설명하게 하고 머신에서 그대로 해보며 문제를 알아낸다.

227. 화난 고객을 대할 때 가장 좋은 방법은?

a. 침착하며 상황을 개인적인 것으로 여기지 않는다.

b. 가능한 한 빨리 일을 해결한다.

c. 고객을 상사에게 보고한다.

d. 고객에게 마음을 열어 위로한다.

228. 고객의 집에서 머신을 손봐주고 있을 때 사적인 전화가 왔다면 어떻게 해야하나?

a. 문자로 답신을 보낸다.

b. 가능한한 빨리 통화를 마친다.

c. 고객에게 전화를 받아야겠다고 말한다.

d. 전화를 무시하고 보이스메일로 응답하게 한다.

229. 독단적인 대화의 예는?

   a. '당신의 관심부족이 이 프로젝트를 위험에 빠지게 합니다'

   b. '왜 이 보고서가 제때 제출되지 않았는지 설명해주세요'

   c. '당신은 아마 이 문제가 얼마나 중요한지 모르시나보네요'

   d. '당신의 결론과 제안은 정확하지 않은 것 같아요'

230. 회의 때 고객의 말을 잘 듣고 있다는 것을 어떻게 표현하나?

   a. 의사소통   b. 적극적 듣기   c. 말 끼어들기   d. 얼굴 표정 짓기

231. 회사 CEO 실에서 머신을 수리하다가 중요한 비밀사항을 듣게되었다면 어떻게 해야하나?

   a. 조용히 물러나오며 비밀을 지킨다.

   b. 대화에 대해 매니저에게 말한다.

   c. CEO에게 이런 대화를 할 때는 주변에 누가 없는지 주의하라고 말해준다.

   d. CEO에게 자신이 있음을 알게해서 대화를 멈추게 한다.

232. 고객의 집에서 머신을 고칠 때 고객의 아이가 일을 방해하며 집중하지 못하게 할 때 어떻게 해야하나?

   a. 아이에게 엄하게 말하며 얌전하게 있으라고 한다.

   b. 아이에게 가지고 놀 뭔가를 준다.

   c. 애가 얌전할 때까지 일을 멈춘다.

   d. 고객에게 아이가 일하는데 오지 못하게 해달라고 말한다.

233. 고객의 집에서 머신을 수리하고 있을 때 고객이 잠시 나갔다 올 일이 있다고 말하며 10살 먹은 아이가 필요한 것을 도울 것이라고 한다면 어떻게 해야하나?

   a. 고객의 집을 나와서 고객이 돌아올 때까지 기다려서 작업을 할 때 어른이 집에 있게한다.

   b. 10분 이내로 고객이 비울 때에는 하던 작업을 계속한다.

   c. 고객이 집을 비웠을 때에는 아이와 다른 방에 있어야 한다.

   d. 고객이 집에 없을 때 집에 일이 있어도 자신은 아무 책임이 없다는 것을 알린다.

정 답

1. a,d	2. d	3. c	4. b	5. c	6. b,c	7. d
8. b	9. d	10. a	11. a	12. b	13. c	14. c
15. a	16. d	17. b	18. d,e	19. d	20. b	21. c
22. a	23. c	24. b	25. b	26. d	27. c	28. d
29. b,d	30. c	31. a, c, d	32. c	33. a	34. d	35. d
36. c	37. b	38. a,c	39. c	40. b	41. c	42. d
43. b	44. c	45. b,c	46. a	47. a	48. a,c,e	49. a
50. a,c	51. a,c	52. c	53. c	54. c	55. c	56. a
57. c	58. c	59. b	60. a,d	61. b	62. a,c	63. d
64. b	65. c	66. e	67. d	68. b	69. d	70. a
71. b	72. a	73. b,d	74. b	75. a	76. b	77. a
78. d	79. a	80. c	81. a,b	82. a	83. a	84. d
85. d	86. a	87. a	88. c	89. d	90. b,d	91. b,c
92. c	93. b	94. c	95. b	96. d	97. d	98. a,c,e
99. a	100. a,b	101. a,b	102. a,d	103. a,c	104. a	105. d
106. a	107. a	108. c	109. a,c	110. c	111. d	112. b
113. d	114. b	115. c	116. c	117. a	118. b,d	119. c
120. d	121. c	122. a	123. c	124. b	125. a	126. e
127. a	128. c	129. a,c	130. b	131. a	132. a	133. a,c
134. c	135. a	136. b	137. c	138. b	139. a	140. c
141. a	142. b	143. b	144. d	145. a	146. c	147. b
148. a	149. a	150. b	151. b	152. b	153. c	154. b
155. b	156. a,c	157. a	158. d	159. c	160. d	161. a
162. b	163. d	164. b	165. d	166. c	167. b	168. c
169. d	170. b	171. c	172. b	173. b	174. a	175. c
176. b	177. a	178. b	179. d	180. a	181. d	182. c
183. b,d	184. a	185. d	186. c	187. d	188. c	189. d
190. b	191. c	192. b	193. a	194. h	195. a	106. d
197. b	198. c	199. d	200. d	201. c	202. c	203. c
204. c	205. a	206. a	207. b	208. d	209. d,e	210. b
211. a,c	212. c,e	213. c	214. b	215. a	216. f	217. d
218. c	219. c	220. c	221. c	222. c	223. c	224. d
225. c	226. a	227. a	228. d	229. b	230. b	231. a
232. d	233. a					

저자와 협의
인지 생략

The Computing Technology Industry Association
CompTIA A$^+$

2011년 6월 23일 제1판제1인쇄
2011년 6월 30일 제1판제1발행

저 자 배 동 규
발행인 나 영 찬

발행처 **기전연구사**

서울특별시 동대문구 신설동 104의 29
전 화 : 2235-0791/2238-7744/2234-9703
FAX : 2252-4559
등 록 : 1974. 5. 13. 제5-12호

정가 18,000원